U0314168

高水平地方应用型大学建设系列教材

综合设计性物理实验教程

陈东生　王　莹　刘永生　编著

北　京
冶　金　工　业　出　版　社
2023

内 容 提 要

本书共 11 章，分别阐述了基于数码技术、声卡虚拟仪器、脉冲信号、Tracker 视频分析软件、智能手机、PASCO 平台、数字存储示波器、新能源发电等综合设计性物理实验，并介绍了基于 Origin 软件的物理实验数据与分析。最后，给出了大学生物理学术竞赛及 2018-2020 年大学生物理学术竞赛题目。

本书可作为普通高等院校理工科各专业的物理实验教材，也可作为大学生物理学术竞赛的参考用书。

图书在版编目(CIP)数据

综合设计性物理实验教程/陈东生，王莹，刘永生编著. —北京：冶金工业出版社，2020.6（2023.3 重印）

高水平地方应用型大学建设系列教材

ISBN 978-7-5024-8456-9

Ⅰ.①综…　Ⅱ.①陈…　②王…　③刘…　Ⅲ.①物理学—实验—高等学校—教材　Ⅳ.①O41-33

中国版本图书馆 CIP 数据核字（2020）第 070765 号

综合设计性物理实验教程

出版发行　冶金工业出版社　　**电　话**　(010)64027926

地　址　北京市东城区嵩祝院北巷 39 号　　**邮　编**　100009

网　址　www.mip1953.com　　**电子信箱**　service@mip1953.com

责任编辑　程志宏　王梦梦　美术编辑　吕欣童　版式设计　禹　蕊

责任校对　卿文春　责任印制　禹　蕊

北京建宏印刷有限公司印刷

2020 年 6 月第 1 版，2023 年 3 月第 2 次印刷

787mm×1092mm　1/16；12.75 印张；301 千字；189 页

定价 48.00 元

投稿电话　(010)64027932　投稿信箱　tougao@cnmip.com.cn

营销中心电话　(010)64044283

冶金工业出版社天猫旗舰店　yjgycbs.tmall.com

（本书如有印装质量问题，本社营销中心负责退换）

《高水平地方应用型大学建设系列教材》
编 委 会

《高水平地方应用型大学建设系列教材》序

应用型大学教育是高等教育结构中的重要组成部分。高水平地方应用型高校在培养复合型人才、服务地方经济发展以及为现代产业体系提供高素质应用型人才方面越来越显现出不可替代的作用。2019 年，上海电力大学获批上海市首个高水平地方应用型高校建设试点单位，为学校以能源电力为特色，着力发展清洁安全发电、智能电网和智慧能源管理三大学科，打造专业品牌，增强科研层级，提升专业水平和服务能力提出了更高的要求和发展的动力。清洁安全发电学科汇聚化学工程与工艺、材料科学与工程、材料化学、环境工程、应用化学、新能源科学与工程、能源与动力工程等专业，力求培养出具有创新意识、创新性思维和创新能力的高水平应用型建设者，为煤清洁燃烧和高效利用、水质安全与控制、环境保护、设备安全、新能源开发、储能系统、分布式能源系统等产业，输出合格应用型优秀人才，支撑国家和地方先进电力事业的发展。

教材建设是搞好应用型特色高校建设非常重要的方面。以往应用型大学的本科教学主要使用普通高等教育教学用书，实践证明并不适应在应用型高校教学使用。由于密切结合行业特色及新的生产工艺以及与先进教学实验设备相适应且实践性强的教材稀缺，迫切需要教材改革和创新。编写应用性和实践性强及有行业特色教材，是提高应用型人才培养质量的重要保障。国外一些教育发达国家的基础课教材涉及内容广、应用性强，确实值得我国应用型高校教材编写出版借鉴和参考。

为此，上海电力大学和冶金工业出版社合作共同组织了高水平地方应用型大学建设系列教材的编写，包括课程设计、实践与实习指导、实验指导等各类型的教学用书，首批出版教材 17 种。教材的编写将遵循应用型高校教学特色、学以致用、实践教学的原则，既保证教学内容的完整性、基础性，又强调其应用性，突出产教融合，将教学和学生专业知识和素质能力提升相结合。

本系列教材的出版发行，对于我校高水平地方应用型大学的建设、高素质应用型人才培养具有十分重要的现实意义，也将为教育综合改革提供示范素材。

上海电力大学校长 李和兴

2020 年 4 月

前　言

综合设计性物理实验是理工科院校一门重要的基础课程，长期以来，基础物理实验的教学形式、内容、方法仅停留在验证性和测量性的实验项目，缺乏学生通过思考自己设计的带有综合设计性的实验内容。千篇一律的实验课内容和方式限制了学生学习的主动性和积极性，难以激发学生独立思考的兴趣和激情，因而不利于创新性人才的培养。

本教程打破了传统实验课教材中以实验项目为主线的做法，充分体现综合性、设计性实验课程的特点，以数据采集方式或数据采集平台作为主线，尝试将各种实验进行重组与融合，通过测试手段与测量目标交叉组合的教学方法，实现综合设计性实验教学目标。学生只要掌握一套数据采集方式就可以设计出很多新的综合设计性实验。同时为了提高学生阅读文献的能力，实验项目内容大部分是以发表在《大学物理》《物理实验》《实验室研究与探索》等全国核心期刊上的论文为基础编撰，力求原汁原味地将论文的综合性和创新性体现在书中。“授之以渔”而不是“授之以鱼”，从而达到培养学生动手、动脑的能力。通过此课程可达成使学生掌握科学实验的同时，培养学生的分析和解决实际问题的能力，提高学生的创新精神和创新能力。

本书是在多年教学讲义的基础上，经多次修改而完成的，本次出版增加了很多新的设计性实验内容。本书由陈东生、王莹、刘永生编著，其中王莹、刘永生老师主要负责第5章的编写，其他章节均由陈东生老师编写。

本书在出版前经由华东师范大学宦强教授审阅了全稿，并提出了很多修改意见，在此表示深切的谢意。在本书撰写的过程中，作者参考了一些国内外文献资料和物理实验教材，在此向其作者一并表示感谢！

由于作者水平所限，书中不妥之处，欢迎同行和读者批评指正。

作　者

2019年9月

目　录

1 综合设计性物理实验简介

1.1 何为综合设计性物理实验

综合设计性物理实验是学生在教师的指导下，根据给定的实验目的和实验条件，自己设计实验方案，选择实验器材、拟定实验程序，自己加以实现并对结果进行分析处理的实验。这类实验的开设，打破了传统实验固定的教学模式，学生由被动学习转变为主动学习，学习的积极性得到有效调动。由于设计性实验方法的多样性，不同的学生可以通过不同的途径和方法达到同一个实验目的。在实验过程中，学生的独立思维、才智、个性得到充分尊重，从根本上改变了千人一面的传统教学模式，有利于创新人才的培养，体现了以人为本的教育思想。

综合设计性物理实验在某种意义上讲，是结果可以预知和可以控制的实验。而研究性实验则是一种探究性实验活动，其实验结果有时虽然也是可以预测的，但通常是不明确的，正是通过这些探究性实验结果，才能揭示实验现象规律背后所蕴含的规律。在大学开展研究性实验的教学工作，可以在本科生毕业设计或是研究生从事研究过程中实施，其主要是借助于一种具体方法或一套实验系统来从事某一具体的应用研究。在研究的过程中，通过一系列的步骤来完成对现象或过程的理解和认识。

实际上可以把研究性实验看作是科学方法的一部分，是探究系统或过程如何工作的一种途径。通过研究性实验来使学生获得独立解决问题的方法和能力。通过这一过程使学生创新意识和能力受到启发与锻炼。

综合设计性物理实验旨在“开发学生智能，培养与提高学生科学实验能力和素养”。在对学生进行基础物理实验知识和方法技能训练的基础上，使学生能运用所学知识和技能独立完成和解决物理实验问题。提高学生独立分析问题和解决问题的能力，为毕业设计、撰写科研成果报告和学术论文奠定良好的基础。

综合设计性物理实验也是对正常教学的一个必要补充，加强学生创新能力、动手能力，在使学生学好理论知识的同时，还掌握较高的实验技能。它还特别注重学生主体作用的发挥和独立个性发展相结合，通常只给出一些实验要求及必要的提示。实验前，要求学生查阅资料，写设计方案，提前一周交给教师审阅，实验室要尽可能满足学生提出的仪器要求，设计方案应包括实验名称、任务、设计原理、仪器、可行性分析；实验后写出实验报告或小论文，对结果进行分析研究。

1.2 综合设计性物理实验选题

综合性、设计性物理实验的选题应本着训练学生综合运用所学知识解决问题的技能，不仅要有利于提高学生的科学思维方法和科学研究能力，还应采用较为先进的科学方法和测量技术，使学生紧跟当今科学技术发展的步伐，即在实验内容的选取上尽量兼顾新颖性、实用性、先进性和适应性。特别是在学习普通物理阶段（大学一、二年级），要把握好适应性，应考虑学生原有的认知水平，不能提出远离学生知识基础的设计性课题，以免挫伤学生学习的积极性和主动性，同时亦要注意不要把原来的验证性实验题目做一个简单的翻版，降低了设计性实验的难度与吸引力。

综合性、设计性物理实验的开展可分为 4 个步骤：

(1) 预备阶段：公布设计性、研究性选题，教师和学生之间进行双向选择并给出实验的目的、要求、参考资料和必要的提示。

(2) 设计阶段：让学生提出实验方案，设计实验方法。方案经与教师讨论，获准后即可准备进行实验。

(3) 实验阶段：学生选择仪器，领取或采购器材，自己安装调试或制作仪器及软件，正式进行实验、测试、处理数据并得出结果。

(4) 总结阶段：学生写出实验报告，组织汇报交流、观摩，最后由教师给学生评定成绩。

综合性、设计性物理实验采用启发式和开放式的教学方式。要求学生从查阅文献、资料，拟定实验方案直到完成实验报告，尽量独立完成，教师只做启发式引导，绝不包办代替。在实验的时间方面，除固定课时外，学生还可以与教师另行约定，利用课余时间，到实验室进行实验，为学生提供充足的时间进行钻研和探讨。

对于设计性、研究性物理实验，成绩评定内容为：

(1) 评价设计方案的好坏。

(2) 实验报告完成的质量如何。

(3) 学生的动手能力是评价的一项重点内容，使设计性实验真正促使学生动脑筋、动手。设计性、研究性物理实验是在开设了基础实验之后，学生已经掌握了一定的实验原理、方法和技能的基础上再进一步拓展的课程。因此，对于设计性、研究性物理实验的动手能力评价标准应比基础实验更高些，要求学生对实验目的要明确，实验原理要清楚，能正确选用、配置仪器和调整仪器，迅速分析、判断和处理实验过程中出现的问题，正确操作和积累数据，有目的地减小误差。但对于不同的设计性、研究性物理实验，其动手能力的评价和要求可以是不同的。

1.3　综合性、设计性物理实验的操作要求

综合性、设计性物理实验要特别注重学生的主体作用的发挥和独立个性发展相结合，通常只给出一些实验要求及必要的提示。实验前，要求学生查阅资料，写设计方案，提前一周交给教师审阅，实验室要尽可能满足学生提出的仪器要求。设计方案应包括实验名称、任务、设计原理、仪器、可行性分析（方案的合理性并预计实验条件对结果可信度的影响等）。实验后写出实验报告或小论文，对结果进行分析研究。设计性实验要规定一定必做的数量，其余让学生根据爱好和需要选做，注重个性发展。

2 基于数码技术的综合设计性物理实验

2.1 数码技术简介

在电子技术中，被传递、加工和处理的信号可以分为两大类：（1）模拟信号，这类信号的特征是无论从时间上还是从信号的大小上都是连续变化的；（2）数码信号，数码信号的特征是无论从时间上或是大小上都是离散的，或者说都是不连续的，传递、加工和处理数码信号的技术叫作数码技术。

由于数码技术具有的特点，其发展十分迅速，因而在电子数字计算机、数控技术、通讯设备、数字仪表以及国民经济其他各部门都得到了越来越广泛的应用。

数码相机是集光学、机械、电子一体化的产品。它能够准确、迅速地将各种实物、图像、文字资料记录下来，用以研究或长期保存。无论在科研和工程技术中，还是在实验工作中，照相技术是一种常用技术，也是为适应现代高科技发展所必需的实验技术。另外，它具有数字化存取模式、与电脑交互处理和实时拍摄等特点。

通过数码相机的拍摄，实验的相关数据被记录在图像或录像中，利用数据线与计算机接口，把拍摄的数字化数据传入计算机，之后便可以进行相关的数据处理。这使得原本徒手记录的数据数码化，方便了日后的查询和减少了重复实验获得数据所浪费的时间。这些优点为开发新的综合设计性物理实验打下了基础。

2.2 基于数码技术的实验原理及数字化处理

2.2.1 数码相机成像原理

数码相机利用 CCD（Charge Coupled Device）图像传感器摄取图像。它是用一种高感光度的半导体材料制成，能把光线转变成电荷，通过 A/D 模数转换器芯片转换成数字信号，数字信号经过压缩以后由相机内部的闪速存储器或内置硬盘卡保存，因而可以轻而易举地把数据传输给计算机，并根据需要进行处理。所以 A/D 转换器是计算机与外部世界联系的重要接口，它将模拟信息变成计算机能接受的数字信息。数码相机结构原理如图 2-1 所示。

2.2.2 实验原理

数码相机把光电传感器（CCD）、模数转换器（A/D）和计算机接口等巧妙地结合在一起，而且都具有拍摄照片与影片两个功能。因此，借助于数码相机可以实时采集一些实验过程，并在计算机上进行处理而获得所需要的数据。本章所开发的系列综合设计性实验

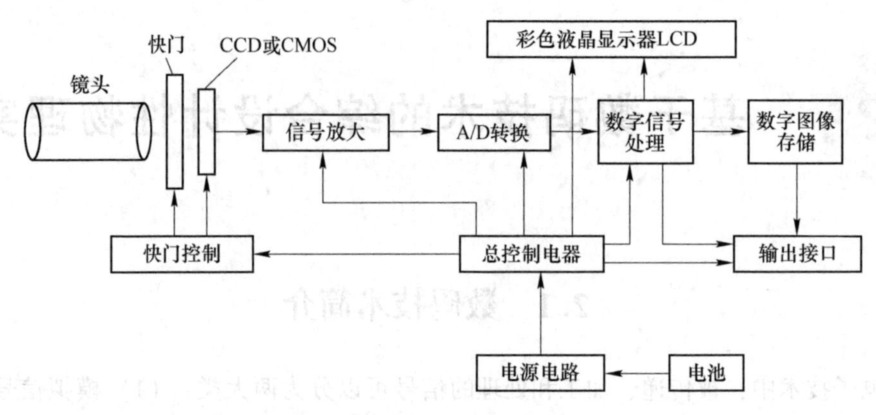

图 2-1 数码相机结构原理图

均是基于这样两个功能。其实验原理如图 2-2 所示。

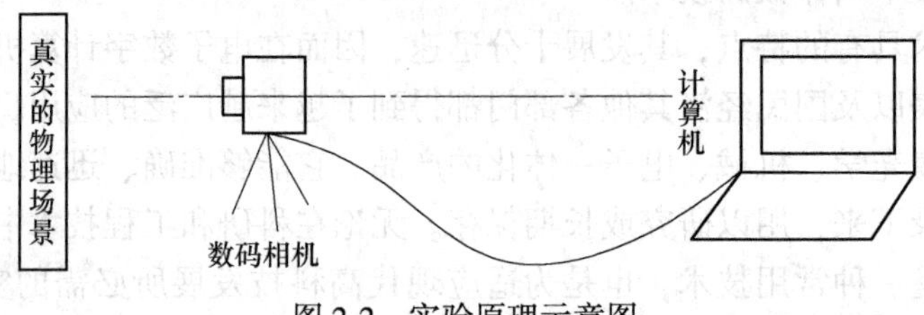

图 2-2 实验原理示意图

为了获取所需要的数据，最直接的方法是借助于第三方软件，在此介绍以下两个软件。

（1）静态数据测试软件：Photoshop。将数码相机拍摄的照片上传到计算机后，常常需要借用图像处理软件对照片进行一系列的处理，Photoshop 是一款功能十分强大的平面图像处理软件。

两点间距离的度量：度量工具如图 2-3 所示，它可以方便地测量出任意两点间的距离和角度。在要测量的起点处单击鼠标，然后把光标拖动到要测量的终点。测量结果显示在控制面板的信息栏里。

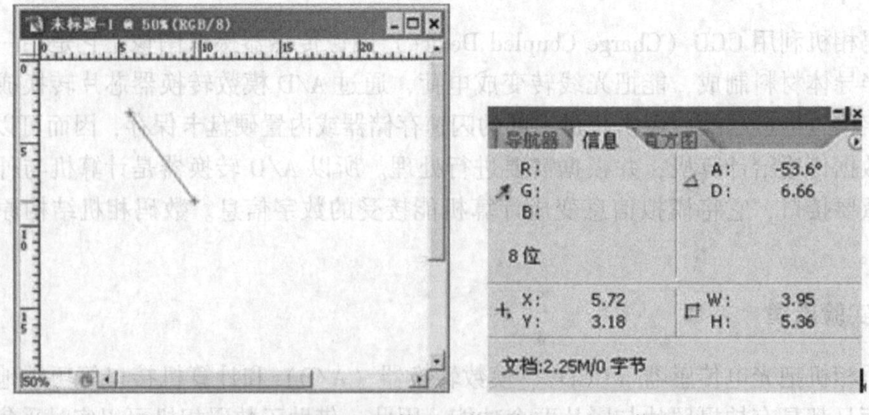

图 2-3 度量工具的使用及信息栏所显示的信息

A、D：所测两点间的角度（两点连线相对于标尺构成的坐标系）和长度。

X、Y：所测的起点或终点的坐标（通过单击图像上的起点或终点来切换）。

W、H：所测两点间的水平和垂直距离。

（2）动态数据测试软件：Flash。Flash 是目前非常流行的动画制作及处理工具。帧是进行 Flash 动画制作的最基本的单位，每一个精彩的 Flash 动画都是由很多个精心雕琢的帧构成的，在时间轴上的每一帧都可以包含需要显示的所有内容，包括图形、声音、各种素材和其他多种对象。帧通常含有关键帧、空白关键帧、普通帧三种，如图 2-4 所示。

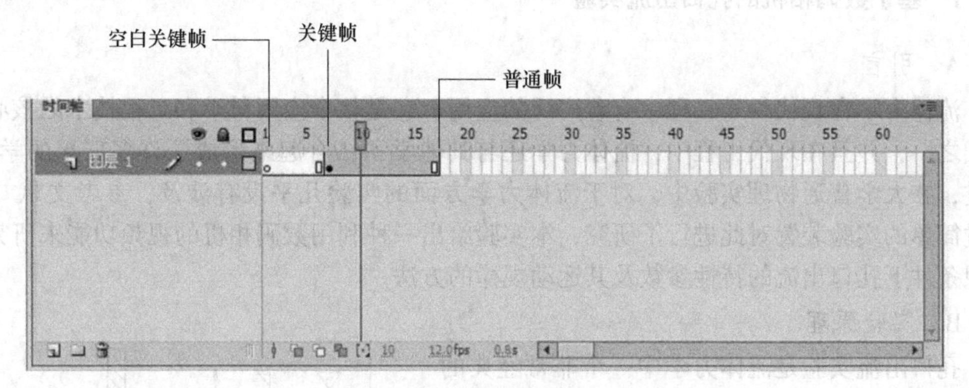

图 2-4 帧及其分类

关键帧：顾名思义，有关键内容的帧。关键帧定义了动画的关键画面。空白关键帧是关键帧的一种，它没有任何内容。

普通帧：在时间轴上能显示实例对象，但不能对实例对象进行编辑操作的帧。数码相机拍摄的视频是由一系列静止的画面组成的，而帧就是这些不同的静止画面。可以把帧看作是视频中在最短时间单位里出现的画面，由许多不同的帧才能组成一个完整的视频。在播放视频时，系统会依次显示每一帧中的内容，通过这些帧连续的播放，从而实现所要体现的视频效果。

Flash 还可以显示运动的物体在某一时刻的坐标（x，y），如图 2-5 所示。只要将鼠标放置在该物体上，信息栏中会显示相关数据。如果要计算两点间的距离，则可以通过这两点的（x，y）坐标值得出相关数据，再通过一定的比例关系就可以得出物体在真实场景中距离。

另外需要注意的一点是，在数学中坐标是由水平方向的 x 轴和垂直方向的 y 轴构成的，并且正方向分别是向右和向上。而在 Flash 中，y 轴正好相反，正方向向下。

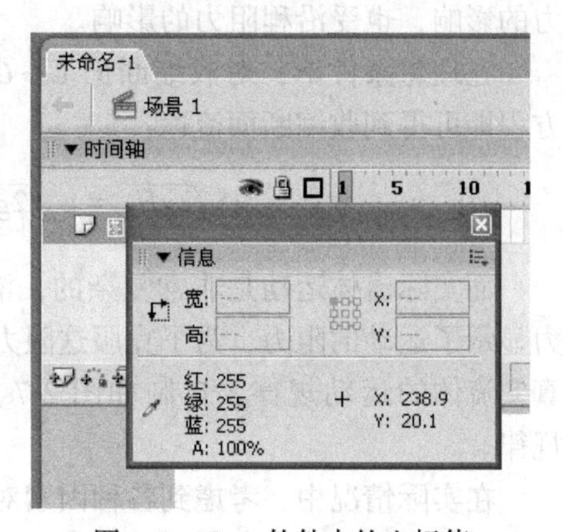

图 2-5 Flash 软件中的坐标值

定标：计算机视觉中，在对景物进行定量分析或对物体进行精确定位时，都需要进行定标。由于真实的数码相机光学模型存在很多类型的畸变，因而导致透视投影关系是非线性的。利用标准尺对数码相机进行定标：将标准尺放置在接收屏同一平面内，遥控拍摄标准尺的像，获取图像的数值，即知每毫米对应的像素值。

基于数码技术这一新的记录工具，结合计算机软件，重新设计了“基于数码相机的孔口出流实验”“用数码相机测液体黏滞”和“用数码相机研究阻尼振动实验”供大家参考。

2.3 基于数码技术的综合设计性物理实验

2.3.1 基于数码相机的孔口出流实验

A 引言

流体力学在现代科学工程中有着广泛的应用，它是整个应用科学和工程技术的核心和基础之一，并且在现代工程中，流体力学还与其他学科结合起来形成了许多新兴的学科。不过，在大学普通物理实验中，对于流体力学方面的实验几乎没有涉及，参考文献［1］通过简单的实验装置对此进行了研究，本实验给出一种利用数码相机的视频功能来研究非理想条件下孔口出流的特性参数及其运动规律的方法。

B 实验原理

孔口出流实验是流体力学中一个非常经典的实验，孔壁的厚度和形状对出流的性质也有影响。在正常的工作条件下，若孔口具有尖锐的边缘，出流水股与孔壁仅接触于一条线上，此时出流仅受到局部阻力，具有这种条件的孔口称为薄壁孔口，如图 2-6 所示。

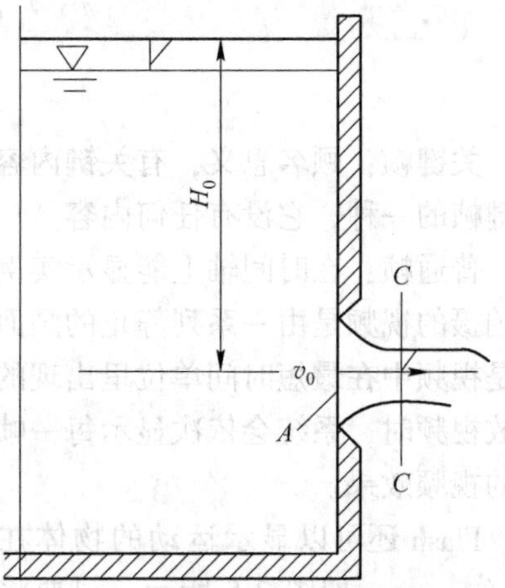

若孔壁的厚度和形状促使出流水股与孔壁接触不只限于一条线，而形成面的接触时，这种孔口称为“非薄壁孔口”，此时出流不仅受局部阻力的影响，也受沿程阻力的影响。

图 2-6 孔口出流原理图
H_0—液面距离孔口中心的距离；
v_0—液体的出流速度

在理想条件下，对收缩断面 C—C 运用能量方程即可得到收缩断面流速：

$$v_c = \frac{1}{\sqrt{\alpha_c + \zeta}} \cdot \sqrt{2gH_0} = \varphi\sqrt{2gH_0} \quad (2\text{-}1)$$

而实际流体运动是非常复杂的，液体的黏滞力显示了运动的阻力，为了克服这阻力，流体就必须消耗一部分机械能。为了进一步探究真实流体的运动规律，自制如图 2-7 所示的仪器，研究小孔出流的特性参数及其运动规律。

在实际情况中，考虑到各种因素对出流流速的影响，对于孔口出流现象中所有的能量损失可以分为两部分，一部分与出流速度有关（次要能量损失），另一部分与出流速度无关（主要能量损失），且液面的高度 h 与出流速度 v_c 的关系式为：

$$v_c^2 \approx \frac{2g}{1+k}(h - \Delta z) \quad (2\text{-}2)$$

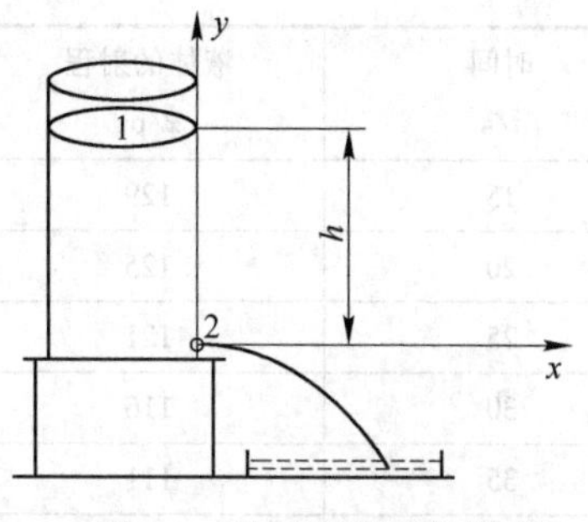

图 2-7 孔口出流实验装置

式中，以孔口 2 为坐标原点，k 常数代表出流速度 v_c 在孔口 2 处次要能量损失的系数；Δz 常数代表与速度无关的能量损失部分。出流速度的求解为：

$$x(t_1)=v_c t_1 \tag{2-3}$$

$$y(t_1)=-\frac{1}{2}gt_1^2 \tag{2-4}$$

由两式消去 t_1 求得：$v_c^2=-gx(t_1)^2/2y(t_1)$ (2-5)

由此可知，如果能用实验的方法求得液体由喷口喷射的距离随时间的关系，就能求得速度 v_c 随时间的关系，同时记录液面的高度随时间的关系，就可以得出速度 v_c 与高度 h 的关系。

C 实验步骤

实验步骤为：

(1) 调整带刻度的圆柱形容器以达到水平状态，并在真实场景中，在容器上选择任意两条线进行定标，用标准刻度尺测得两条线之间距离为 Δh_1。

(2) 调整好数码相机，在容器中倒入适量的液体，同时按下拍摄录像按钮进行现场拍摄液体从小孔中出流的过程，把拍摄好的录像输入到计算机硬盘上。

(3) 运行 Flashmx 软件，把拍摄好的录像导入到 Flashmx 中。

(4) 在 Flashmx 场景中以小孔为坐标原点，用 Flashmx 功能 1 测出小孔的坐标位置，同时测出量筒上两条定标线之间的距离为 Δh_2。

(5) 在 Flashmx 场景中每隔相等的时间（以具体实验情况而定）选择 1 帧（每一帧对应出液体相应的射程与液面的高度），用 Flashmx 功能 2 测得液体的落点位置坐标分别为 x，y，此时相应液面的高度为 h。

(6) 由于液体的射程和高度通过数码相机及计算机处理后其尺寸已经变化，要想得到其实际的大小，则必须通过一定的比例关系进行计算，而圆筒上两参考点之间的距离和液体的出流是同时被拍摄的，所以在同一平面内，即它们的尺寸变化比例是相同的。为此，可根据圆筒上某两线之间的距离变化，即比例系数 $p=\Delta h_1/\Delta h_2$ 来确定液体的射程和高度的真实值。

D 实验数据

本实验所用液体为金龙鱼一级大豆油，温度为 15℃，相机为佳能数码相机。用数码相机拍摄了一段 3~4min 的录像，表 2-1 给出了每 5s 测得的液体的射程 x 和对应的液面高度 h，本实验中 $\Delta h_1=10.48\text{cm}$，$\Delta h_2=229\text{px}$，所以 $p=10.48/229$。液体的落点的垂直高度 $y=190\text{px}$，y 为孔口距离地面的高度（cm），表 2-1 中所得数据均以孔口为坐标原点。

表 2-1 实验数据表

时间 t/s	液体的射程 x/px	液面的高度 h'/px	出射速度 v ($v^2=gx^2/2y$)	液面的高度 $h=h'p$
5	138	253	22.93	11.58
10	133	249	21.30	11.40

续表 2-1

时间 t/s	液体的射程 x/px	液面的高度 h'/px	出射速度 v ($v^2=gx^2/2y$)	液面的高度 $h=h'p$
15	129	244	20.04	11.17
20	125	239	18.82	10.94
25	121	232	17.63	10.62
30	116	227	16.20	10.39
35	111	222	14.84	10.16
40	106	217	13.53	9.93
45	101	212	12.29	9.70
50	95	207	10.87	9.47
55	89	203	9.53	9.29
60	83	196	8.30	8.97
65	77	192	7.14	8.79

用 spss 软件来拟合流体的运动规律，拟合的结果如图 2-8 所示（拟合的系数达到 0.998)，由图 2-8 可以看出：液体的出射速度的平方和液面的高度成很好的线性关系，方程为：

$$v_c^2 = 5.5114h - 41.247 \tag{2-6}$$

由式（2-2）和式（2-6）可得常数 $k=2.5563$，$\Delta z=7.4839$，所以

$$v_c^2 = \frac{2g}{1+2.5563}(h-7.4839) \tag{2-7}$$

这与理论推导式（2-2）完全一致。

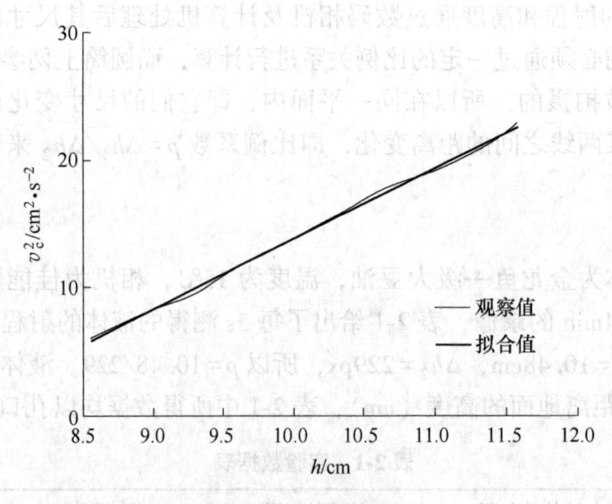

图 2-8 拟合数据图

E 结论

(1) 在理想情况下，只有当液面距离小孔的高度为 0 时，液体的出射速度才为

0，但实际上，由于液体内部的黏滞力及与容器内壁的摩擦力的影响，液体在距离小孔还有一定高度的时候，液体的射程就已为0，图2-8及上面所拟合的方程正好验证了这点。

（2）对于非规则的容器、不同液体，同样也可以用此方法方便的研究出流体运动的规律方程。

（3）数码相机不需要外加驱动电路就可以将获得的图像信号直接与计算机交接，而且本身带有较大容量的相片存储卡，可在计算机中直接处理并测量数据，很适合开发一些虚拟化的实验，这对学生在设计性、研究性实验中运用一种新的测量手段去研究物理现象是一项新的尝试，同时可对学生的思路进行多方面的拓展。

2.3.2 用数码相机测液体黏滞系数的实验

A 引言

液体黏滞系数又称液体黏度，是液体的重要性质之一，在工程、生产技术及生物、化学、医学方面有着重要的应用，采用落球法测液体黏滞系数，其物理现象明显，概念清晰，是物理实验中典型的一项内容。现采用一种新的方法，即用数码相机来拍摄运动的物体，然后通过计算机辅助工具对得到的录像素材进行分析、研究，以达到测定液体黏滞系数的目的。

数码相机将光电传感器（CCD或CMOS）、模数转换器（A/D）和计算机接口等巧妙地结合在一起，原理如图2-9所示，它可以将拍摄的数字影像方便地输入到计算机上并通过Flashmx软件工具对各种物理现象进行动态的实验研究。

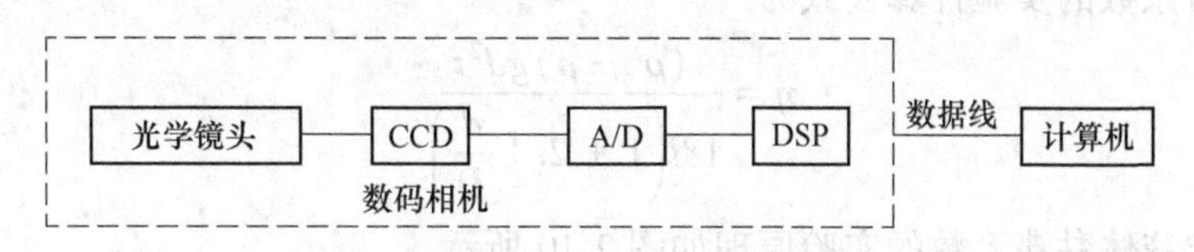

图2-9 数码相机原理图

Flashmx是Macromedia三套网页利器之一，是目前非常流行的动画制作及处理工具。它在网页制作、多媒体演示等领域得到了广泛应用。本实验应用Flashmx工具的三个功能来获得测定液体黏滞系数中的各种参数量：

（1）Flashmx中帧的播放速度可以方便地更改，这样就可以满足与数码相机拍摄的速度同步。

（2）当把拍摄好的录像导入到Flashmx中时，它的播放速度可以转化成与数码相机拍摄的速度相同，从而方便了对录像素材进行编辑处理。

（3）Flashmx可以动态地显示图上某一点的坐标，即通过计算机上显示坐标的对话框，将某一点的坐标位置（x，y）值显示出来。

B 实验原理

当金属小球在具有一定黏滞性的液体中下落时，它受到3个铅直方向的力：小球的重力mg（m为小球质量）、液体作用于小球的浮力ρgV（V是小球体积，ρ是液体的黏度）和黏滞阻力F（其方向与小球运动方向相反）。如果金属小球处在无限深广的液体中下

落，则

(1) 当小球下落速度 v 较小时，有关系式：

$$F = 6\pi\eta vr \tag{2-8}$$

式（2-8）称为斯托克斯公式，其中 r 为小球的半径；η 为液体的黏度，其单位是Pa·s。

(2) 当小球开始下落时，由于速度尚小，所以阻力也不大；但随着下落速度的增大，阻力也随之增大，最后三个力达到平衡，即

$$mg = \rho gV + 6\pi\eta vr$$

于是，小球作匀速直线运动，由式（2-8）可得：

$$\eta = \frac{(m - V\rho)g}{6\pi vr} \tag{2-9}$$

令小球的直径为 d，并用 $m=\frac{\pi}{6}d^3\rho'$，$v=\frac{l}{t}$，$r=\frac{d}{2}$代入式（2-9），得到

$$\eta = \frac{(\rho' - \rho)gd^3t}{18l} \tag{2-10}$$

式中，ρ'为小球材料的密度；l 为小球匀速下落的距离；t 为小球在下落距离为 l 时所用的时间。

斯托克斯定律要求小球是在无限宽广的液体中下落，但实际容器的直径和深度总是有限的，故实际的速度 v 要乘上修正因子$\left(1+2.1\frac{d}{D}\right)$，其中 D 为管子的内直径。于是，落球法求液体黏滞系数的实验计算公式为

$$\eta = \frac{(\rho' - \rho)gd^2t}{18l\left(1 + 2.1\frac{d}{D}\right)} \tag{2-11}$$

落球法求液体黏滞系数的实验原理如图 2-10 所示。

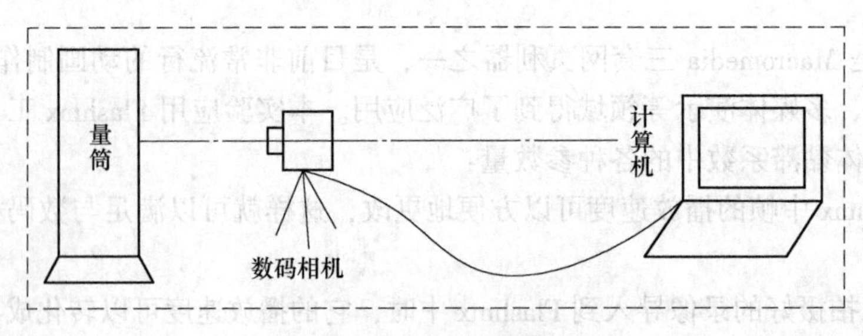

图 2-10 实验原理图

C 实验步骤

(1) 调整量筒底盘以达到水平状态，并在量筒中装入适量的蓖麻油。

(2) 真实场景中，在量筒上选择任意两条线进行定标，用标准刻度尺测得两条线之间距离为 Δh_2。

(3) 调整好数码相机，选择半径为 r 的小球从量筒的中心轴线位置上放入。当在相机视场中能看到下落的小球时，按下拍摄按钮直到小球消失在相机视场中，停止

拍摄。

（4）录像拍摄好后，通过数据线把拍摄好的录像输入到计算机硬盘上。

（5）把拍摄好的录像导入到 Flashmx 中，方法如图 2-11 所示。

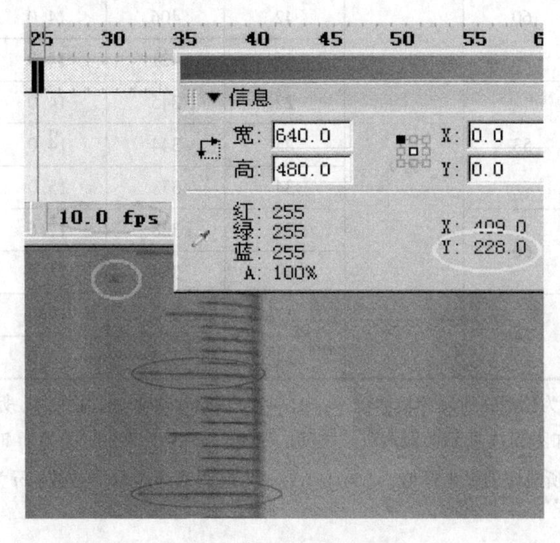

图 2-11 坐标位置

（6）在 Flashmx 场景中用其自带的测任意点坐标的功能，测得量筒上两条定标线之间的距离为 Δh_1，即得比例系数为 $p=\Delta h_2/\Delta h_1$。

（7）在 Flashmx 场景中选择小球下落过程中的两个不同位置的帧（每一帧对应小球的一个位置和时间），用其功能 3 测得小球在上下两个不同位置点的坐标分别为 y_1、y_2，相应的时间为 t_1、t_2。

（8）由于小球运动的距离通过数码相机及计算机处理后其尺寸已经变化，要想得到其实际运动的位移量，则必须通过一定的比例关系进行计算。而量筒上两参考点之间的距离和小球运动的位移是同时被拍摄的，所以在同一平面内，即它们的尺寸变化比例是相同的。为此，可根据量筒上某两线之间的距离变化来确定小球运动的真实距离。即所用的关系式如下：

$$l = p(y_2 - y_1) \tag{2-12}$$

将式（2-12）代入式（2-10）后可求得液体黏滞系数的计算式为：

$$\eta = \frac{(\rho' - \rho) g d^2 (t_2 - t_1)}{18p(y_2 - y_1)\left(1 + 2.1\dfrac{d}{D}\right)} \tag{2-13}$$

D 实验数据

本实验中的待测液体是蓖麻油，温度为 17℃。

在本实验中，采用直径为 1.59mm 与 2.00mm 两种不同规格的小球，测到的数据见表 2-2。

小球密度 $\rho=7.90\times10^3\text{kg/m}^3$，油的密度 $\rho'=0.96\times10^3\text{kg/m}^3$，量筒的直径 $\phi=6.72\text{cm}$，在同等情况下用激光光电传感器计时装置测到的数据见表 2-3。

表 2-2 实验数据

d/mm	δ	Δh_1/px	Δh_2/cm	y_1/px	y_2/px	Δt/s	η/Pa·s	$\overline{\eta}$/Pa·s
2.00	×2.6	60	2.9	67	404	13.0	1.230	1.229
				42	406	14.0	1.225	
				55	421	14.0	1.227	
	×2.3	53		22	345	14.0	1.220	
				25	344	14.0	1.240	
				34	378	15.0	1.227	
1.59	×2.6	60		37	328	17.6	1.226	
				39	384	21.0	1.230	
	×3.0	64		37	370	19.0	1.225	
				24	424	23.0	1.235	

注：d 为小球的直径；δ 为拍摄时所用相机的倍率；Δh_1 为 Flashmx 场景中如图 2-11 所示两圈内直线之间的距离；Δh_2 为真实场景中如图 2-11 所示两圈内直线之间的距离；y_1 为小球在时间为 t_1 时所对应的纵坐标值；y_2 为小球在时间为 t_2 时所对应的纵坐标值，$\Delta t=t_2-t_1$；η 为所测液体的黏滞系数；$\overline{\eta}$ 为所测液体的黏滞系数的平均值。

表 2-3 实验数据

d/cm	Δt	Δh	η/Pa·s	$\overline{\eta}$/Pa·s
2.00	16.5	20	1.271	1.270
1.59	26.1	20	1.270	

通过对比发现两种方法所测得的数据基本一致，从而说明数码相机用于此实验的可行性。另外数码相机不需要外加驱动电路就可以将获得的图像信号直接与计算机交接，而且本身带有较大容量的相片存储卡，可在计算机中直接处理测量数据，很适合开发一些半虚拟化的实验，这对学生在设计性、研究性实验中运用一种新的测量手段去研究物理现象是一项新的尝试，同时对学生的思路可进行多方面的拓展。

2.3.3 用数码相机研究阻尼振动的实验

A 引言

简谐振动是一种理想模型，振子在实际振动过程中不可避免地与周围介质发生相互作用而不断地损失能量，其振幅随时间作指数衰减，这就是阻尼振动。如果能测出振子振动的阻尼因数 β、周期 T 以及最大振幅 A_0，就可以写出阻尼振动的运动方程，本实验给出一种利用数码相机来研究阻尼振动的特性参数及其运动规律的方法。

数码相机将光电传感器（CCD 或 CMOS）、模数转换器（A/D）和计算机接口等巧妙地结合在一起，原理如图 2-12 所示，利用数码相机可以将拍摄的数字影像方便地输入到计算机上，并通过 Flashmx 等软件工具对各种物理现象进行动态的实验研究。

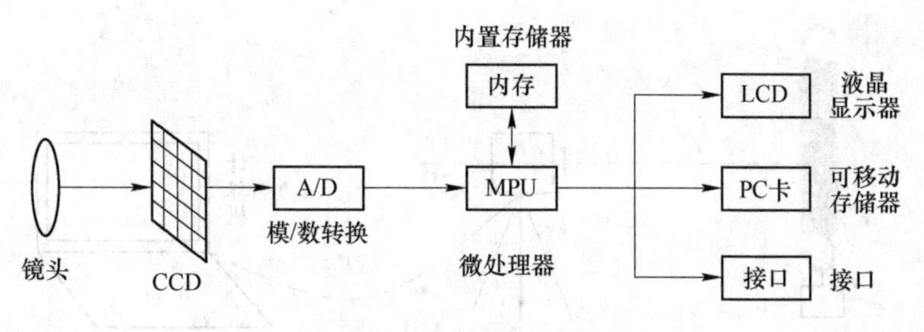

图 2-12 数码相机原理图

B 实验原理

一个自由振动系统由于外界和内部的原因，使其振动的能量逐渐减少，振幅因之逐渐衰减，最后停止振动。在单摆、弹簧振子等实验中因空气阻尼存在可观察到阻尼振动，就像 *LRC* 振荡电路中由于电阻 R 的存在电流和电压的变化等也是阻尼振动一样。对于阻尼振动的一般性描述方程为：

$$\frac{d^2x}{dt^2} + 2\beta\frac{dx}{dt} + \omega_0^2 x = 0 \tag{2-14}$$

式中，常数 β 为阻尼因数；ω_0 为振动系统的固有频率。当阻力较小时，此方程的解为：

$$x = A_0 e^{-\beta t}\cos(\omega_f t + \varphi) \tag{2-15}$$

由图 2-13 可知，阻尼振动的主要特点是阻尼振动的振幅随时间按指数规律衰减，振幅衰减的快慢和阻尼因数 β 的大小有关，而 $\beta = \dfrac{b_\mu}{2m}$，因而和阻尼系数 b_μ 及振子质量 m 有关。

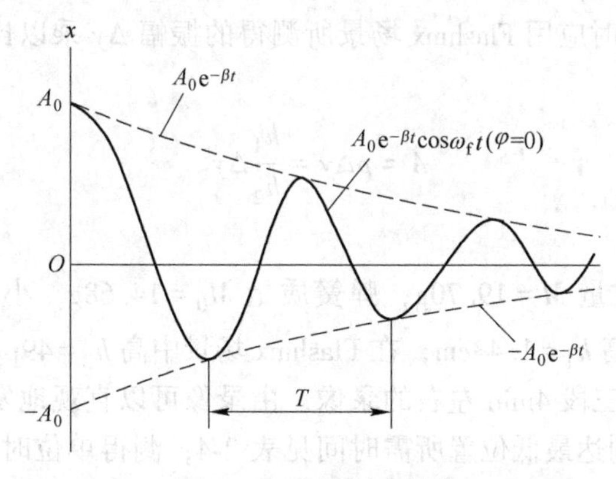

图 2-13 阻尼振动衰减

质量为 M 的砝码系于一轻质弹簧的自由端，而弹簧的另一端固定在铁架台上，这样便构成了一个有阻尼振动的弹簧振子，笔者以弹簧振子为例来研究如何用数码相机求出运动周期 T 及其运动方程，实验原理如图 2-14 所示。

C 实验步骤

(1) 调节底盘螺丝使其水平，让挂有砝码的弹簧与铅直的立柱平行，在砝码上作用一个力使其振动；同时用数码相机拍摄一段振子振动的录像（300~500 个周期），并导入

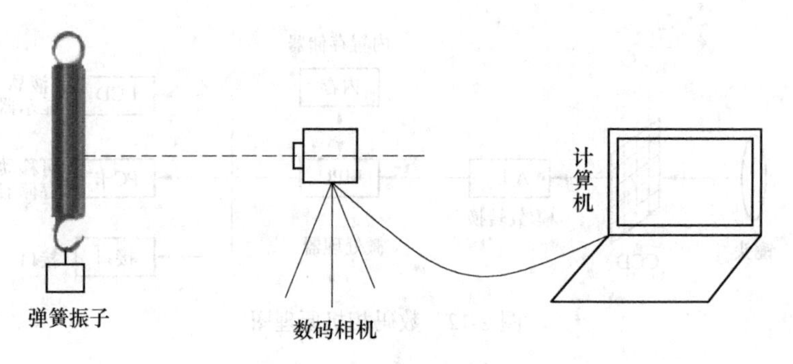

图 2-14 原理示意图

到计算机硬盘上。

(2) 修改 Flashmx 中的播放速度，把 12 帧/s 改为 10 帧/s，再把刚才拍好的录像导入到 Flashmx 中。

(3) 选择振子处在最低点的某一帧，如振子在 0.4s 时所处的最低点，移动帧的位置使振子第二次达到最低点（由于振子作阻尼振动，振幅在不断减小，所以最低点的位置逐渐升高），记下此时对应的时间，重复这个过程，分别记下振子 50 次达到最低点所对应的时间记入表 2-4 中。

(4) 用游标卡尺测得砝码高为 h_1（cm），然后在 Flashmx 场景中用其自带的测任意点坐标的功能，测得此时砝码高为 h_2（px），即得比例系数为 $p=h_1/h_2$。

(5) 由于振子的振幅通过数码相机及计算机处理后其尺寸已经变化，要想得到其实际运动的振幅，则必须通过一定的比例关系进行计算。而振子（砝码）的高度和振子运动的距离是同时被拍摄的，所以在同一平面内且它们的尺寸变化比例是相同的。为此，在计算振子的实际振幅 A 时应用 Flashmx 场景所测得的振幅 Δy 乘以比例系数 p 即可。即所用的关系式如下：

$$A = p\Delta y = \frac{h_1}{h_2}\Delta y \tag{2-16}$$

D 实验数据

实验中所用砝码质量 $M=19.70\text{g}$，弹簧质量 $M_0=14.68\text{g}$，小磁钢 $m=0.73\text{g}$，振子（砝码）在真实场景中高 $h_1=1.43\text{cm}$，在 Flashmx 场景中高 $h_2=49\text{px}$。

用数码相机拍摄了三段 4min 左右的录像，由录像可以直观地发现，振子的振幅逐渐减小，测得振子 50 次到达最低位置所需时间见表 2-4；测得单位时间（50 周期）所对应的振子的最低和最高的位置见表 2-5。

表 2-4 实验数据

霍尔元件法			数码相机		
次数	t/s	T/s	次数	t/s	T/s
50	41.67	0.8343	50	41.2	0.8227
50	41.72		50	41.1	
50	41.75		50	41.1	

由表 2-4 可知，两者所得的周期相差不大，在误差允许范围之内。

测得每隔 50 个周期振子所对应的最低点和最高点坐标，数据见表 2-5。其中，n 为振子振动的周期次数，t 为振子振动 n 个周期所对应的时间，y_1、y_2 为 Flashmx 场景中振子振动到第 n 个周期分别对应最低点与最高点的坐标，$\Delta y=\frac{y_1-y_2}{2}$为 Flashmx 场景中振子振动到第 n 个周期时所对应的振幅，A 为真实场景中振子振动到第 n 个周期时所对应的振幅，A'是通过 SPSS 软件按指数方程拟合出的数据。

表 2-5　实验数据

n/次	t/s	y_1/px	y_2/px	Δy/px	A/cm	A'/cm
0	0.20	400.00	180.00	110.00	3.21	3.22
50	43.30	384.00	189.00	97.50	2.85	2.83
100	86.40	370.00	204.00	83.00	2.42	2.41
150	129.40	361.00	218.00	71.50	2.09	2.05
200	172.50	351.00	228.00	61.50	1.79	1.75
250	215.60	342.00	237.00	52.50	1.53	1.49
300	258.60	333.00	247.00	43.00	1.25	1.27
350	301.70	326.00	253.00	36.50	1.06	1.08
400	344.80	320.00	257.00	31.50	0.92	0.92

用 SPSS 软件来拟合振子振幅的运动规律，拟合的结果如图 2-15 所示（拟合的相关系数达到 0.998）且得拟合参数值为：$A_0=3.90$，$\beta=0.16$，所以振幅衰减的指数方程为：

$$A=A_0\mathrm{e}^{-\beta t}=3.90\mathrm{e}^{-0.16t}(\mathrm{cm}) \tag{2-17}$$

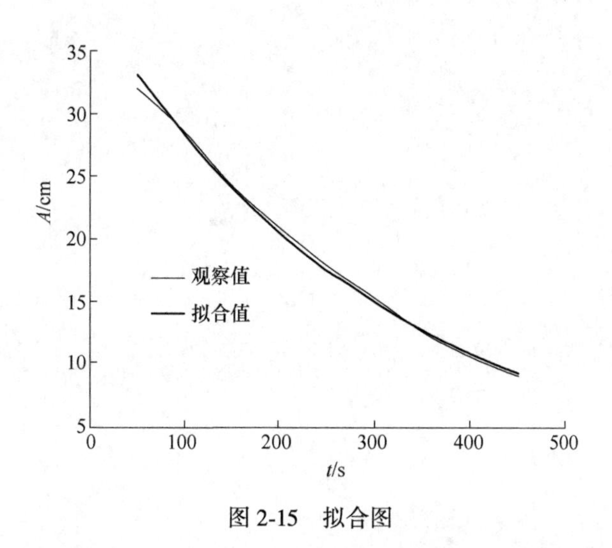

图 2-15　拟合图

由于 $\omega=\frac{2\pi}{T}=\frac{2\pi}{0.8227}$（rad），并令 $\varphi=0$，则得阻尼振动的运动方程为：

$$x = 3.90\mathrm{e}^{-0.16t}\cos\frac{2\pi}{0.8227}t \tag{2-18}$$

由此可见，用数码相机并结合一些软件能方便的求出阻尼振动的周期 T 及其运动方程。且数码相机不需要外加驱动电路就可以将获得到图像信号直接与计算机交接，而且本身带有较大容量的相片存储卡，可在计算机中直接处理并测量数据，很适合开发一些虚拟化的实验，这对学生在设计性、研究性实验中运用一种新的测量手段去研究物理现象是一项新的尝试，同时对学生的思路可进行多方面的拓展。

3 基于声卡虚拟仪器的综合设计性物理实验

虚拟仪器也叫计算机仪器，是以计算机为基本硬件平台，配以相应测试功能的硬件作为信号输入输出的接口，利用虚拟仪器软件在计算机屏幕上虚拟出图形化的仪器面板，并在虚拟仪器的控制下可以对被测信号进行采集、分析、处理、存储和图形显示，也可以输出频率、幅度可调且波形任意的电压信号，实现各种仪器功能。随着计算机的逐渐普及，虚拟仪器越来越受到广泛应用。

3.1 声卡简介

声卡是多媒体技术中最基本的组成部分，它可以把来自话筒、收录音机、激光唱机等设备的语音、音乐等声音变成数字信号交给电脑处理，还可以把数字信号还原成为真实的声音输出。麦克风和喇叭所用的都是模拟信号，而电脑所能处理的都是数字信号，两者不能混用，声卡的作用就是实现两者的转换。从结构上分，声卡可分为模数转换电路和数模转换电路两部分，模数转换电路负责将麦克风等声音输入设备采到的模拟声音信号转换为电脑能处理的数字信号，而数模转换电路负责将电脑使用的数字声音信号转换为喇叭等设备能使用的模拟信号。

声卡接口：

（1）线型输入接口，标记为“Line In”。它将品质较好的声音、音乐信号输入，通过计算机的控制将该信号录制成一个文件。

（2）线型输出端口，标记为“Line Out”。它用于外接音箱功放或带功放的音箱。

（3）话筒输入端口，标记为“Mic In”。它用于连接麦克风（话筒），可以将自己的歌声录下来实现基本的“卡拉 OK 功能”。

（4）扬声器输出端口，标记为“Speaker”或“SPK”。它用于插外接音箱的音频线插头。

采样值或取样值是用来衡量声音波动变化的一个参数，也就是声卡的分辨率，单位是bit。采样频率是单位时间内的采样次数。根据信号处理理论，语音信号的采样频率应在44kHz 以上。

3.2 基于声卡虚拟仪器简介

3.2.1 Audition 软件简介

Audition 软件功能强大、控制灵活，使用它可以录制、混合、编辑和控制数字音频文件。该软件能实现数字存储示波器（软件 Audition +计算机声卡 +微型麦克风）、信号发生器（软件 Audition +计算机声卡 +微型扬声器）和频谱分析仪等功能。因此 Audition 是研究声学实验现象不可多得的软件。

3.2.1.1　信号发生器功能

信号发生器的作用就是产生波形，利用现代计算机强大的计算能力，Audition 的灵活设计和声卡的精确输出，不需花费高昂的价格也可以实现信号发生器的功能。

软件安装后打开，点击“新建波形”按钮，就会弹出图 3-1 中上浮的对话框，要求你选择“Sample Rate”（取样频率）、“Channels”（声道数）和“Resolution”（分辨率）。对于电脑多媒体声卡，一般用 48kHz 的取样频率、双声道、16bit 分辨率。

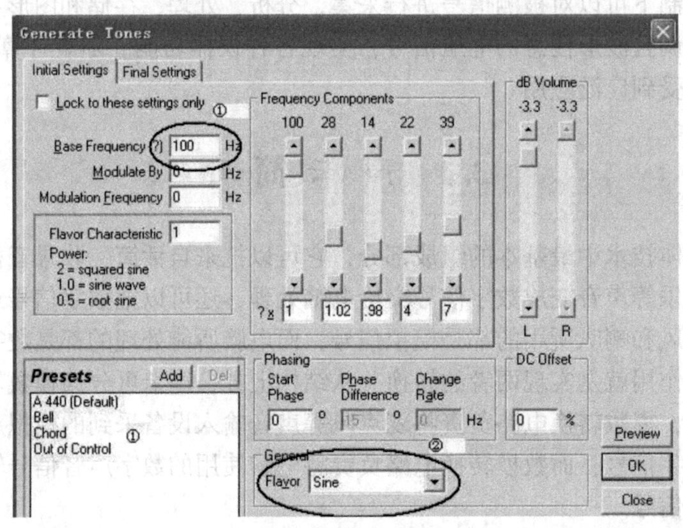

图 3-1　参数选择

选定参数后点击菜单栏的“Generate -〉Tones”（生成-〉波形）按钮即弹出一个对话框（见图 3-2），要求输入波形参数。

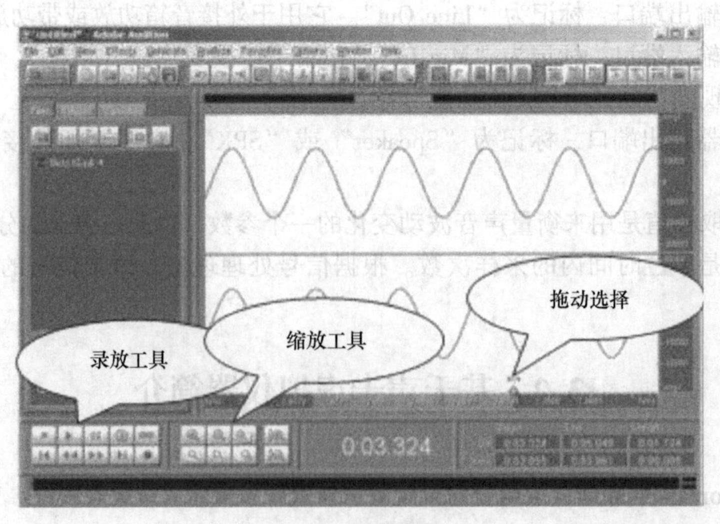

图 3-2　生成波形

先产生一个最常用的信号，即 1kHz 正弦波。在“Base Frequency”（基本频率）栏目添入1000，将“Lock to these settings only”（固定设置）选中，在“General Flavor”（波形类型）栏目选择“Sine”（正弦波），“Duration”（长度）栏目添入波形长度10s，“dB Volume”（音量，波形幅度）栏设置成-6dB（半满幅），其余项目选择默认即可。生成的波形如图3-2所示。

3.2.1.2　数字存储示波器功能

用Audition当作示波器时，首先需要指定波形输入的通道，这一点跟使用示波器指定通道类似，不过可选的通道更多，更复杂。打开Windows的“控制面板=>声音和多媒体=>音频=>录音=>音量”，在“录音控制”窗口中选中“Mic Volume”，即可通过麦克风端口输入信号。

Audition所实现的示波器功能与真实的示波器还是存在着不同之处，相对而言，Adobe Audition难以实时显示波形细节，但是却能够将波形完全录制下来慢慢看，只在实际应用中拥有更大的实用价值。并且，基于Adobe Audition强大和完善的波形显示功能，存储下来的波形甚至可以一直放大到以单取样点长度的分辨率来显示，对于模拟仪器来说这是绝对不可能达到的。

3.2.2　虚拟声卡万用仪简介

虚拟声卡万用仪（见图3-3）是一个功能强大的基于个人电脑的虚拟仪器。它由声卡实时双踪示波器、声卡实时双踪频谱分析仪和声卡双踪信号发生器组成，这三种仪器可同时使用。本仪器内含一个独特设计的专门适用于声卡信号采集的算法，它能连续监视输入信号，只有当输入信号满足触发条件时，才采集一帧数据，即先触发后采集，因而不会错过任何触发事件。

虚拟声卡万用仪发挥了以电脑屏幕作为显示的虚拟仪器的优点，支持图形显示的放大和滚动，并将屏幕的绝大部分面积用于数据显示，使用户能够深入研究被测信号的任何细节。

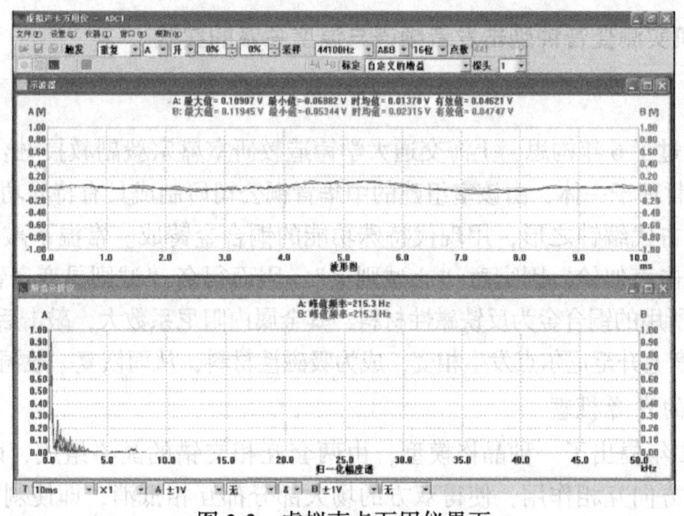

图3-3　虚拟声卡万用仪界面

3.3 基于声卡的数据采集系统的实现

从数据采集的角度来看，声卡是一种音频范围内的数据采集卡，是计算机与外部的模拟量环境联系的重要途径。声卡的工作原理其实很简单，其工作流程如图3-4所示。麦克风和喇叭所用的都是模拟信号，而电脑所能处理的都是数字信号，声卡的作用就是实现两者的转换。从结构上分，声卡可分为模数转换电路和数模转换电路两部分，模数转换电路负责将麦克风等声音输入设备采到的模拟声音信号转换为电脑能处理的数字信号；而数模转换电路负责将电脑使用的数字声音信号转换为喇叭等设备能使用的模拟信号。

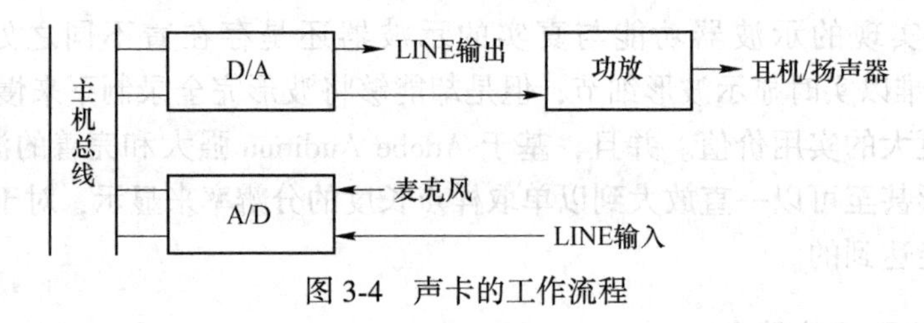

图 3-4 声卡的工作流程

基于声卡的数据采集系统的实现方案有：

(1) 信号发生器功能：软件 Audition + 计算机声卡 + 微型扬声器。

(2) 示波器功能：软件 Audition + 计算机声卡 + 微型麦克风。

声学实验是大学物理实验中的一个重要的分支，传统的声学实验通常以信号发生器、音叉作为信号源，以示波器作为信号接收器，能否找到一个仪器集多种功能于一身，这对于教育工作者一直是一个挑战。不过，随着虚拟仪器的发展这种愿望可以变为现实。

3.4 基于声卡虚拟仪器综合设计性物理实验

3.4.1 用计算机实测变音钟受击发音频谱与温度关系的实验

A 引言

1974年，经过了6年构思，上海交通大学铸造教研室盛宗毅副教授融合现代科学技术、青铜文化、佛教哲理于一体，由该室组建的中华青铜公司研制成具有特异功能的变音钟。

变音钟取自古代编钟之形，用现代特殊功能的铜合金铸成。常温下敲击变音钟，声似木鱼，加热后敲击声似铃。因寓意“心诚则灵”，因而得名“诚则灵变音钟”。

铸造变音钟所用的铜合金为反铁磁性材料，其金属内阻尼系数大，敲击后产生的拍频衰减快，加热之后温度上升至尼尔点发生相变，成为吸磁性材料，从而恢复一般铜合金的特性。

B 变音钟的发音机理

尼尔在1932年提出了一种晶格模型，由两套互相交错的晶格组成，两套晶格所产生的磁场以相反的方向互相作用，使得双方的场大部分都互相抵消，即使剩下也几乎无法观察到，从而得到一种有序态。尼尔同时还证明，这种相对平衡的状态在某一温度会消失，这个温度就被称为尼尔点 T_n。尼尔点与铁磁现象中的居里点相类似，就是当实验温度

$T>T_n$时，反铁磁体与顺磁体有相同的磁化行为。

反铁磁性材料内部金属的内阻尼系数大，内阻尼指的是微观结构产生的相互作用，内阻尼主要是由材料的内摩擦产生的，在振动过程中，原子的换位所引起的能量损耗提供了材料内摩擦所需的能量消耗。这种阻尼在实际的结构阻尼中占的比例很小。然而内阻尼系数大的材料敲击后产生拍频的衰减快，对其进行加热后，温度上升至尼尔点发生相变，相变后材料的弹性刚度常数比原来的大，此时内耗变得很小，敲击后产生拍频的衰减将变慢。从而反铁磁性材料就成为了吸磁性材料，并拥有了一半铜合金的特性，于是原本暗哑的敲击声也变得清脆。

假设两套交叉排列的晶格振动，其振幅等于A_1，角频率ω_1、ω_2相差很小，如果它们的初相位都取为零，则可分别表示为：

$$x_1 = A_1\cos\omega_1 t$$

$$x_2 = A_1\cos\omega_2 t$$

这时合成运动的位移可写成：

$$x = x_1 + x_2 = 2A_1\cos\frac{1}{2}(\omega_1 - \omega_2)t\cos\frac{1}{2}(\omega_1 + \omega_2)t \tag{3-1}$$

令$A = 2A_1\cos\frac{1}{2}(\omega_2 - \omega_1)t$，则式（3-1）可改写成

$$x = A\cos\frac{1}{2}(\omega_2 + \omega_1)t \tag{3-2}$$

由于角频率$\frac{1}{2}(\omega_2 + \omega_1)$远大于角频率$\frac{1}{2}(\omega_1 - \omega_2)$，因此$x$随时间的变化主要取决于角频率$\frac{1}{2}(\omega_2 + \omega_1)$的余弦因子，运动似为“谐振动”，但这时振幅$x = 2A_1\cos\frac{1}{2}(\omega_2 - \omega_1)t$是随时间按余弦函数规律在$A_{max} = 2A_1$与$A_{min} = 0$之间周期性的缓慢变化。由于存在各种阻尼因子，振源的振幅逐步按指数规律衰减。因此可以把介质中声波的拍频公式进行修正，用式（3-3）来表示：

$$x = Ae^{-\beta t}\cos\frac{1}{2}(\omega_2 + \omega_1)t \tag{3-3}$$

为了更好地理解变音钟的发音机理，可以通过采集变音钟在不同温度之下所发出的声音信号，使用虚拟仪器在计算机上显示出声音信号图、幅度图等，使实验数据更直观，更便于理解。

通过分析和比较这些图形中所蕴藏的信息，就能够更进一步理解实验的原理与本质。

实验原理图如图3-5所示。

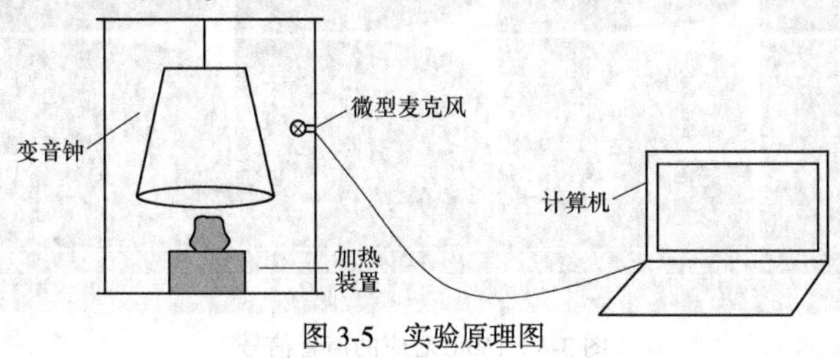

图3-5 实验原理图

C 实验步骤

实验步骤为：

（1）按照原理图连接好实物。

（2）打开电脑运行 Audition，在常温下用木槌敲击变音钟，并采集其声音信号。

（3）点燃酒精灯使之加热，分别在不同的温度下敲击变音钟，采集其声音信号。

（4）熄灭酒精灯，运行软件 Audition 分析刚才记录的声音信号，分别如图 3-6～图 3-8 所示。对图 3-6～图 3-8 进一步的分析可记录变音钟在不同的温度下的声音信号衰减时的弛豫时间，见表 3-1。

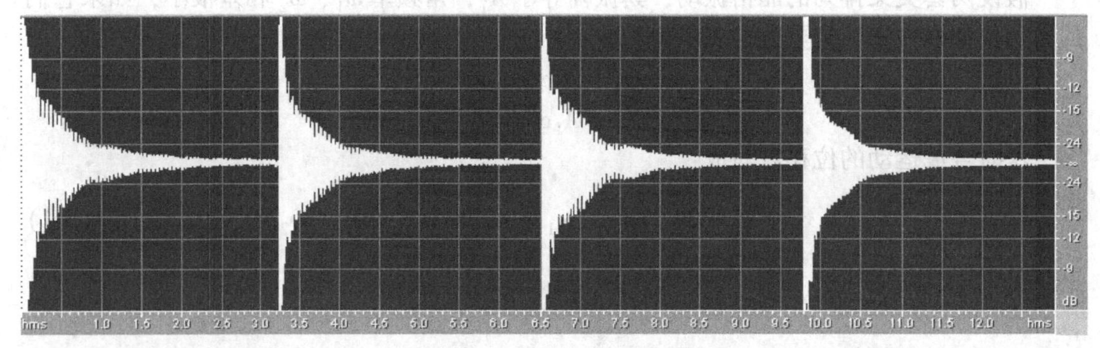

图 3-6 190℃对应的声音信号

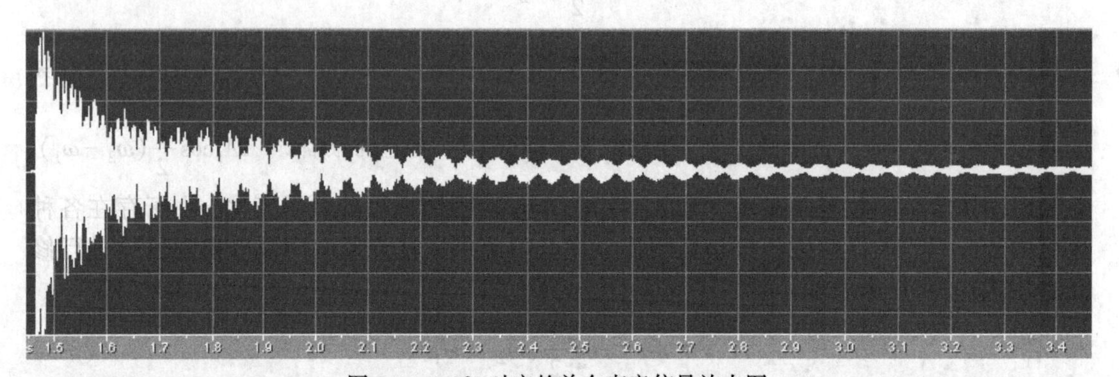

图 3-7 190℃对应的单个声音信号放大图

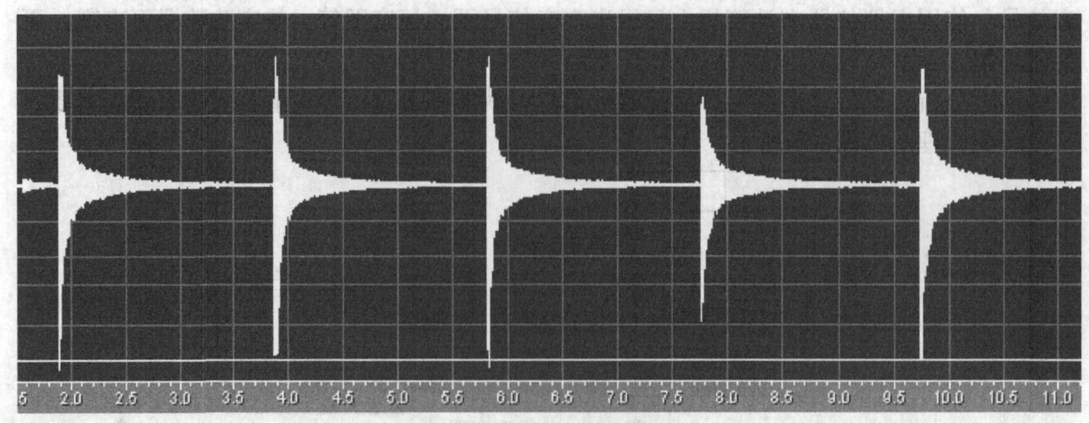

图 3-8 160℃对应的声音信号

表 3-1　实验数据

温度/℃	70	100	150	160	170	190
弛豫时间/s	0.30	0.46	1.30	2.01	2.80	3.20

振动图形分析：

通过对图 3-6~图 3-8 所呈现的波形数据进行对比分析，可以发现以下几条规律：

（1）这些声音信号波形虽然都是一些不规则的正弦曲线或余弦曲线，但是周期性都很好。

（2）对比图 3-6 和图 3-8 可知：温度低时，变音钟敲击之后所发出的声音信号单调，衰减所需时间短；温度高时，敲击之后所发出的声音信号饱满，衰减所需时间长（见表 3-1）。

（3）对图 3-7 进行放大即可以发现：在振幅的最小位置处，相位没有发生突变，所以变音钟发出的声音信号是一种拍频现象，同时从图中也可以看出每秒钟的拍频数为 20 个。

纵向对比研究：

本实验采集了一些寺院中的圆形钟声来与变音钟的声音信号来进行分析和研究，通过比较两者来了解变音钟与其他钟类之间发音机理的差别所在，更从而好地了解变音钟的发声原理。

图 3-9 和图 3-10 是某寺院圆形钟声的声音信号图与幅度谱图。

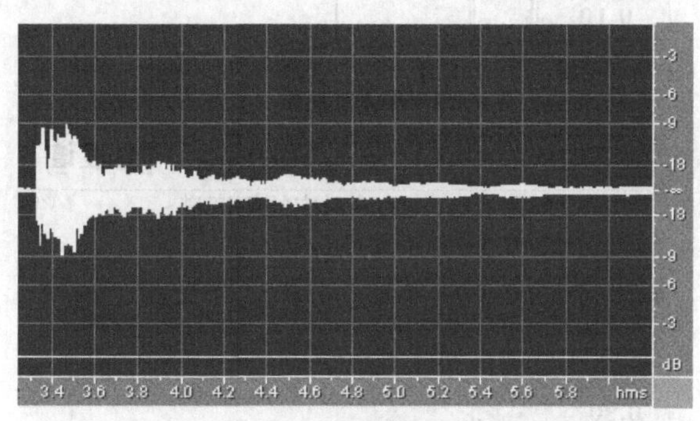

图 3-9　某寺院圆形钟声信号

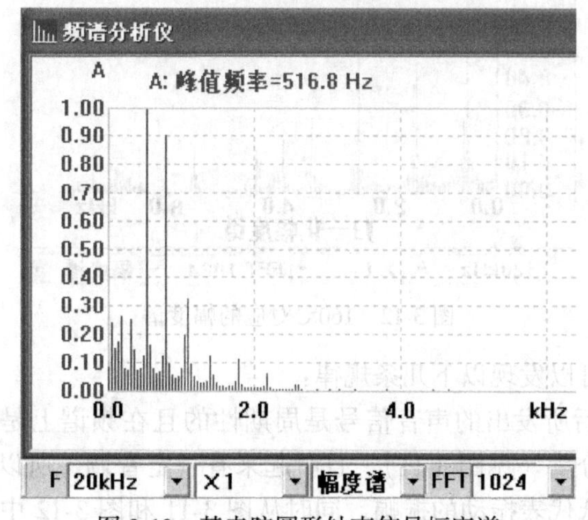

图 3-10　某寺院圆形钟声信号幅度谱

对比图 3-9 和图 3-6 不难发现以下规律：

（1）变音钟与圆形钟发音有着巨大的差别：圆形钟在被击之后，声音悠扬长久，各种谐波分音很难衰减，特别是它的嗡音不易消失。在连续敲打之后，发声相互干扰，极易产生长短不同的共鸣声，发音缺乏稳定性，音色也难以控制，因此，它们不能作为乐器使用。

（2）变音钟发声短，容易衰减。根据实验测定（见表 3-1），在敲击之后半秒，全部高谐音就会消失，基音也开始衰减，一秒之后基音也消失大半。因此它们可以作为乐器使用，并适宜于慢速、中速以及比较和缓的快速旋律的演奏。

幅度图（频谱图）分析：对以上所得的声音信号用虚拟软件进行频谱分析，幅度谱如图 3-11 和图 3-12 所示。

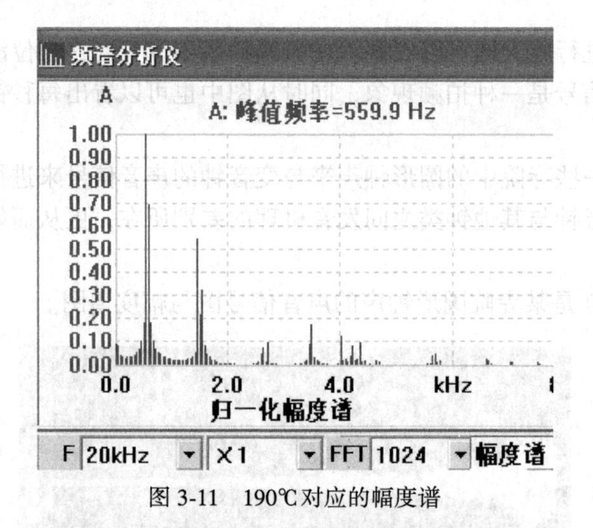

图 3-11　190℃对应的幅度谱

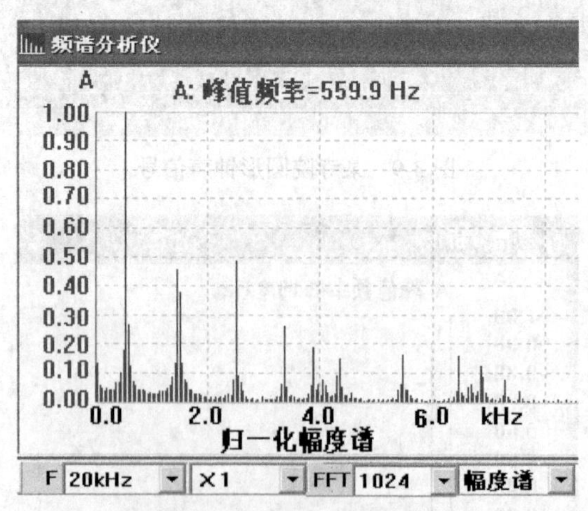

图 3-12　160℃对应的幅度谱

从三个幅度谱中可以发现以下几条规律：

（1）变音钟敲击后所发出的声音信号是周期性的且在频谱上是分列的线性谱，每一个谱线代表一个谐波分量（见图 3-11），且听起来有一定音调，所以变音钟所发出的是乐音，其中，峰值的高低代表振动的振幅。同时从图 3-11 和图 3-12 中均看到有两个峰靠的很近，而且时域上也可看到慢信号的调制，这意味着有两个很相近的振动信号相互叠加，但由于声卡的分辨率不够，看得不是很明显。

(2) 对比图 3-10 和图 3-11 可知：变音钟的频谱简单，因而音色比较单调。但从另一角度看，它们音色纯正。而寺院钟的频谱相对来说要复杂，这说明寺院钟的谐波分音多。

(3) 频谱中的各谱线的幅度随谐波次数增加而逐渐衰减，这说明它们均具有收敛性。

(4) 对比图 3-11 和图 3-12 可以发现，变音钟所处温度越高，声音信号的谐波分音越少，基音衰减越快。

通过以上虚拟仪器的运用，笔者对变音钟的发音机理有了更进一步的理解，由此可见，用虚拟仪器探究声现象，做声学实验可以变“听”为“看”、化“动”为“静”，从而使实验现象直观化、形象化，可以给教学和实验带来意想不到的效果。

3.4.2 合瓦形变音钟拍频现象的实验

众所周知，当一个钟振动时，存在两个相接近的频率，就产生了响度有周期性起伏的拍频现象，严格来说所有钟都有拍频现象。由于东西方对钟的特性评价不同，西方制钟工匠们认为“拍频”是钟的毒瘤，他们通过各种途径来减少这种现象的发生，东方制钟工匠认为具有一定周期适度的拍频现象也是钟的一个重要特性。最近，Secok-Hyun Kim 等人发现或研究了圆形 King Seong-deok Divine 钟的拍频现象，拍频现象的研究对于提高钟的优质特性及古钟的复制、设计、制造等工作提供一定的科学参考依据。因此开展对合瓦形钟的拍频现象的研究具有一定的科学价值，而且，目前对中国合瓦形钟的拍频现象进行全面系统的研究工作尚是空白。

A 理论介绍

合瓦形变音钟重约为 0.7kg，高约为 0.13m，为椭圆形钟口，所用合金为 Cu 和 Mn 合金反铁磁性材料，反铁磁性材料内部金属的内阻尼系数大，内阻尼系数大的材料敲击后产生的拍频衰减快。加热后，当温度上升至奈尔点，即 360~400K 时会发生相变。相变后，材料的弹性刚度常数比原来的要大，此时内耗变得很小，敲击后拍频的衰减将变慢。所以变音钟在不同的温度下敲击时，其音高会发生变化，即变音性。另外，变音钟因其独特的合瓦形结构，在常温下分别敲击正、侧鼓音位（见图 3-13）可以产生双音性。即常温情况下，一钟双音；变温情况下，一钟多音的独特声学特性。

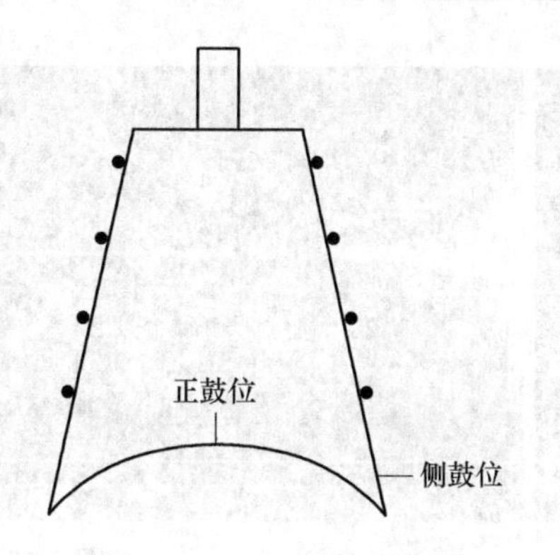

图 3-13 正、侧鼓音位图

变音钟除以上诸多独特的声学特性外，“拍频”现象也是其一个重要的声学特性。拍频现象的产生是钟在铸造过程中质量与刚性的不对称分布所造成的，同时，钟体上不对称的雕刻、花纹分布也会加强“拍频”效果。为了研究这种独特的声学特性，用声音传感器采集钟在不同状态下的声音信号，将这些声音信号进行放大并经过 A/D 转换存储到计算机中。用虚拟软件 Audition 对采集到的声音信号进行分析处理，并通过 Matlab 软件编程对声音信号进行频谱分析。

B 拍频现象

合瓦形钟通常有两个敲击音位，分别为正、侧鼓音位。正鼓音位作为钟的主音位，侧鼓音位常用于调节音位。20℃的环境下，采集“侧鼓音位”的声音信号如图 3-14 所示。

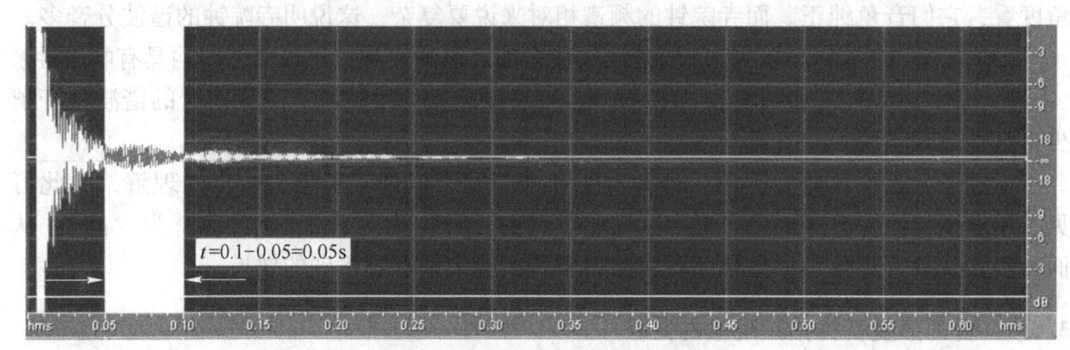

图 3-14 20℃时侧鼓音位声波波形图

从图 3-14 中可以看出：在钟的侧鼓音位敲击时，所发出的声音信号有明显的拍频现象；其周期为 0. 05s，即拍频频率为 20Hz。

a 不同敲击点对拍频的影响

为了研究不同敲击点是否会影响拍频现象，在同样的环境温度下，从正鼓音位到侧鼓音位这个 1/4 周长范围内分别采集 6 组实验数据（见表 3-2）。其中“正鼓音位”“45°音位”的声音信号分别如图 3-15 和图 3-16 所示。

表 3-2 不同敲击点的拍频特征

音位	0°	30°	45°	60°	75°	90°
有无拍频现象	无	有	有	有	有	有
拍频的清晰度	—	不清晰	不清晰	不清晰	不清晰	最清晰
拍频的频率/Hz	—	20. 00	20. 00	20. 00	20. 00	20. 00

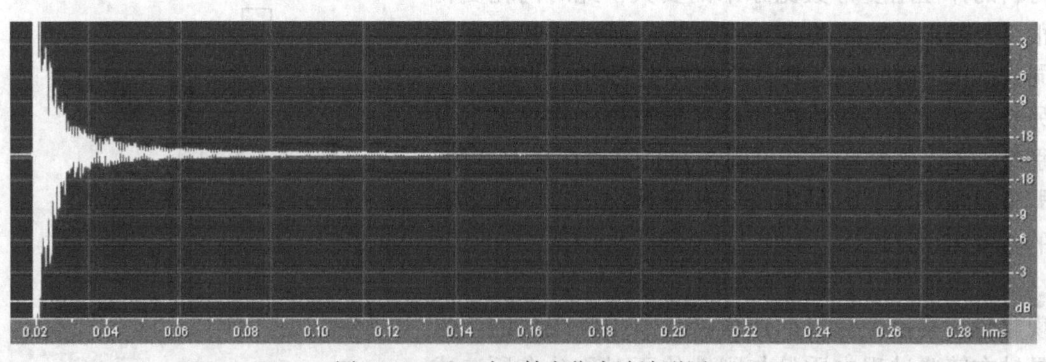

图 3-15 20℃时正鼓音位声波波形图

实验结果分析：

（1）从表 3-2 中的实验数据可以看出：正鼓音位作为钟的主敲击音位，要求声音纯正不能有回音更不能有拍频现象；侧鼓音位作为钟的辅助音位，可以通过适度的拍频现象来改善钟的声音特性。在正、侧鼓音位之间有着不清晰的拍频，如图 3-16 中 45°音位声波波

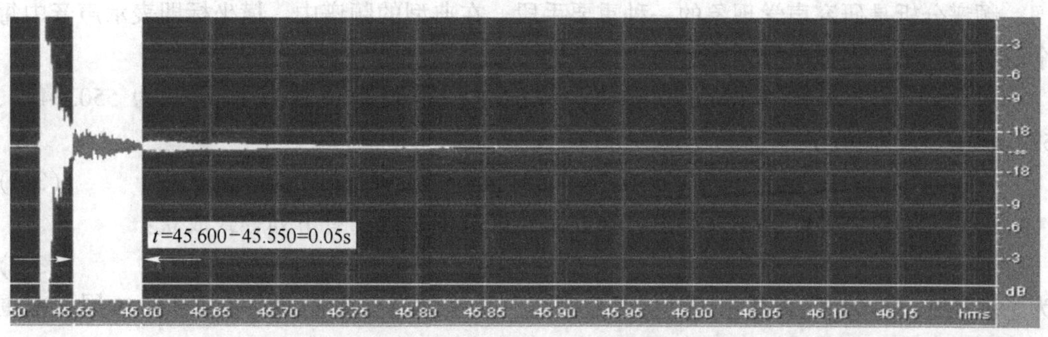

图 3-16　20℃时 45°音位声波波形图

形图所示。可见，钟的拍频现象是有方向性的。

（2）对比图 3-14、图 3-16 以及表 3-2 中的实验数据，可以看出：不论拍频的清晰度如何，其频率大小均为

$$f_{\mathrm{beat}} = 20\mathrm{Hz} \tag{3-4}$$

b　拍频频率与双音基频差值之间的关系

合瓦形变音钟的双音性可以用分段板振动模型来解释。分段板振动模型认为：如果把一块板从振动模式上分割成多块板，板振动时除了整体振动，还存在分段振动。我国古代的制钟工匠采用挖燧或加厚板体局部的手段，用以强化各分段体振动的能量，实际上等于把一块板从振动模式上分割成多块板。当敲击正鼓音位时，侧鼓音位振动几乎为零，相反，当敲击侧鼓音位时，正鼓音位振动几乎为零，这从理论上解释了一钟双音的声学特性。

然而，这些不均匀的板毕竟共处同一钟体，并不能做到完全独立，敲击其中一个部位必然会引发其他部位的振动，这些振动虽然能量较小，不易被耳察觉，但它们相互之间的频率一旦相近，就有可能引发干涉从而出现“拍频”现象。

从以上分析可以看出，无论是双音性还是拍频均是不同的板块振动所导致的，那么钟的双音性与拍频之间是否存在着一定联系呢？为此，用频谱分析法分别对到正、侧鼓音位（见图 3-17 和图 3-18）的声音信号进行频谱分析。

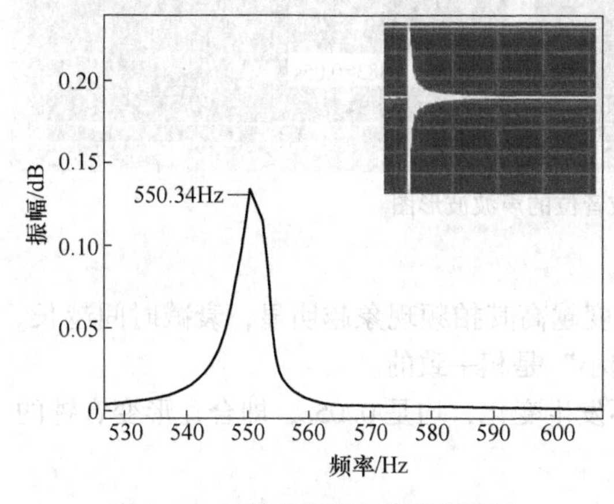

图 3-17　正鼓音位声音信号频谱图

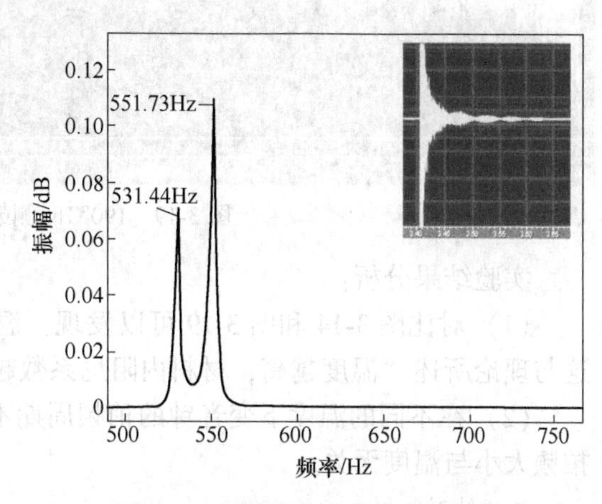

图 3-18　侧鼓音位声音信号频谱图

频谱分析是研究声学现象的一种重要手段，在典型的频谱中，横坐标即表示声音中每个泛音的频率，而纵坐标则表示每个泛音的强度。

对比图 3-17 和图 3-18 可以看出：钟的正、侧鼓音位的基频分别为 550.34Hz、531.44Hz。其差值为

$$\Delta f = 550.34 - 531.44 = 18.90\text{Hz} \tag{3-5}$$

由式（3-5）和式（3-6）看出：在误差允许范围之内，有下列等式成立：

$$f_{\text{beat}} \approx \Delta f \tag{3-6}$$

为了验证式（3-6）是否适用于其他的敲击点，从正鼓音位到侧鼓音位这个 1/4 周长范围内分别采集 6 组实验数据（见表 3-3）。

表 3-3 不同敲击点拍频频率与双音基频差值

音位	0°	30°	45°	60°	75°	90°
Δf/Hz	无	20.56	19.63	20.50	20.09	18.90
f_{beat}/Hz	无	20.00	20.00	20.00	20.00	20.00

在古代中国，由于没有先进的测试仪器，钟匠通常只能靠经验来调节钟的双音基频。因此双音基频之间有一定的误差也是可以理解的。因此，从表 3-3 中可以得出下列结论：变音钟的双音基频的差值决定了钟的拍频频率大小，即

$$f_{\text{beat}} \approx \Delta f \tag{3-7}$$

c 不同温度对拍频的影响

变音钟是由反铁磁性材料铸成的，当温度上升到奈尔点，其材料特性发生相变，其声学特性也随之而改变。为了研究温度对拍频特性的影响，采集钟温在 190℃时，侧鼓音位的声波波形如图 3-19 所示。

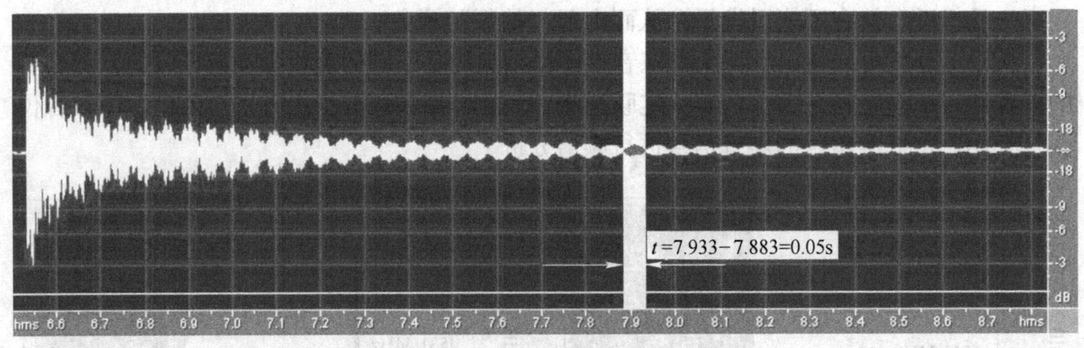

图 3-19 190℃时侧鼓音位的声波波形图

实验结果分析：

（1）对比图 3-14 和图 3-19 可以发现：温度越高其拍频现象越明显，衰减时间越长。这与理论所述“温度越高，材料内阻尼系数越小”是相一致的。

（2）在不同的温度下变音钟的拍频周期不发生变化，均是 0.05s，即合瓦形变音钟的拍频大小与温度无关。

C 结论

本实验通过对变音钟的拍频现象作了一些研究，并对此作了一定的理论分析，从实验

图形及实验数据中可以得出以下几条结论：

（1）拍频现象与敲击点的位置有关，正鼓音位作为钟的主敲击音位，要求声音纯正不能有回音更不能有拍频现象；侧鼓音位作为钟的辅助音位，可以通过适度的拍频现象来改善钟的声音特性。在正、侧鼓音位之间有不清晰的拍频现象。

（2）变音钟的双音基频的差值决定了钟的拍频频率大小。

（3）变音钟的拍频大小与温度无关。

以上的实验结论，笔者希望对古钟的复制、设计、制造等工作提供一定科学的参考依据。

3.4.3 影响“水杯编钟”音高变化的实验

A 引言

编钟是我国古代乐器中的一种，属于变音打击乐器族，发音类似钟声，清脆悦耳、延音持久，具有东方色彩，适合于演奏东方五声音阶的音乐，在中国古代音乐中占有极其重要的地位。

取相同的玻璃水杯（或瓶子）多个，排成一排，杯中灌入不同体积的水，敲击它们，就可以发出“do、re、mi、fa、sol…”的声音，这样就构成了另一个特色的打击乐器——“水杯编钟”。本实验通过计算机和基于声卡的虚拟频谱分析仪实测“水杯编钟”受击时的信号频谱图，研究了注有不同体积水的水杯受击时，音高与水的体积的关系以及不同敲击点对音高的影响。

B 虚拟频谱分析仪

频谱分析是一种用于分析连续时间信号的重要方法，它通过对采集得到的信号进行傅里叶变换，进而分析信号中频率分量的幅度和相位。在本小节中，声音经过模数转化器件被转化成采样信号，计算机运用快速傅里叶变换（FFT）的技术，可以得到声音信号的频谱图。傅里叶级数展开式为：

$$f(t) = f_0 + \sum_{n=1}^{\infty} f_n \sin(2\pi n/Tt + \varphi_n) = f_0 + \sum_{n=1}^{\infty} f_n \sin(2\pi f_0 t + \varphi_n) \tag{3-8}$$

式（3-8）表明：复杂周期数据是由一个直流分量和无限个不同频率的谐波分量组成，各次谐波的频率分别是基波频率 f_0 的整数倍。

为了实时采集“水杯编钟”受击时的频谱图，实验中采用了虚仪声卡频谱分析仪。它是一个功能强大的基于个人电脑的虚拟仪器，本仪器内含一个独特设计的专门适用于声卡信号采集的算法，它能连续监视输入信号，只有当输入信号满足触发条件时，才采集一帧数据，即先触发后采集，因而不会错过任何触发事件。

C “水杯编钟”实验的简化模型分析

设杯子口径为 R、高为 H、壁厚为 D 的圆柱筒，当用筷子敲击杯子时，杯子连同水一起围绕过底面直径的轴偏转，某一时刻角位移为 φ，这样杯子振动的回复力矩由玻璃载面的剪切力产生，在某一高度 h（距底面）处，杯子截面所受应力为 $-N\varphi$，由刚体转动定律得：

$$-N\varphi \cdot 2\pi RDh = I\beta \tag{3-9}$$

整理得：
$$\frac{d^2\varphi}{d^2t}+\frac{K}{I}\varphi=0 \tag{3-10}$$
式中，$K=2\pi RDNh$，对一个振动周期而言，K 为常数；由此可见，玻璃杯作简谐振动（模型中不计空气阻尼和水的黏滞系数），且振动圆频率为：
$$\omega_0=\sqrt{\frac{K}{I}} \tag{3-11}$$
式中，I 为杯和水对通过底面直径的转动惯量，显然 $I=I_{杯}+I_{水}$，随着水位升高，I 越来越大，故振动频率越来越小。

本实验中采用高脚酒杯，其容器的高度 $H=8.304$cm，厚度 $D=0.242$cm，杯口的直径 $R=5.394$cm，总体积为 $V=223$mL，实验原理如图 3-20 所示。

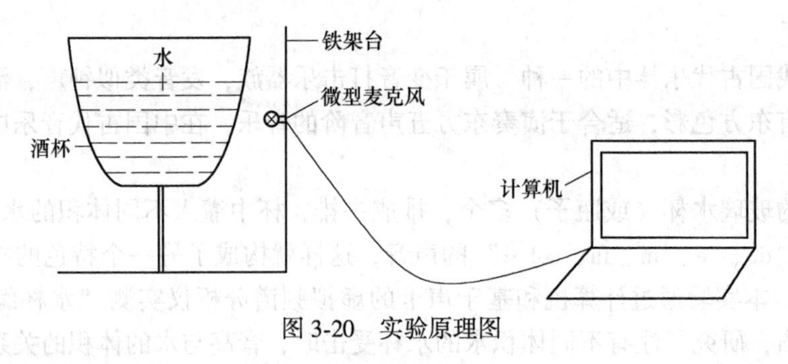

图 3-20 实验原理图

D 实验内容

a 空杯受击时的频谱图

频谱分析是研究声学现象的一种重要手段，通过频谱分析可以解决声音中的组成成分及各成分间的相互关系。在典型的频谱图中，横坐标表示声音中每个泛音的频率，纵坐标表示每个泛音的强度。为了进一步研究空杯受击时的频谱特征，实验中用虚拟频谱分析仪获得空杯受击时的频谱图（见图 3-21）。移动鼠标到某一谱线处，软件会自动给出其峰值频率。

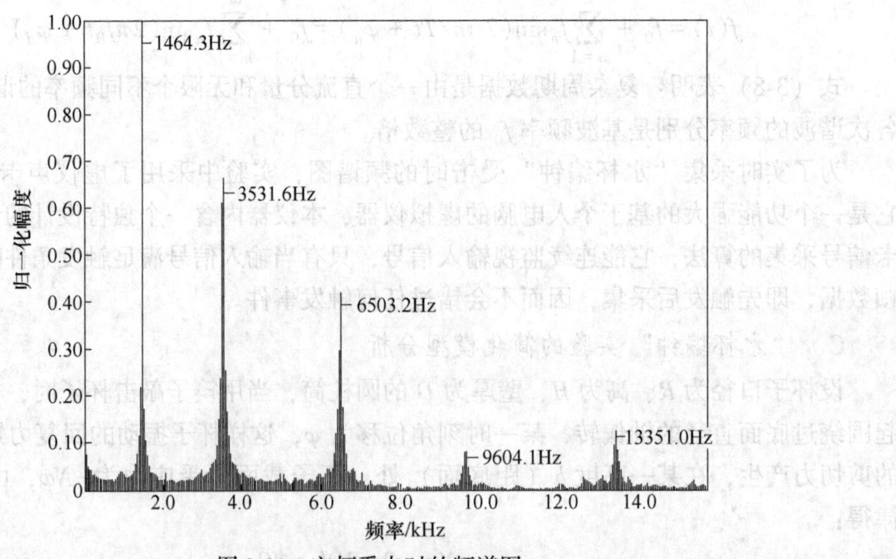

图 3-21 空杯受击时的频谱图

分析图 3-21 可以发现以下 3 条规律：

(1)“水杯编钟”敲击后所发出的声音信号是周期性的且在频谱上是分列的线性谱，每一个谱线代表一个谐波分量且听起来有一定的音调，所以“水杯编钟”所发出的是乐音，其中峰值的高低代表振动的振幅。

(2) 空杯受击时，频谱中的各谱线的幅度随谐波次数增加而逐渐衰减，这说明谱线具有较好的收敛性。

(3) 空杯的频谱图主要有 5 条特征谱线，其峰值频率分别为 1464.3Hz、3531.6Hz、6503.2Hz、9604.1Hz、13351.0Hz，其中基频 f_0 是 1464.3Hz。

b 不同体积水对水杯音高的影响

音高或称音调，是人耳对声音调子高低的主观评价尺度。它的客观评价尺度是声波的频率。各种不同的乐器，当演奏同样频率的音符时，人们感觉它们的音高相同，这里指的演奏的声音具有同样的基频。音高与频率基本上是一致的，各种不同的乐器，每个音的音高感觉由基频 f_0 决定。

为了研究水杯中水的体积与其受击时的音高关系，分别测出水杯中注入不同体积水时的音高值，结果见表 3-4。

表 3-4 水杯中水的体积与音高的关系数据

水的体积/mL	0	40	80	120	160	200	223（满杯）
水杯受击时所发的音高/Hz	1464.3	1464.3	1421.2	1335.1	1162.8	947.5	775.2

为了更好地反映出水的体积与音高的关系，用 Matlab 软件对表 3-4 中的数据进行 Gauss 拟合，本次拟合可信度为 0.997，其趋势如图 3-22 所示。

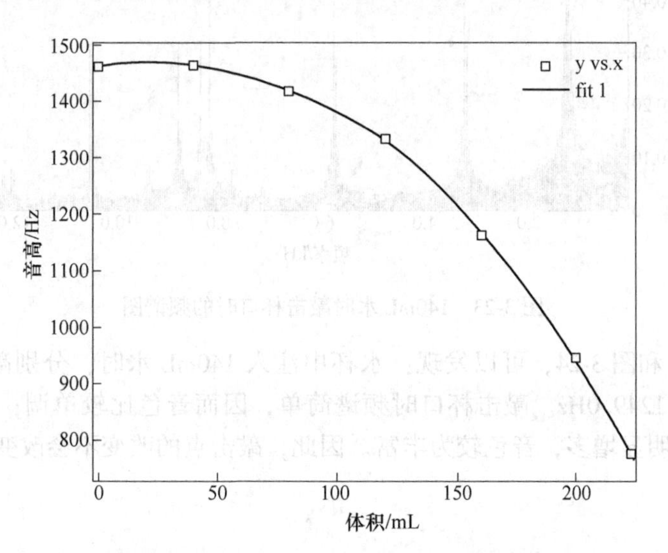

图 3-22 水杯中水的体积与受击时的音高关系曲线图

对表 3-4 和图 3-22 进行综合分析，可以发现以下 3 条规律：

(1) 少量的液体对音高的改变几乎不起太大作用。在本实验中，液体的体积在 0~

40mL 时，水杯受击时的音高几乎是一个常数，即为 1464. 3Hz。

（2）水杯中水的体积与受击时的音高成反比关系。从图 3-22 可以看出：随着水杯中水的增多，水杯的音高成指数级下降。这可以用式（3-11）进行解释：随着水杯中水的增多，其总的转动惯量增大，所以水杯的音高将会下降。

（3）由于在通行的十二平均律中，互为倍频关系的两个音（含）之间，一共有 8 个自然音级（如 1234567$\dot{1}$），于是听来有相似性的这种音程关系，被称作八度。对于本实验中所用的酒杯，受击时发出的最高音高与最低音高之比 $n=f_{\max}/f_{\min}=1464.3/775.2=1.89<2$，所以对于此类型的高脚酒杯，无法通过改变杯中的注水量来达到 8 个自然音级的目的。

c　不同敲击点对水杯音高的影响

每种乐器的不同谐波成分决定了乐器特有的音色。当演奏同样频率的音符时，乐器每发出一个音，这个音除了具有基频 f_0 以外，还有与 f_0 成正整数倍关系的谐波。

为了研究水杯音高是否受敲击点的影响，在实验中采集了水杯中注入 140mL 水时分别在杯口与侧壁敲击时的频谱图，分别如图 3-23 和图 3-24 所示。

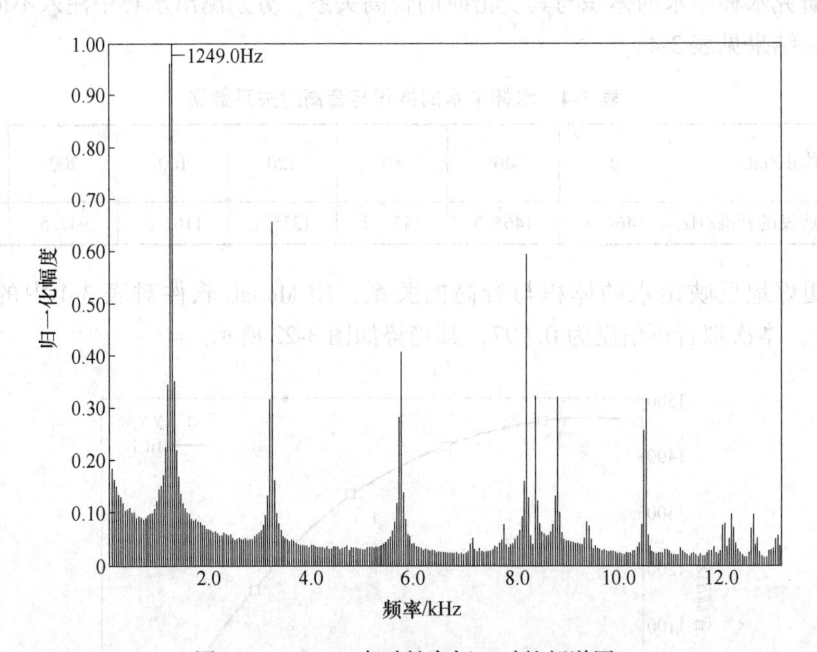

图 3-23　140mL 水时敲击杯口时的频谱图

分析图 3-23 和图 3-24，可以发现：水杯中注入 140mL 水时，分别敲击杯口与侧壁，水杯的音高均为 1249. 0Hz。敲击杯口时频谱简单，因而音色比较单调；敲击侧壁时，其高频段谐波分音明显增多，音色较为丰富。因此，敲击点的改变不会改变水杯的音高，但会改变其音色。

E　结论

通过以上的实验数据及对比分析，可以得出两条重要结论：（1）随着水杯中液体体积的增多，受击时其音高将会减小；（2）不同的敲击点不改变水杯基频（音高），但会影响谐波分量即会改变水杯发音的音色。

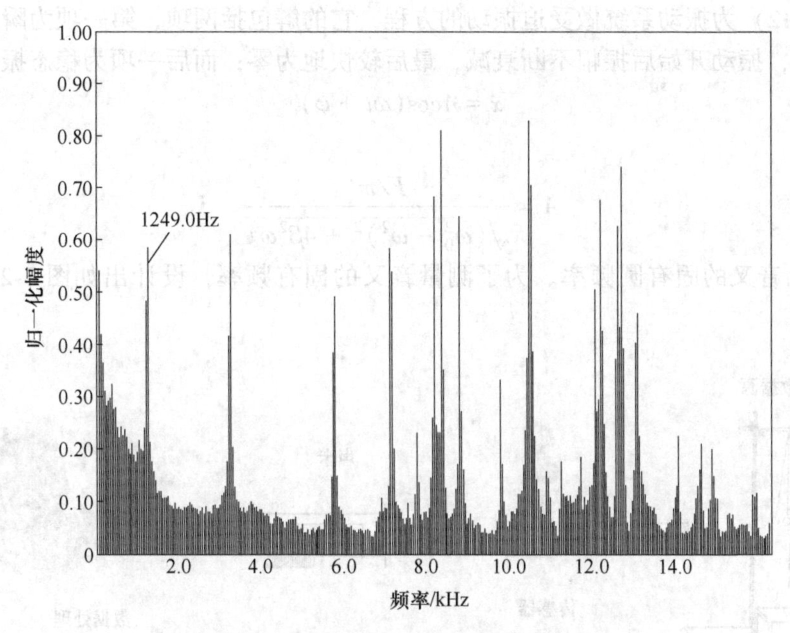

图 3-24 140mL 水时敲击侧壁时的频谱图

3.4.4 基于声卡的测定音叉固有频率的实验

A 引言

音叉主要用于乐器调音，也能运用在电动机械表中。在医疗方面，音叉也可用来测试病人的听力。音叉的用途非常广泛，因此对于音叉声音信号的研究具有非常重要的意义。本实验设计的一套基于 Matlab 软件的声音信号采集系统，并利用它实现对音叉固有频率的测量。

B 音叉的发声原理

音叉由弹性金属（多为钢）制成，末有一柄，两端分叉，型如英文字母“U”。音叉拥有一个固定的共振频率，受到敲击时则震动，在等待初始时的泛音列过去后，音叉发出的音响就具有固定的音高。一个音叉所发出的音高由它分叉部分的长度决定。音叉本质上是一种横向振动。音叉振动原理见图 3-25。

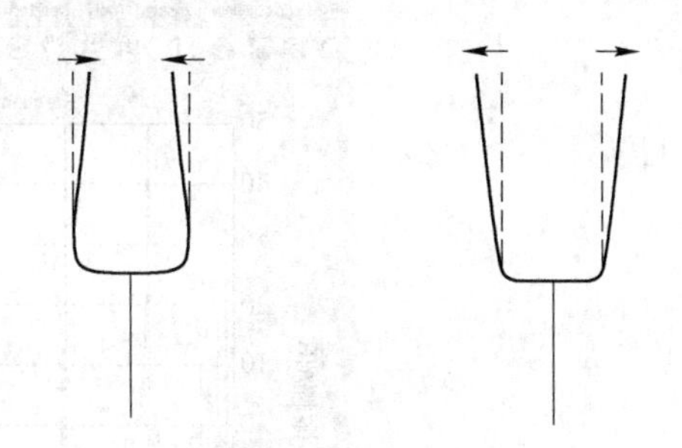

图 3-25 音叉振动原理

音叉阻尼振动的振幅随时间会衰减，最后终将停止振动。为了使振动持续下去，外界必须施加强迫力，这时音叉振动系统的运动满足下列方程：

$$\frac{d^2x}{dt^2} + 2\beta\frac{dx}{dt} + \omega_0^2 x = \frac{F}{m'}\cos\omega t \tag{3-12}$$

式中，$m'=m+m_0$ 为音叉振动系统的总质量，其中 m 为双臂上固定对称位置的附加质量；m_0 为音叉双臂的等效质量；F 为强迫力的振幅；ω 为强迫力的圆频率。

式（3-12）为振动系统做受迫振动的方程，它的解包括两项，第一项为瞬态振动，由于阻尼存在，振动开始后振幅不断衰减，最后较快地为零；而后一项为稳态振动的解：

$$x = A\cos(\omega t + \varphi) \tag{3-13}$$

式中，

$$A = \frac{F/m'}{\sqrt{(\omega_0^2 - \omega^2)^2 + 4\beta^2\omega^2}} \tag{3-14}$$

式中，ω_0 为音叉的固有圆频率。为了测量音叉的固有频率，设计出如图 3-26 的实验原理图。

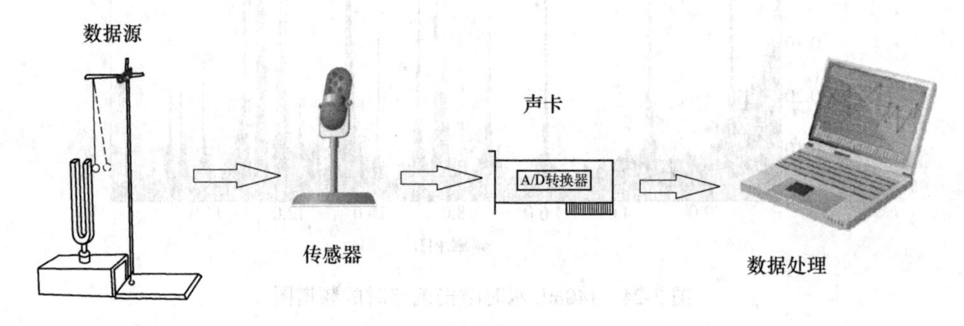

图 3-26　实验原理图

C　实验步骤

实验步骤为：

（1）MATLAB 程序准备。由于该实验由 MATLAB 来采集数据，而 MATLAB 又是编程容易的软件，程序详见附录。

（2）连接器件。为了采集音叉的固有频率，将麦克风连接到电脑的麦克风接口上，将音叉放置于麦克风旁，如图 3-27 所示。然后对已经获得的资料进行傅里叶变换以便找出音叉的频率。

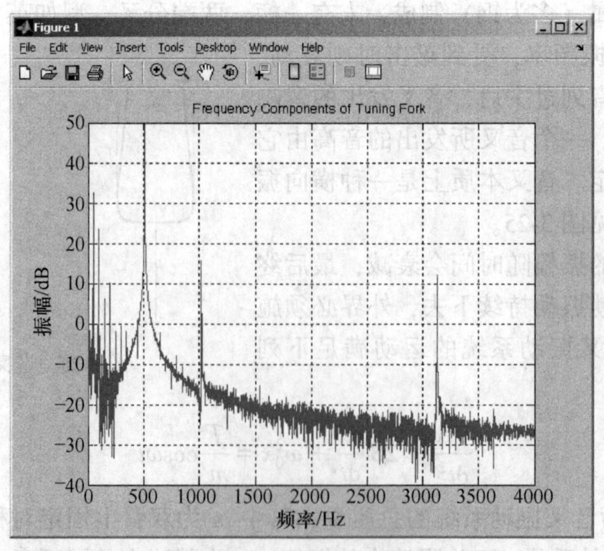

图 3-27　音叉频域图

(3) 运行程序。点击“开始”按钮即可运行程序，敲击音叉并进行多次测量，其采集的声音信号如图 3-27 所示。

D 数据分析

为了得到音叉的频率，必须对所采集的声音信号进行频谱分析。频谱分析是一种用于分析连续时间信号的重要方法，它通过对采集得到的信号进行傅里叶变换，进而分析信号中频率分量的幅度和相位。在本小节中，声音经过模数转化器件被转化成采样信号。计算机运用快速傅里叶变换（FFT）的技术，可以得到声音信号的频谱图。傅里叶级数展开式为：

$$f(t) = f_0 + \sum_{n=1}^{\infty} f_n \sin(2\pi n/Tt + \varphi_n) = f_0 + \sum_{n=1}^{\infty} f_n \sin(2\pi f_0 t + \varphi_n) \tag{3-15}$$

式（3-15）表明：复杂周期数据是由一个直流分量和无限个不同频率的谐波分量组成。各次谐波的频率分别是基波频率 f_0 的整数倍。实验中进行多次测量，其采集到的音叉频率见表 3-5。

表 3-5 音叉频率表

次数序号	1	2	3	4	5	6	7	8
频率 f/Hz	511.00	511.10	512.01	511.50	512.00	511.01	512.05	511.30

根据表 3-5 可得：

$$\bar{f} = \frac{f_1 + f_2 + \cdots + f_n}{n} = \frac{511.00 + 511.10 + \cdots + 511.30}{8} = 511.49(\text{Hz}) \tag{3-16}$$

$$\sigma_f = \sqrt{\frac{\sum_{i=1}^{k}(f_i - f)^2}{k}} = \sqrt{\frac{(511.00 - 512)^2 + \cdots + (511.30 - 512)^2}{8}} = 0.7$$

$$f = \bar{f} \pm \sigma_f = 511.5 \pm 0.7(\text{Hz})$$

$$Ef = \frac{\sigma_f}{\bar{f}} \times 100\% = 0.13\%$$

由从实验中得出的 8 次频谱图以及数据分析可得，实验中所用音叉的频率为 f= 511.5±0.7（Hz），与其规格参数 512Hz 基本相一致。

E 结束语

使用自主开发的数据采集系统，通过合理运用串口及 MTLAB 强大的数值计算和分析功能，实现了基于 MATLAB 的实时数据处理和分析。通过音叉频率测量实验表明，该方法能够有效准确地对各种声音信号进行采集和分析声音信号，具有一定的应用价值和发展前景。

附录

程序代码如下：

```
Fs = 11025;% 声音信号采样频率的设定
y = wavrecord (n*Fs, Fs, 'int16');% 采集声音信号，其中 n 为时间，可自由设定
subplot (211);% 图像输出位置的设定
```

```
plot ((1: length (y)) /Fs, y);% 绘制声音信号图像
wavwrite (y, Fs, '实验录音');   % 保存语句，文件名为实验录音
[y, fs] =wavread ('实验录音 .wav'); % 读取声音信号
y=y (:, 1);% 取单声道
sigLength=length (y);
Y = fft (y, sigLength);% 进行傅里叶变换
Pyy = Y.* conj (Y) /sigLength;
halflength=floor (sigLength/2);
f=fs* (0: halflength) /sigLength;
pmax=max (Pyy);% 归一化处理
Pyy=Pyy/pmax;% 归一化处理
subplot (212);% 图像输出位置的设定
plot (f, Pyy (1: halflength+1) ); % 绘制频谱图像
set (gca, 'XLim', [500 600] );   % 设置 X 轴范围
xlabel ('Frequency (Hz) ');% 输出 Frequency (Hz) 标签
```

注：在软件中加入了回放声音信号功能，实现代码为：

```
[ssy, fss] = wavread ('实验录音 .wav'); % 读取并播放声音信号
sound (ssy, fss, 16);
```

4 基于脉冲信号的综合设计性物理实验

4.1 脉冲信号简介

所谓脉冲信号表现在平面坐标上就是一条有无数断点的曲线，也就是说在周期性的一些地方点的极限不存在，比如锯齿波，也有电脑里用到的数字电路的信号 0，1。脉冲信号，也就是像脉搏跳动这样的信号，相对于直流，脉冲信号是断续的信号，如果用水流形容，直流就是把龙头一直开着淌水，脉冲就是不停的开关龙头形成水脉冲。

与普通模拟信号（如正弦波）相比，波形之间在 Y 轴不连续（波形与波形之间有明显的间隔），但具有一定的周期性。最常见的脉冲波是矩形波（也就是方波）。脉冲信号可以用来表示信息，也可以用来作为载波。在电子技术中，脉冲信号是按一定电压幅度、一定时间间隔连续发出的。

脉冲信号之间的时间间隔称为周期；而将在单位时间（如 1s）内所产生的脉冲个数称为频率。频率是描述周期性循环信号（包括脉冲信号）在单位时间内所出现的脉冲数量多少的计量名称。

力学实验是大学物理实验的一个重要分支，其中时间的测量有秒表法、霍尔元器件法、传感器法等。本章介绍一种脉冲电信号计时法，操作简单，精确度高，对时间数据的采集具有一定的普适性。

4.2 脉冲信号计时系统的实现方法

本节介绍两种实现脉冲电信号的方法，改装光电门法和自制感应线圈法。

4.2.1 改装光电门法

光电门一端有个线性光源，另一端有个光敏电阻。有光照时光敏电阻阻值减小，光敏电阻两端为低电压。当光电门中有物体阻挡时，光敏电阻受到光照度减小，电阻增大，光敏电阻两端为高电压。当光电门计数时，物体通过光电门时即产生一个脉冲电信号，其原理如图 4-1 所示：发光二极管在内部 5V 电源的电压下发光，光敏三极管在感光时会产生微小电脉冲。

新型光电门由一发射装置（激光二极管）和一接收装置（激光接收二极管）组成。计算机 USB 接口能提供的电压为 5V，考虑到供电的简洁方便，最终选用的激光二极管型号为 FU650AD5-C9（BC9、BD9），工作波长为 635nm，工作电压为 DC2.8～5.0V；激光接收二极管是常见的 ϕ5mm 的 PN 型。

新型光电门中有两条导线，一条是带 USB 接头的数据线，用来提供电源；另一条线

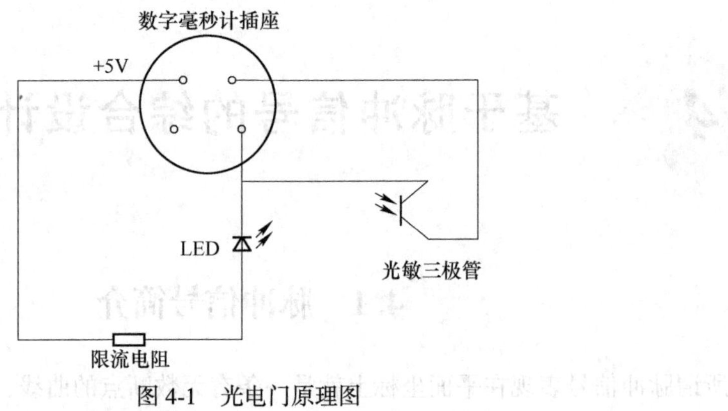

图 4-1 光电门原理图

是将麦克风数据线的头部剪掉，与计算机声卡相连直接将脉冲电信号传到电脑中。

4.2.2 自制感应线圈法

由法拉第电磁感应定律可知，变化的磁场可以产生电场。当具有磁性的物体靠近或远离闭合线圈时，由电磁感应定律可知：线圈中会产生一个感生脉冲电信号。

本系统由 $d=1\text{mm}$ 的漆包线绕制而成（见图 4-2），为了减小线圈的电阻，增大感生电流，要求感应线圈的线径应适当大一点，其电阻基本可以忽略不计。

图 4-2 自制线圈

数据分析软件：为了能实时采集出“脉冲电信号”的波形图，实验中使用基于声卡的虚拟仪器 Audition，它功能强大，软件能实现示波器、信号发生器、频率计等功能。

改装光电门法和自制感应线圈法产生的脉冲电信号通过自制数据传输线和声卡输入到计算机中，利用虚拟软件记录该电信号，通过分析脉冲电信号的间隔可以获得物体运动的时间。

4.3 基于脉冲信号计时系统的综合设计性物理实验

4.3.1 气垫导轨的计算机辅助数据采集系统设计的实验

A 引言

气垫导轨实验是大学物理实验中一个重要内容，常采用光电门来进行计时。传统光电门有明显的缺陷：灯泡能耗高，使用寿命短，仪器的故障率较高；光电门发射装置和接收装置的距离固定，不方便调节；专配电源和数据采集装置使其价格昂贵、通用性非常差。为此，设计了一种基于USB接口的新型光电门，其不仅价格便宜而且通用性好，非常适合在物理实验中应用。

B 新型光电门的设计

a 设计基本思路

市场上的光电门都必须配合专门的数据采集装置和低压电源才能使用，而且在做一些创新性的实验时发现传统光电门发射装置和接收装置间的距离不能调节，还有其专配电源和数据采集装置使得它的移动安放显得非常不便。为了使新型光电门既能摆脱传统光电门专配电源和数据采集装置的缺陷，又能不失数据的精度，首选的该是计算机这个有着强大数据处理功能的载体。为了使实验的装置尽可能的简单化，又考虑到装置电源和数据采集的基本情况，改用USB接口提供光电门电源，并使用计算机声卡作为数据采集的方式。

光电门必须有发光装置和接收装置，考虑到发光装置的轻便和USB接口的电压情况，设想改用其他可以承受USB电压的小型光源。激光二极管的使用很符合“简单”的设计理念。采用声卡作为数据接收装置，能使用的就是麦克风接口，可以运用声卡可感应脉冲信号变化的特性，找到一个可以在光照不同的情况下产生脉冲信号的元件。

基于USB接口与计算机声卡的便携式新型光电门由一个发射装置（激光二极管）和一个接收装置（激光接收二极管）组成。计算机USB接口能提供的电压为5V，考虑到供电的简洁方便，最终选用的激光二极管型号为FU650AD5-C9（BC9、BD9），工作波长为635nm，工作电压为DC 2.8~5.0V；激光接收二极管是常见的ϕ5mm的PN型，在声卡的供电下工作，当激光光照情况发生变化时它可以产生变化电压降，此电压降通过数据传输线直接由计算机声卡识别。计算机读取这个电信号并由虚拟示波器软件输出波形。

原仪器的光电门直接与光电计时系统连接，考虑到新型光电门要与计算机连接，所以，实验中有一条是带USB接头的数据线，用来提供电源，另一条数据线是将麦克风的头部剪掉，（即将麦克风声音信号转换成电信号的部分去掉），作为脉冲信号的接收装置，通过计算机声卡直接将脉冲电信号传到电脑中，为了解决传统光电门发射装置和接收装置间的固定距离的问题，在底板上钻出一排孔，这样就可以任意改变距离。此光电门的固定装置是铁架台，这样使得其移动和调节变得很简单，其实物模型如图4-3所示。

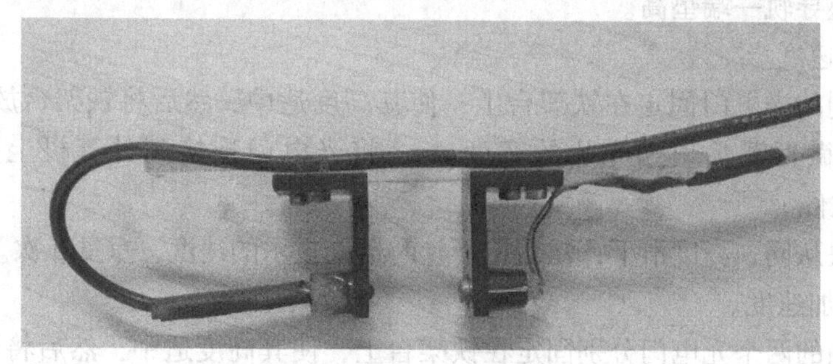

图4-3 新型光电门实物图

b 特点及优势

新型光电门摆脱了市场上常见光电门专配仪器的束缚以及通用性差的缺点。它直接和计算机相连，结构简单、易于操作、使用灵活，概括起来有以下几个方面的优点：(1) 取材方便，装配这样一个光电门所需的激光二极管、激光接收二极管、USB 线和音频线都很容易在市场上买到，而且价格也便宜；(2) 结构简单，它省去了传统光电门的专配仪器，只需一个激光二极管和一个激光接收管，激光二极管直接由 USB 接口供电，激光接收二极管直接和计算机声卡相连，节能节材；(3) 使用灵活，使用者可根据自己的需要任意移动位置、改装结构和改变安装方式，投入实验时，可根据所需记录的数据个数配备光电门数量，激光二极管和激光接收二极管都是以并联的形式运用，使采集数据的方式简单化，易于做探究性实验；(4) 数据采集端使用计算机虚拟软件 Audition 1.5，其功能强大，控制灵活，使用它可以录制、混合、编辑和控制数字音频文件。在此实验中，运用此软件可直观精确地读出时间。

C　实验原理

物体做直线运动时，如果在 Δt 时间间隔内通过的位移为 Δx，则物体在 Δt 时间内的平均速度为：

$$\bar{v} = \Delta x / \Delta t \tag{4-1}$$

当 $\Delta t \to 0$ 时，平均速度的极限就是该时刻的（或是该位置）的瞬时速度，但在实际测量中，计时装置不可能记下 $\Delta t \to 0$ 的时间，因而用此公式直接测的速度是难以实现的。可以将 Δx 尽量减小，这样在此较小的 Δx 范围内滑块的速度变化不大，所以在一定的误差范围内可以把 $\bar{v}$ 看作是滑块在某一点处的瞬时速度。只要测得瞬时速度，再利用公式 $v_2^2 - v_1^2 = 2as$ 即可求出加速度。

基于上述原理，将光电门固定在铁架台上，让滑块运动时经过光电门，再用信号接收线将光电门与计算机连接起来，将挡光时产生的电信号直接传导到计算机中，再用 Adobe Audition 1.5 分析其产生的运动图像。

D　实验步骤

实验步骤为：

(1) 调节气垫导轨。

1) 打开气源开关，将压缩空气送入导轨，用酒精清洁导轨和滑块表面，并将滑块放在导轨上，观察滑块在导轨上的自由滑动情况。

2) 将气垫导轨一端垫高。

(2) 测量速度。

1) 将自制的光电门固定在铁架台上，使其高度适中，然后将铁架台放在导轨一侧，然后用螺旋测微器测量出挡光片的宽度 Δx。将光电门连接到计算机上并打开 Adobe Audition 1.5 软件。

2) 让滑块从同一高度滑下，然后记下计时器上显示的速度，重复 5 次。

(3) 测量加速度。

1) 将自制的两个光电门分别固定在铁架台上，使其高度适中，然后将铁架台放在导轨同一侧，测出两光电门之间的距离 S。

2) 让滑块从同一高度滑下，然后记下计时器上显示的速度，重复 5 次。

(4) 实验数据及分析。

图 4-4 是滑块运动所对应的信号图。滑块的运动速度及加速度见表 4-1 和表 4-2，相关计算见式（4-2）~式（4-9）。

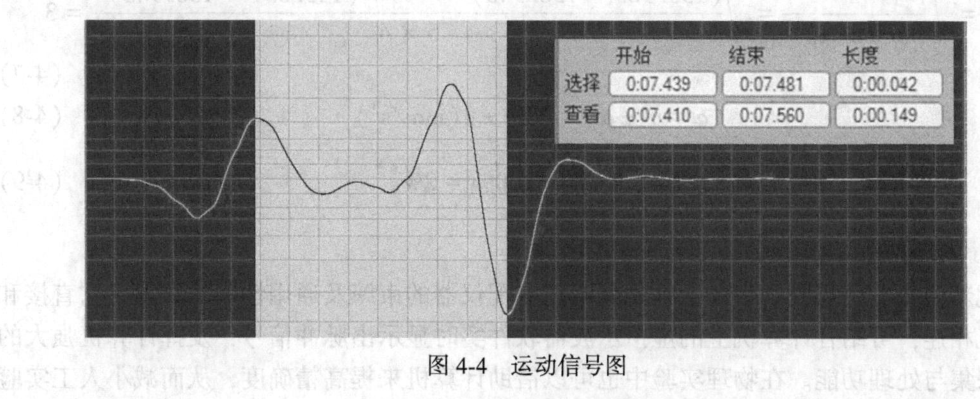

图 4-4 运动信号图

表 4-1 滑块的运动速度

次数	1	2	3	4	5
Δt/s	0. 042	0. 042	0. 042	0. 043	0. 042
v/mm · s^{-1}	473. 10	473. 10	473. 08	462. 11	473. 09
$\bar{v}$/mm · s^{-1}			470. 90		

注：挡光片的宽度为 Δx = 19. 870mm。

表 4-2 滑块的加速度

次数	1	2	3	4	5
Δt_1/s	0. 073	0. 074	0. 074	0. 073	0. 074
Δt_2/s	0. 041	0. 041	0. 040	0. 041	0. 040
v_1/mm · s^{-1}	272. 19	268. 51	268. 51	272. 19	268. 51
v_2/mm · s^{-1}	484. 63	484. 63	496. 75	484. 63	496. 75
a/mm · s^{-2}	133. 99	135. 64	145. 55	133. 99	145. 55
$\bar{a}$/mm · s^{-2}			138. 94		

注：两光电门之间的距离为 S = 60. 0cm。

$$\bar{v} = \frac{v_1 + v_2 + v_3 + v_4 + v_5}{5} = \frac{473.095 + \cdots + 473.095}{5} = 470.90\text{mm/s} \tag{4-2}$$

$$\sigma_v = \sqrt{\frac{\sum_{i=1}^{k}(v - \bar{v})^2}{k(k-1)}} = \sqrt{\frac{(473.095 - 470.895)^2 + \cdots + (473.095 - 470.895)^2}{5 \times 4}} = 3 \tag{4-3}$$

$$v = \bar{v} \pm \sigma_v = 471 \pm 3(\text{mm/s}) \tag{4-4}$$

$$E_v = \frac{\sigma_v}{v} \times 100\% = 0.5\% \tag{4-5}$$

$$\bar{a} = \frac{a_1 + a_2 + a_3 + a_4 + a_5}{5} = \frac{133.985 + \cdots + 145.551}{5} = 138.94\text{mm/s}^2 \tag{4-6}$$

$$\sigma_a = \sqrt{\frac{\sum_{i=1}^{k}(a-\bar{a})^2}{k(k-1)}} = \sqrt{\frac{(133.985-138.943)^2+\cdots+(145.551-138.943)^2}{5\times 4}} = 3 \tag{4-7}$$

$$a = \bar{a} \pm \sigma_a = 139 \pm 3(\mathrm{mm/s^2}) \tag{4-8}$$

$$E_a = \frac{\sigma_a}{\bar{a}} \times 100\% = 2\% \tag{4-9}$$

E 结论

此新型光电门摆脱了市场上常见光电门专配仪器的束缚及通用性差的缺点。它直接和计算机相连，可结合计算机上的虚拟示波器软件实时显示出脉冲信号，发挥计算机强大的数据采集与处理功能。在物理实验中也可以借助计算机来提高精确度，从而减小人工实验带来的误差。

基于气垫导轨的新型光电门不仅可以用来研究物体的运动规律，同时还可以用于旋转液体法测重力加速度实验、落球法测液体的黏滞系数实验、三线摆测法刚体的转动惯量实验等。

4.3.2 弹簧振子实验

A 引言

弹簧振子是阻尼振动的一个典型物理模型，其周期的测量有秒表法、霍尔元器件法、传感器法等。本小节介绍一种感生脉冲电信号计时法，操作简单，精确度高，对时间数据的采集具有一定的普适性。

由法拉第电磁感应定律可知，变化的磁场可以产生电场。当具有磁性的振子靠近或远离闭合线圈时，由电磁感应定律可知：感应线圈中会产生一个感生脉冲电信号，该信号通过自制数据传输线和声卡输入到计算机中，利用虚拟软件记录该电信号，通过分析脉冲电信号的间隔可以获得弹簧振子的振动周期，研究振幅随时间的变化可获得弹簧振子的振动方程。

B 实验原理

弹簧振子是阻尼振动的一个典型物理模型。一个质量为 m 的物体系于弹簧的一端，弹簧的另一端固定，这样的系统称为弹簧振子。考虑到各种阻尼因素的影响，其一般性方程可以写成：

$$\frac{\mathrm{d}^2x}{\mathrm{d}t^2} + 2\beta\frac{\mathrm{d}x}{\mathrm{d}t} + \omega_0^2 x = 0 \tag{4-10}$$

式中，常数 β 称为阻尼因数；ω_0 为振动系统的固有频率。当阻力较小时，此方程的解为：

$$x = A_0 \mathrm{e}^{-\beta t}\cos(\omega_0 t + \varphi) \tag{4-11}$$

式中，A_0 为振幅；ω_0 为振动的角频率。

振动周期为：

$$T = 2\pi\sqrt{\frac{m}{K}} \tag{4-12}$$

由以上可知，阻尼振动的主要特点是：阻尼振动的振幅随时间按指数规律衰减，振幅衰减的快慢和阻尼因数β的大小有关。

质量为m的磁铁系于一轻质弹簧的自由端，而弹簧的另一端固定在铁架台上，这样便构成了一个有阻尼振动的弹簧振子，笔者以弹簧振子为例来研究如何用感生脉冲电信号计时法来研究弹簧振子的振动周期T及其运动规律，其实验原理如图4-5所示。

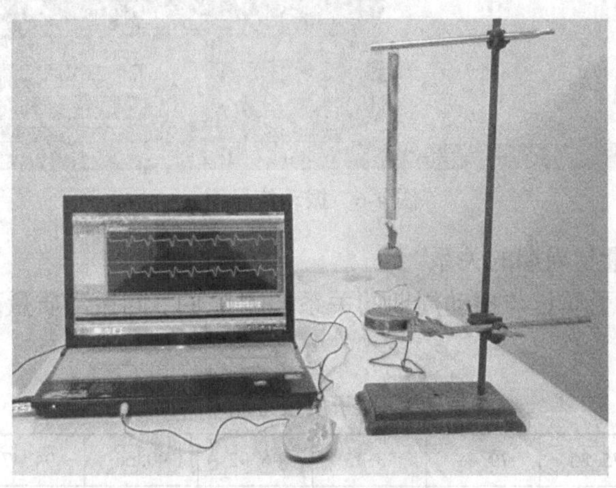

图4-5 实验原理图

C 实验步骤

实验步骤为：

（1）准备好实验器材，按如图4-5所示连接好实验装置；注意感应线圈与静止的弹簧振子应保持一定的距离。

（2）记录振子的质量，打开Audition软件，用外力让弹簧振子做简谐振动，记录振子振动所产生的感生脉冲电信号；分析所记录脉冲电信号可获得其振动周期。

（3）增加磁铁数，改变振子的质量，分别记录其振动所产生的感生脉冲电信号；通过分析所记录的脉冲电信号，研究振子质量与振动周期的关系。

（4）记录质量$m=86.92$g的弹簧振子从振动到结束的全过程，分析不同时刻下振幅的大小，研究振幅随时间的变化可获得弹簧振子的振动方程。

D 实验数据及分析

实验中使用磁铁若干，其质量有两种，分别为36g与3.8g。将不同质量磁铁挂在弹簧下让其做简谐振动，分别记下其振动信号图。图4-6是振子质量$m=94.47$g所对应的振动信号图。

a 弹簧振子周期的确定

如图4-6所示：如果以向下方向作为正方向，以感应线圈中心点作为坐标原点，那么12表示磁铁从线圈中心点向下运动最低点的过程；23表示磁铁从最低点向上运动到线圈中心点的过程；34表示磁铁从线圈中心点向上运动到最高点的过程；45表示磁铁从最高点向下运动到线圈中心点的过程。

因此，图4-6中白色区域即为振子振动的一个周期所对应是时间间隔Δt，从图4-6中可以看出其振动周期$\Delta t=1.061$s（图中圈中所示部分）。

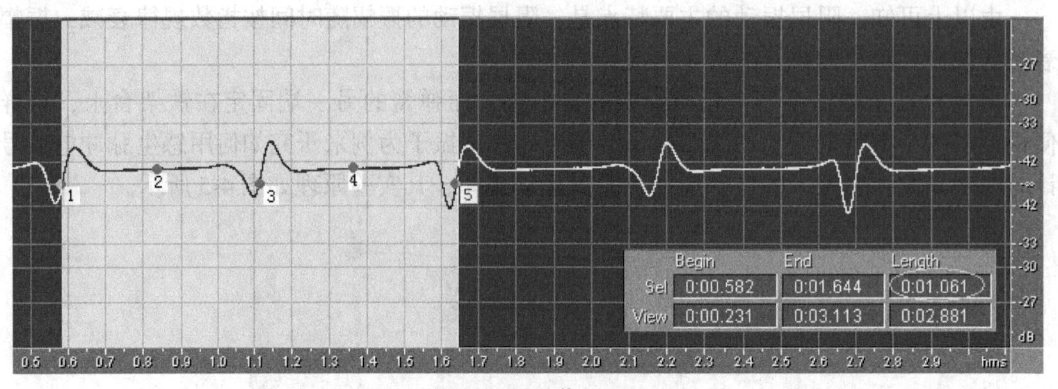

图 4-6 振动信号图

b 弹簧振子质量与周期的关系

为了研究弹簧振子质量与振动周期的关系，测量了不同振动质量下所对应的周期，其实验数据见表 4-3。

表 4-3 振子质量与振动周期

m/g	72.05	75.85	79.41	83.13	86.92	90.66	94.47	98.03	101.84
T/s	0.93	0.95	0.97	1.00	1.01	1.04	1.06	1.08	1.10
T^2/s^2	0.87	0.91	0.95	1.00	1.02	1.07	1.12	1.16	1.21

根据表 4-3 中的实验数据，用 Matlab 软件画出 T^2 和 m 的关系图，如图 4-7 所示，同时可得出其关系方程为：

$$T^2 = 0.012m + 0.045 \tag{4-13}$$

从图 4-7 与式（4-13）可以看出：弹簧振子的质量与其振动周期呈现良好的线性关系，这与理论是相一致的。

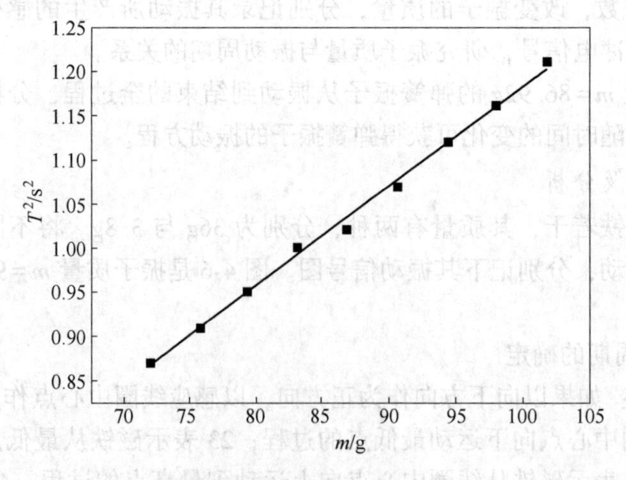

图 4-7 T^2 和 m 的关系图

c 弹簧振子阻尼特性研究

实验记录了质量 m = 86.92g 的弹簧振子从振动开始到振动结束的全过程，其振动信号如图 4-8 所示。

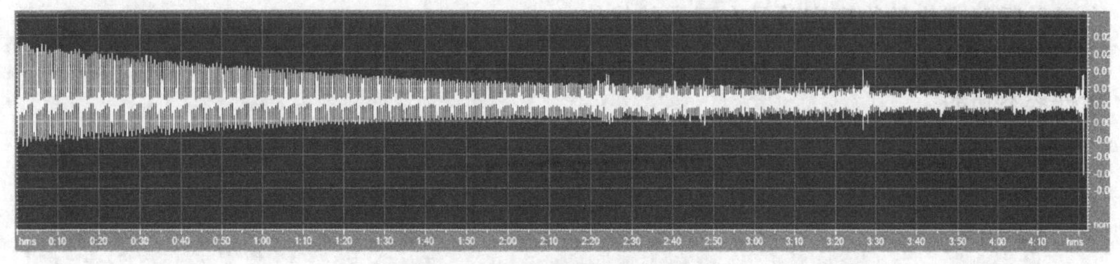

图 4-8　弹簧振子的振动全过程

为了研究弹簧振子的振动特性方程，每隔 10s 取曲线上相对应的坐标点，其数据见表 4-4。

表 4-4　时间与振幅的关系数据

t/s	0	10	20	30	40	50	60	70	80	90	100	110
$A/\times10^{-2}$	2.41	2.32	2.10	1.91	1.85	1.81	1.68	1.59	1.52	1.44	1.34	1.27

用 Matlab 软件拟合振子振幅随时间的关系，拟合的结果如图 4-9 所示（拟合的相关系数达到 0.998）且得拟合参数值为：$A_0=0.024$，$\beta=0.0057$，所以弹簧振子的衰减方程为：

$$A = A_0 e^{-\beta t} = 0.024 e^{-0.0057t}(\mathrm{cm}) \tag{4-14}$$

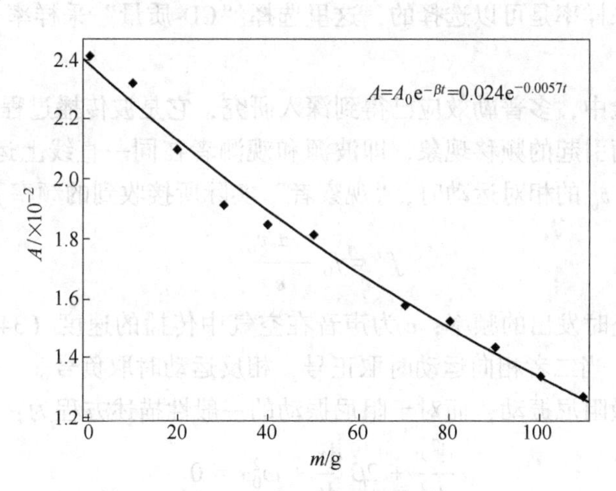

图 4-9　弹簧振子衰减图像

由于 $\omega=\dfrac{2\pi}{T}=\dfrac{2\pi}{1.01}$（rad），并令 $\varphi=0$，则得阻尼振动的运动方程为：

$$x = 0.024 e^{-0.0057t} \cos \frac{2\pi}{1.01} t \tag{4-15}$$

E　结论

感生脉冲电信号计时法操作简单，精确度高，给传统的物理实验注入了新的活力。它让一瞬即逝的实验结果停留再现，通过采集过程的暂停观察或波形回放，重现实验结果的波形图，更有利于学生观察和做更进一步的详细分析。充分体现感生脉冲电信号计时系统在显示瞬间变化的物理实验具有巨大的优势。

与此同时，它与传统实验方法结合使用，能够发挥出很好的定量演示效果和高精度的定性探究功能。

4.3.3 基于虚拟仪器的多普勒频谱加宽效应的实验

A 引言

弹簧振子是研究简谐振动的一个重要实验内容，如果在振子（砝码）的正下方放一个声源（扬声器），在振子上附加一个麦克风作为接受装置，即构成一个研究多普勒频谱加宽效应的简单实验装置。

在这个实验中，麦克风相当于“观察者”，当“观察者”相对于声源作简谐振动时，必然会存在多普勒效应。在实验中，通过基于声卡的虚拟仪器，实时采集出“观察者”相对于声源做简谐振动时的波形图，频谱图。通过对这些图形的分析，可以研究简谐振动的振动周期，多普勒频谱加宽效应等实验内容。

B 基于声卡的虚拟仪器简介

为了能实时采集出“观察者”相对于声源作简谐振动时的波形图，实验中使用基于声卡的虚拟仪器 Audition，它功能强大，控制灵活，使用它可以录制、混合、编辑和控制数字音频文件。软件能实现示波器、信号发生器、频率计等功能，是研究声学现象不可多得的软件，声卡的采样率是可以选择的，这里选择“CD-质量”采样率 44100Hz。

C 实验原理

在大学物理实验中，多普勒效应已得到深入研究，它是波传播过程中，由于观测站者和波源相对于介质而引起的频移现象，即波源和观测者在同一直线上运动，当声源静止，“观察者”做速度为 v_o 的相对运动时，“观察者”实际所接收到的频率 f' 为：

$$f' = f_0 \frac{c \pm v_o}{c} \tag{4-16}$$

式中，f_0 为声源静止时发出的频率；c 为声音在空气中传播的速度（343m/s）；v_o 为“观察者”的运动速度，当二者相向运动时取正号，相反运动时取负号。

由于弹簧振子做阻尼振动，而对于阻尼振动的一般性描述方程为：

$$\frac{d^2x}{dt^2} + 2\beta\frac{dx}{dt} + \omega_0^2 x = 0 \tag{4-17}$$

式中，常数 β 称为阻尼因数；ω_0 为振动系统的固有频率。不考虑外界阻力时，此方程的解为：

$$x(t) = A_0\cos(\omega_0 t + \varphi) \tag{4-18}$$

振子的瞬时速度 v_s 为：

$$v_s = \frac{dx}{dt} = -\omega_0 A_0 \sin(\omega_0 t + \varphi) \tag{4-19}$$

其方均根速率为：

$$v_{方} = -\omega_0 A_0 / \sqrt{2} \tag{4-20}$$

由于“观察者”做简谐振动，前半个周期远离观察者，后半个周期靠近观察者，结合式（4-16）和式（4-17）可得：

$$f_0\left(\frac{c+\omega_0 A_0/\sqrt{2}}{c}\right) > f_0 > f_0\left(\frac{c-\omega_0 A_0/\sqrt{2}}{c}\right) \tag{4-21}$$

由式（4-21）可以得出：当“观察者”运动时，由于多普勒效应，所观测到频谱图的包络线相对于声源静止时的频谱图包络线应有所加宽（或升高）。设在频率为f_0这一点的加宽的宽度为Δf，由式（4-21）可得：

$$\Delta f = f_0\left(\frac{c+\omega_0 A_0/\sqrt{2}}{c}\right) - f_0 = \frac{\omega_0 A_0/\sqrt{2}}{c} f_0 = k f_0 \tag{4-22}$$

由式（4-21）可知：加宽的宽度Δf不仅与“观察者”的振动幅度有关，而且还与其振动的频率有关。

弹簧与振子一旦给定，其振动频率就是一个定值，如果振子在同样的振幅条件下作简谐振动，其参数k是一个定值，此时，加宽的宽度Δf与声源的频率构成正比的关系。实验原理如图4-10所示。

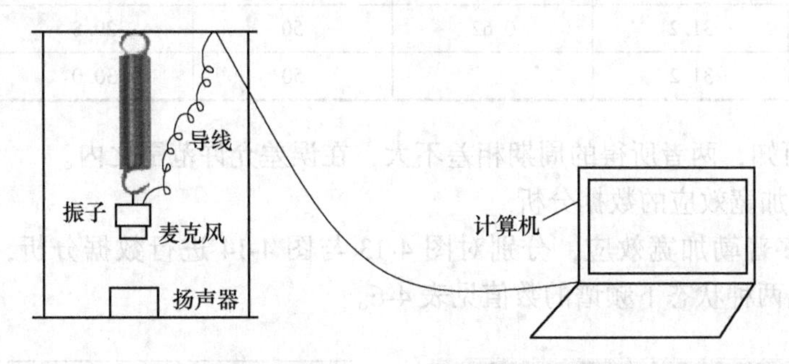

图4-10 实验原理图

D 实验步骤

实验步骤为：

（1）按实验原理图连接好实物。

（2）把扬声器接在信号发生器的输出端，打开信号发声器，使其能发出频率为1000Hz的声音。

（3）让弹簧振子带动麦克风做简谐振动，打开电脑并运行软件Audition。录出麦克风相对于声源在静止与做简谐振动时的声音信号，分别如图4-11和图4-12所示。

（4）调节信号发生器，使其频率分别在1000Hz、1500Hz、2000Hz、2500Hz、3000Hz下让扬声器发声，让振子在同幅度的条件下做简谐振动。

E 实验数据分析

a 简谐振动振动周期的研究

由于“观察者”做简谐振动，当“观察者”接近声源时其波形峰值应增大，远离声源时其波形峰值应减小，如图4-12所示。从信号图中可以清楚读出其振动的周期。为了对比研究，同时给出了用霍尔元件法测得的周期（见表4-5）。

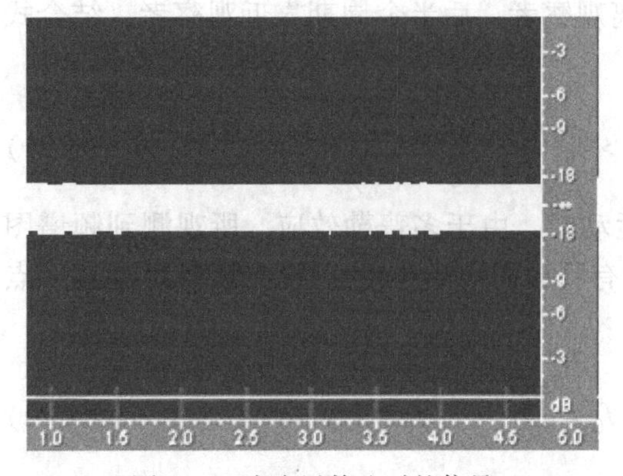

图 4-11　麦克风静止时的信号

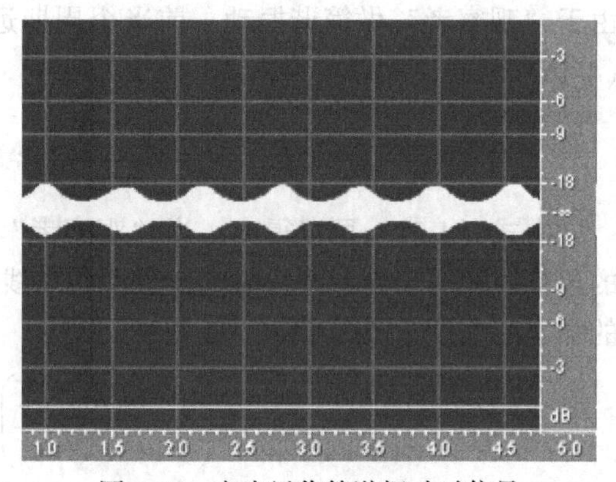

图 4-12　麦克风作简谐振动时信号

表 4-5　实验数据

霍尔元件法			振子图形法		
次数	t/s	T/s	次数	t/s	T/s
50	31. 1		50	30. 0	
50	31. 2	0. 62	50	29. 8	0. 60
50	31. 2		50	30. 0	

由表 4-5 可知，两者所得的周期相差不大，在误差允许范围之内。

b　多普勒加宽效应的数据分析

为了研究多普勒加宽效应，分别对图 4-13 与图 4-14 进行数据分析，为此，用软件 Audition 采集出两种状态下频谱的数值见表 4-6。

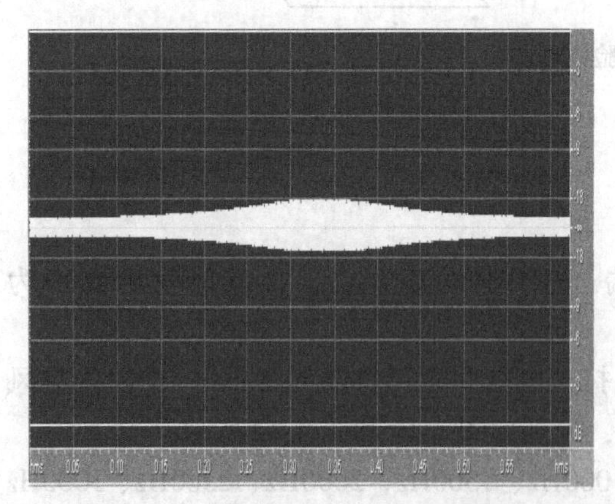

图 4-13　麦克风运动时的单个周期

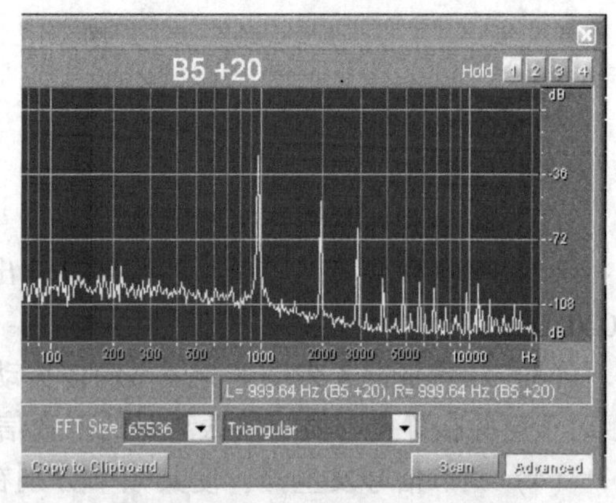

图 4-14　麦克风运动时的频谱图

表 4-6　振子不同状态下峰值对应的频率

频率/Hz	958. 2	968. 9	979. 7	990. 5	1001. 3	1012. 1	1022. 8	1033. 6	1044. 4	1055. 1
峰值 1/-dB	103. 3	56. 6	37. 2	27. 7	25. 4	29. 8	41. 9	66. 0	97. 7	96. 0
峰值 2/-dB	86. 8	51. 3	31. 6	22. 1	19. 7	24. 0	35. 8	59. 6	95. 4	89. 5

注：峰值 1、2 均为负数，在频谱图对应不同频率的峰值，其中峰值 1 为麦克风静止时的值，峰值 2 为麦克风作简谐振动时的值。

为了更加形象的展示加宽效应，实验中选择每隔10Hz频率从904.4～1098.2Hz这样19个点用Excel作出图4-15。从图4-15中可以清楚的看出，当麦克风做简谐振动时，此时的频谱图相对于麦克风静止时的频谱图有所上升，这正如理论部分所陈述的相一致。

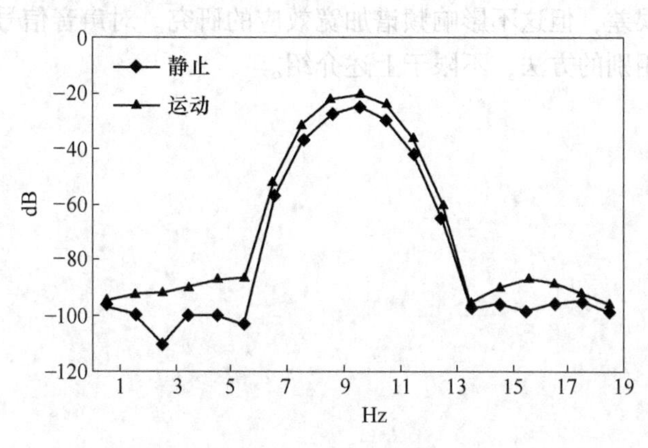

图4-15　多普勒加宽效应图

c　不同频率下多普勒加宽效应的研究

调节信号发生器，使其频率分别在1000Hz、1500Hz、2000Hz、2500Hz、3000Hz下让扬声器发声，让振子在同幅度的条件下做简谐振动，由式（4-21）可知：此时参数k是一个定值，因此可得，加宽的宽度与振动的频率成正比的关系。为了验证此关系，调节信号发生器在不同的频率下测定“麦克风”分别在静止与做简谐振振动两种情况下的峰值差，其结果见表4-7。

表4-7　振子不同状态下峰值对应的频率

频率/Hz	1000	1500	2000	2500	3000
宽度/Hz	4.5	6.2	9.7	12.3	15.6

用SPSS软件来拟合某一频率f_0与加宽宽度Δf的关系，拟合的结果如图4-16所示（拟合的相关系数达到0.992），所以可得加宽宽度与频率的关系是正比例关系。

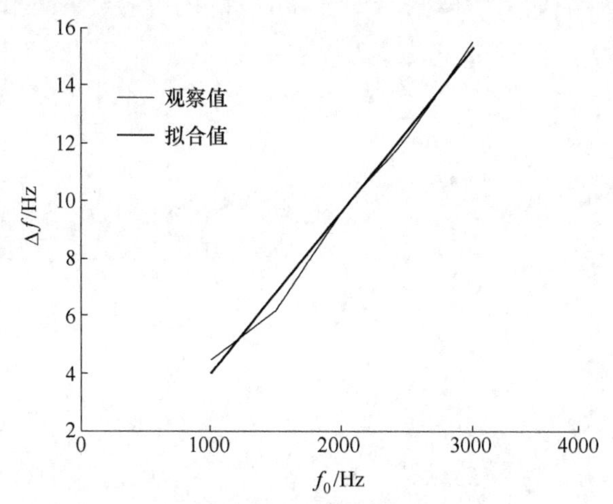

图4-16　加宽宽度与频率的关系图

F 实验总结

通过简单的实验装置，研究了多普勒频谱的加宽效应，让学生对多普勒的实验原理有了更进一步的认识，但在实验中也发现，由于麦克风的连线加速了简谐振动的衰减给实验结果造成了一定的误差，但这不影响频谱加宽效应的研究。对声音信号的获取以及对数据的分析同样也可以用别的方法，不限于上述介绍。

5 基于 Tracker 视频分析软件的综合设计性实验

5.1 Tracker 视频分析软件简介

随着人民物质水平的不断提高，手机成为人们的必备品，使用手机拍摄视频的频率变得越来越高，也越来越方便。在物理实验这一领域，也可以通过视频分析软件，截取视频片段中物体运动的数据信息，进一步分析研究就能得到其运动规律，这已渐渐成为大学物理实验中的重要手段之一。

Tracker 是美国卡布里洛大学的道格拉斯 · 布朗教授针对物理教学而开发的视频跟踪分析和建模工具，其主要功能是通过手动或自动跟踪对象的位置、速度、加速度等并分析整合数据进一步提高数据分析效率及精准度。通过手机就能轻松得到运动物体的轨迹，其使用界面如图 5-1 所示。

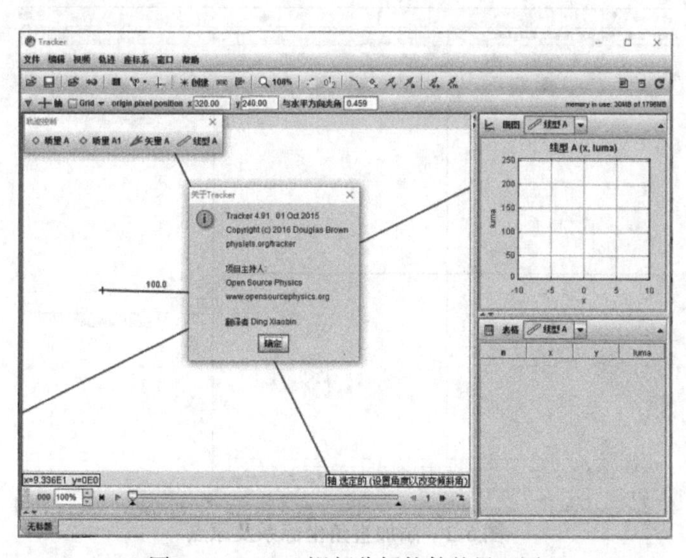

图 5-1 Tracker 视频分析软件的界面图

Tracker 软件解决了传统实验方法中测量周期费时、结果不精确等问题。例如：在传统的三线悬盘测转动惯量的试验中，需要通过重复 3 次计算悬盘转动 50 次的时间，并取平均值，这一做法，虽然培养了学生严肃认真的实验作风，但是由于测量时间长，机械性重复，使得学生在操作中不可避免地会产生误差。如果利用 Tracker 软件，只需要录制一段视频，其转动 50 次的时间便可精确计算，而且避免了重复劳动。而且它具有如下几个优点：

（1）相对于传统的实验内容和步骤来说，运用拍摄视频的方法，辅以Tracker软件的轨迹追踪和数据分析，简化了实验仪器的同时，还使得操作更简洁更高效。不需要计算大量的数据，而是直接通过拟合能较快得到分析的结果。

（2）实验过程的可视化，化抽象为直观，这不仅有利于培养视觉思维，同时也更有助于理解实验规律。

（3）由于Tracker视频分析软件的便利性，我们不再被局限于课本上的实验，日常生活中一个小的实验现象也可以被记录、被研究，这能提高观察能力、动手实践能力以及创新思维。另一方面，在这个高速发展信息化的时代，实现实验与电脑、手机的交互也是大势所趋。

5.2 Tracker视频分析软件的使用方法

5.2.1 软件的基本操作

Tracker视频分析软件的基本操作：

（1）打开Tracker软件，将录制的实验视频或者现成的视频材料导入后，稍微裁剪一下原先的视频，不至于整体文件太大。使用软件自带的播放功能，对视频进行回放，确定视频分析的起止帧后，添加直角坐标系，确定原点所在的位置，如图5-2所示。

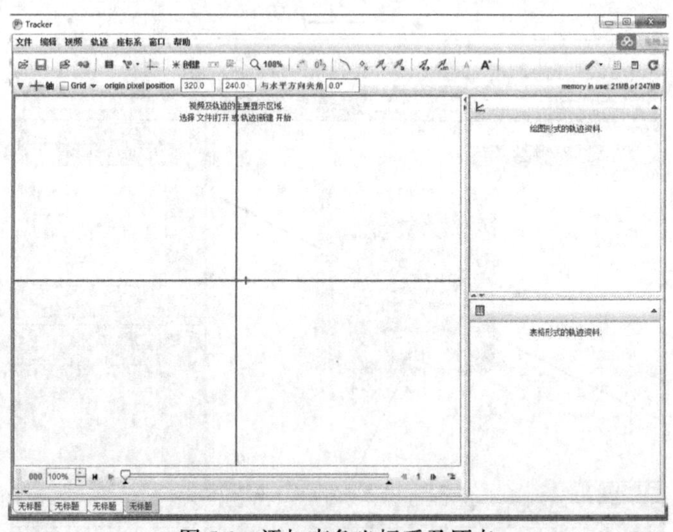

图5-2 添加直角坐标系及原点

（2）如图5-3所示，新建一个质点对象，可编辑其名称，按下电脑键盘上的Ctrl+Shift键，将出现的白色圆形光标定位到标记的位置。另外，所取的质点的周围有一个虚线框，使用鼠标拖拽便可扩大或缩小这一虚线框，在后续的搜索过程中，将在框内的区域搜索标志的质点。鼠标单击后会出现自动追踪的对话框，在对话框中，可选择追踪的比率，取点数，点击“搜索”键，并会实时记录位移与时间的数据，便可自动描绘出位移-时间的图像，数据采集的过程就完成了。

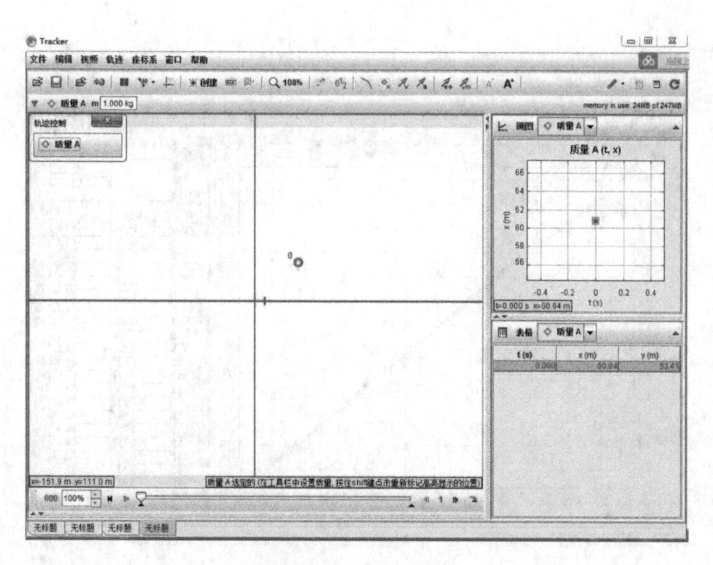

图 5-3 添加质点

（3）在具体的实验中，可能要测量物体的精确数据，因此需要用到定标工具。点击菜单栏中的“定标工具”，选择比较常用的“定标杆”工具，按住Shift键选择相应的定标点，标注其在现实中的具体数值，如图5-4所示，电脑能根据定标的位置进行测算出其他坐标的数据。

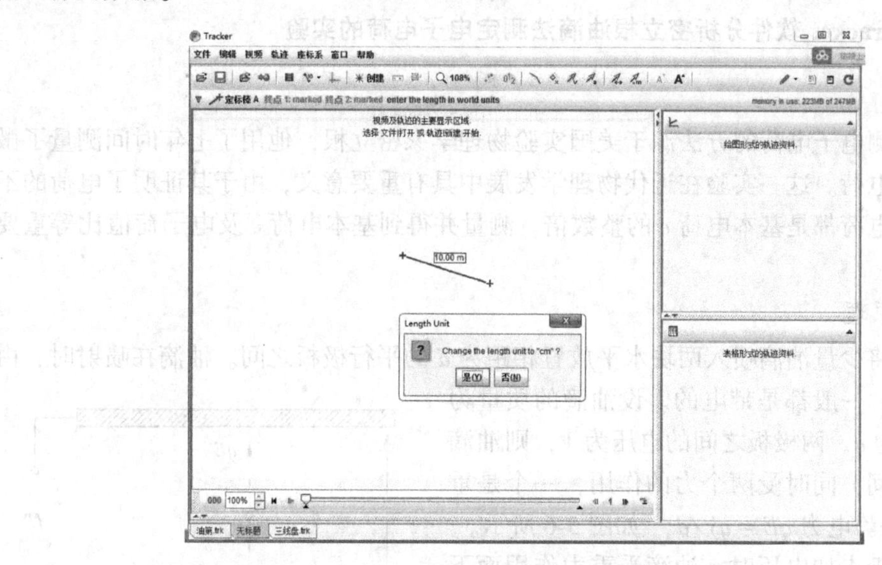

图 5-4 定标点的制作

5.2.2 图像分析及拟合操作

如图5-5所示，在软件的左侧有位移-时间图像，点左键双击这一图像，进入数据工具界面，点击“分析”按钮，勾选“拟合”选项，输入相应的方程，进行拟合。然后调整参数，使得拟合的曲线与图像重合，从而得到实验结果。

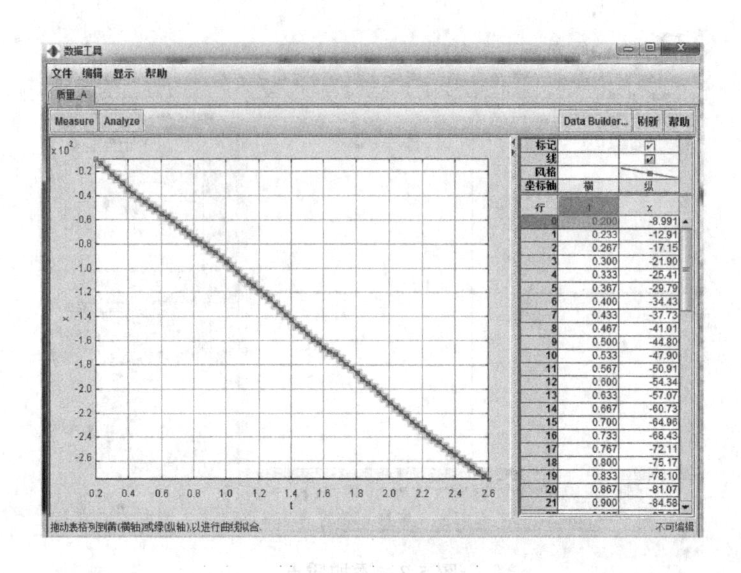

图 5-5　数据分析及拟合

5.3　基于 Tracker 视频分析软件的综合设计性实验

5.3.1　利用 Tracker 软件分析密立根油滴法测定电子电荷的实验

A　引言

用油滴法测电子电荷的方法源于美国实验物理学家密立根，他用了七年时间测量了微小油滴上所带电荷。这一实验在近代物理学发展中具有重要意义，由于其证明了电荷的不连续性，所有电荷都是基本电荷 e 的整数倍。测量并得到基本电荷 e 及电子荷值比等重要数据。

B　实验原理

用喷油器将少量油滴喷入两块水平放置相距为 d 的平行极板之间。油滴在喷射时，由于摩擦的关系，一般都是带电的。设油滴的质量为 m，所带电量为 q，两极板之间的电压为 V，则油滴在平行极板之间，同时受两个力的作用，一个是重力 mg，一个是静电力 $qE = qV/d$，如图 5-6 所示。

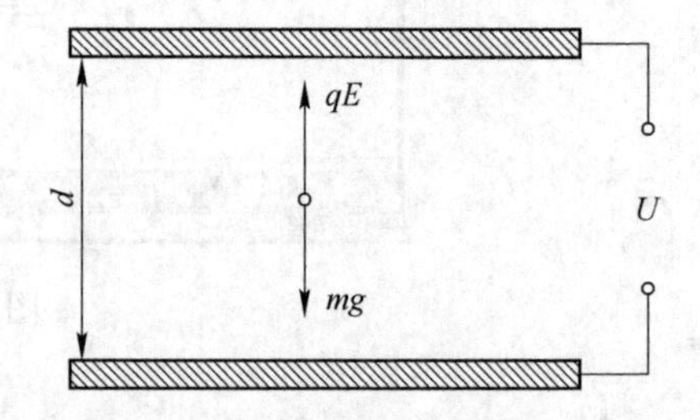

图 5-6　油滴平衡静止

当平行极板未加电压时，油滴受重力作用而下降，但是由于空气的黏滞阻力与油滴的速度成正比，油滴下落一小段距离达到某一速度 v_g 后，阻力与重力平衡，油滴将匀速下降。

设油滴的密度为 ρ，油滴的质量为 m，油滴质量可以表示为：

$$m = \frac{4}{3}\pi\left(\sqrt{\frac{9\eta v_g}{2\rho g} \cdot \frac{1}{1 + \frac{b}{pr}}}\right)^{\frac{3}{2}} \cdot \rho \tag{5-1}$$

当两极板间的电压 $V=0$ 时，设油滴匀速下降的距离为 L，时间为 t_g，则

$$V_g = \frac{L}{t_g} \tag{5-2}$$

对于不同的油滴，可以发现有同样的规律，而且 e 值是共同的常数。这就能证明电荷的不连续性，并存在这最小的电荷单位，即电子的电荷值 e。式（5-3）为本实验的理论公式。

$$ne = \frac{18\pi}{\sqrt{2\rho g}}\left[\frac{\eta L}{t_g \cdot \left(1 + \frac{b}{pr}\right)}\right]^{\frac{3}{2}} \cdot \frac{d}{V} = q \tag{5-3}$$

由于实验时，喷出的油滴非常微小，它的半径约 10^{-6} m，质量约 10^{-15} kg，所以，做本实验时，特别需要实验者具备严谨的科学态度、严格的实验操作和准确的数据处理，才能得到比较好的实验结果。因此，引入 Tracker 视频分析软件势在必行。

C　实验器材

实验器材有 Tracker 视频分析软件、笔记本电脑 1 台、油雾室和照明灯室、显微镜、摄像头、油底盒、防风罩、照明装置、显示器等。

D　实验步骤

实验步骤为：

（1）调节电压在 250~300V，在喷雾器中注入数滴油滴，计算机屏幕中将出现油滴，微调显微镜，使油滴更加清晰。

（2）由式（5-3）可知，本实验真正要测量的只有两个量，即平衡电压以及油滴匀速下降一段距离 L 所需要的时间 t。测量平衡电压应该将油滴悬于分划板上某条横线附近，以便准确判断出这颗油滴是否平衡。

（3）选择油滴时，可根据平稳电压的大小和油滴匀速上升、下降的时间来判断油滴的大小和带电量的多少。

（4）用手机记录下油滴下降或上升一段距离 L 的视频，将视频导入电脑，打开 Tracker 软件，取任意油滴，根据拟合出的线条，可以看出其是否是匀速直线运动。如果是匀速直线运动，那么油滴下降或上升一段距离 L 所需要的时间 t 就可以确定了。

（5）将实验的视频导入 Tracker 视频分析软件，取适当的质点，进行自动跟踪，得到相应的图像及数据，并对其进行分析及数据处理。

E　数据分析及测量

笔者使用 Tracker 截取了一段时间内某个油滴的运动轨迹，得到的原始数据见表 5-1。

双击图像进行数据拟合，可以得到以下数据分析结果。进一步通过软件的线性拟合功能可得到图像的函数关系式，如图 5-7 所示。

表 5-1 油滴实验的原始数据

序号	时间（t）	X轴（X）	Y轴（Y）	序号	时间（t）	X轴（X）	Y轴（Y）
1	0.200	8.124	0.132	36	1.368	7.996	2.033
2	0.233	8.124	0.190	37	1.402	8.004	2.102
3	0.267	8.122	0.252	38	1.435	7.992	2.171
4	0.300	8.124	0.322	39	1.468	7.986	2.211
5	0.333	8.126	0.374	40	1.502	7.976	2.274
6	0.367	8.127	0.438	41	1.535	7.959	2.332
7	0.400	8.132	0.506	42	1.568	7.947	2.371
8	0.433	8.135	0.555	43	1.602	7.931	2.430
9	0.467	8.125	0.603	44	1.635	7.914	2.484
10	0.500	8.120	0.659	45	1.668	7.894	2.518
11	0.533	8.111	0.704	46	1.702	7.884	2.575
12	0.567	8.094	0.749	47	1.735	7.875	2.643
13	0.600	8.077	0.799	48	1.768	7.872	2.690
14	0.633	8.064	0.839	49	1.802	7.866	2.753
15	0.667	8.055	0.893	50	1.835	7.863	2.823
16	0.700	8.050	0.955	51	1.868	7.870	2.868
17	0.733	8.046	1.006	52	1.902	7.874	2.925
18	0.767	8.044	1.060	53	1.935	7.878	2.986
19	0.800	8.033	1.106	54	1.968	7.888	3.042
20	0.833	8.020	1.149	55	2.002	7.890	3.104
21	0.867	8.009	1.192	56	2.035	7.901	3.171
22	0.900	8.005	1.244	57	2.068	7.902	3.221
23	0.935	7.993	1.282	58	2.102	7.902	3.274
24	0.968	7.991	1.338	59	2.135	7.904	3.339
25	1.002	7.992	1.397	60	2.168	7.909	3.387
26	1.035	7.991	1.456	61	2.202	7.908	3.430
27	1.068	7.993	1.520	62	2.235	7.912	3.499
28	1.102	7.994	1.584	63	2.268	7.920	3.543
29	1.135	7.996	1.636	64	2.302	7.919	3.590
30	1.168	7.991	1.678	65	2.335	7.920	3.648
31	1.202	7.987	1.737	66	2.368	7.919	3.696
32	1.235	7.983	1.793	67	2.402	7.917	3.741
33	1.268	7.989	1.844	68	2.435	7.916	3.798
34	1.302	7.993	1.911	69	2.468	7.919	3.846
35	1.335	7.993	1.979	70	2.502	7.920	3.890

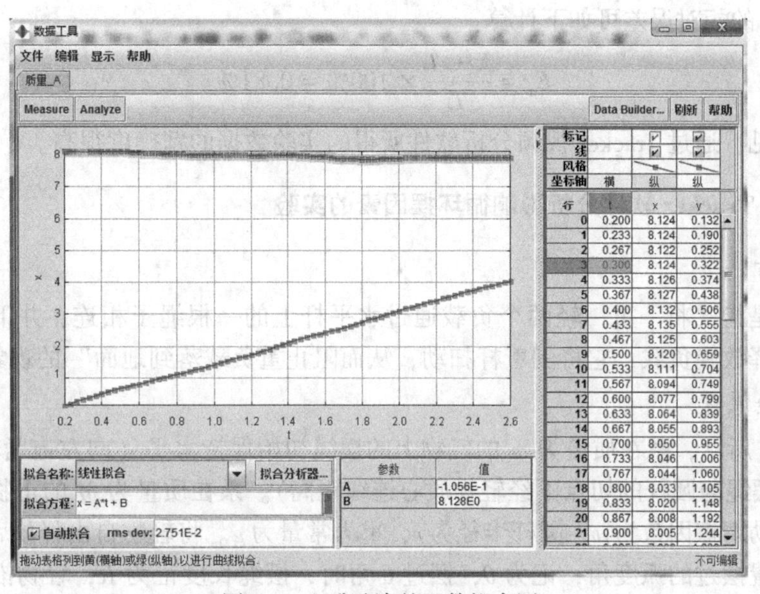

图 5-7 上升油滴的函数拟合图

经过 Tracker 视频软件的分析，得到一元一次方程：

$$S = -1.05t + 8.128 \tag{5-4}$$

由于得到的关系式为线性关系，所以油滴运动的轨迹为匀速直线运动。因此油滴上升这段距离的时间就可以确定了。根据表 5-1，可以进一步总结得到表 5-2 和表 5-3。

表 5-2 油滴上升的时间间隔

时间段	起始时间	结束时间	时间间隔
时间/s	0.200	2.602	2.402

表 5-3 油滴上升的距离

位置	起始点	终止点	长度间隔 ΔL
长度/cm	0.312	4.041	3.720

式（5-3）中，$\rho = 981\text{kg/m}^3$；$g = 9.80\text{m/s}^2$；$\eta = 1.83\times10^{-5}\text{kg/(m}\cdot\text{s)}$；$L = 3.720\times 10^{-3}\text{m}$；$d = 5.0\times10^{-3}\text{m}$；$b = 6.17\times10^{-6}\text{m}\cdot\text{cm}\cdot\text{Hg}$；$V = 272$；$p = 1.01\times10^{5}\text{Pa}$。

由于试验中，如果需要用作图法来求电荷量 n 难度很大，因此用单位电荷量 e 的标准值即 $e = 1.6\times10^{-19}\text{C}$，先求出四舍五入的 n 值，得出以下数据：

$$n = \frac{q}{e} = 233.56 \approx 224 \text{ 个}$$

将该数据代入式（5-3）计算得：

$$ne = \frac{18\pi}{\sqrt{2\rho g}}\left[\frac{\eta l}{t_g \cdot \left(1 + \frac{b}{pr}\right)}\right]^{\frac{3}{2}} \cdot \frac{d}{v} = \frac{q}{n} = 1.597 \times 10^{-19}\text{C}$$

因此，e 的相对误差可如下计算：

$$E_r = \frac{X - T}{T} \times 100\% = 0.81\%$$

由此可见，通过 Tracker 视频分析软件所得的实验数据的精确度很高。

5.3.2 利用 Tracker 软件分析影响循环摆因素的实验

A 引言

循环摆是指“将一重一轻两个负载通过水平杆上的一根绳子相连，并下拉负载以吊起重负载。释放轻负载，它将围着杆扫动，从而阻止重负载落到地面”的现象。

B 实验原理

如图 5-8 所示，系在质量为 m 的轻物上的摆绳初始保持水平（向左拖紧轻物），初始长度为 L（摆绳与圆杆的切点不经轻物质心连线距离）。系在质量为 M 的重物上的垂绳与圆杆之间的动摩擦因数为 μ，圆杆半径为 r，重力常量为 g。将轻物自由释放后，摆绳方向相对初始位置摆过的弧度角，记为 θ，摆过 θ 角时，摆绳长度记为 R，轻物沿摆绳方向绕“绳杆”切点的转动角速度记为 ω，重物下降速度记为 v。显然，R，v，ω 均为关于 L，r，g，M，m，μ，θ 的函数，即 $R(L, r, g, M, m, \mu, \theta)$，$v(L, r, g, M, m, \mu, \theta)$，$\omega(L, r, g, M, m, \mu, \theta)$。

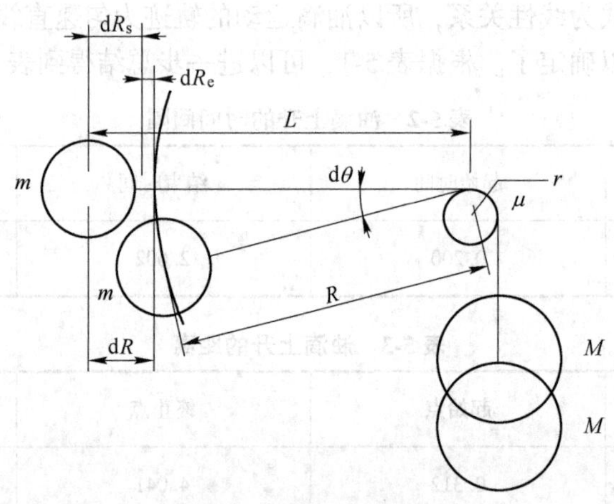

图 5-8 循环摆原理图

当摆过 θ 角时，轻物对摆绳的牵引力为其重力分力 $mg\sin\theta$ 与向心力 $m\omega^2R$ 之和。我们知道当绳中的张力在紧绕圆杆的过程中随绕过的角度指数扩大化，摆绳的张力传导至垂绳处，便有了足够大的力拉停重物。重物完全停止运动后，轻物以圆的渐开线轨迹接近杆。

当牵引力大于此且不超过一定范围时，可以看作动摩擦因数 μ 没有全部派上用场，摩擦力变小，重物依旧稳定悬挂。

该重物的加速度为：

$$a = \frac{Mg - (m\omega^2R + mg\sin\theta)e^{\mu\left(\theta+\frac{\pi}{2}\right)}}{M + m} \tag{5-5}$$

因此，重物下降速度变化量与转过弧度角的增加量的微元关系为：

$$dv = \left[\frac{Mg - (m\omega^2 R + mg\sin\theta)e^{\mu\left(\theta+\frac{\pi}{2}\right)}}{M+m}\right]d\theta \tag{5-6}$$

轻物沿绳摆方向绕“绳-杆”切点的转动角速度变化量与转过弧度角的增加量的微元关系为：

$$d\omega = \left(\frac{\omega r}{R} + \frac{2v}{R} + \frac{g\cos\theta}{\omega R}\right)d\theta \tag{5-7}$$

上文叙述的是有关循环摆的理论解释，下面通过视频资料和自主实验等两种方式来探究循环摆这一物理现象得以实现的影响因素。

C　实验器材

循环摆相关的视频、Tracker 软件、视频剪辑软件、格式工厂软件、笔记本电脑 1 台、20g 砝码数个、光滑铁杆 1 只、耐磨的线绳。

D　实验步骤

实验步骤为：

(1) 首先需要将光滑的杆子固定在一个足够重的底座上，将光滑的圆杆绑在椅子上面，用绳子将其固定。

(2) 截取一段足够长的耐磨的细线，将砝码固定，绳的一头绑上 20g 的砝码，在绳的另外一头绑上两个及以上的砝码，并用之前相同的方式测试其坚固程度。

(3) 将系有重物的一边放置于光滑铁杆的一边，一只手拉住质量稍轻的一边，释放轻物可以看到轻物会顺着杆子做摆动，其摆动的位移可近似看作为一个个半径不同的圆。将拍摄好的视频导入 Tracker 视频软件，进行进一步分析。

因为循环摆实验的特殊性质，这一现象从开始到结束的时间跨度通常在 6~8s，通过肉眼的研究根本无法完全看清其运动轨迹，更别说分析其中的原理了。拍摄视频是分析这一物理现象最直接最有效的方式。因此，利用先前拍摄的视频，进行一定程度的编辑和修改，所得的实验效果是非常可观的。

循环摆实验效果如图 5-9 所示。

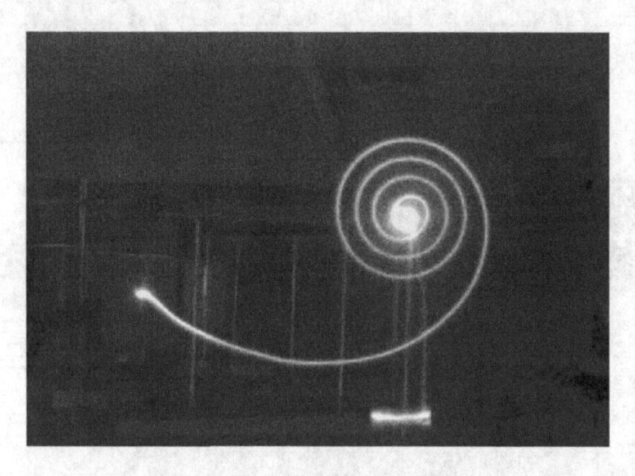

图 5-9　循环摆实验效果图

通过 Tracker 视频分析软件，这些内容都可以被轻易地捕捉。并且有轨迹移动的具体位置，位移等都很好测量。简化了操作流程和需要花费的精力和时间，动动鼠标和键盘就能得到想要的数据，通过其中的自动拟合功能，还能得到更多有价值的信息。

E 数据分析及测量

本小节用于分析论证的视频是全网内仅可能找到的唯一一个视频。因此我们不知道初始的摆长大小，两边悬挂的重物的质量比之间的关系，但是，虽然我们的实验室没有现成的小灯等实验器材，但是通过自动搜索追踪光线的轨迹，便可以轻易得到图 5-10 所示的轨迹的图像。

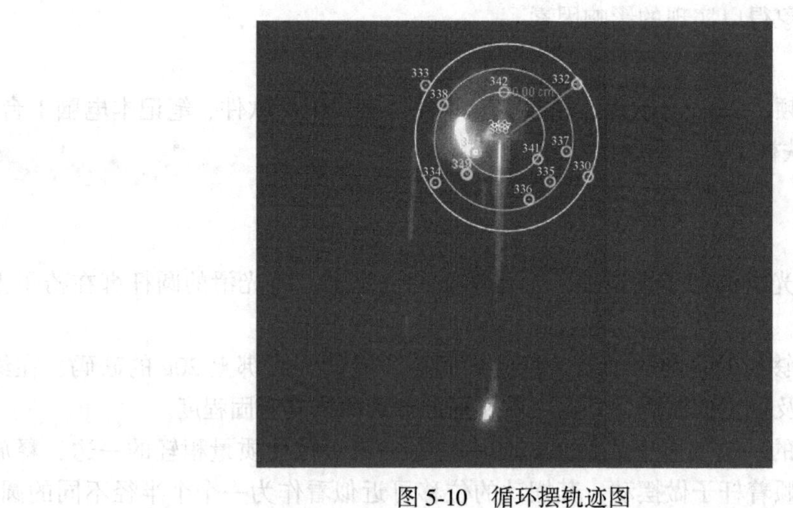

图 5-10 循环摆轨迹图

由图 5-10 可以看到，虽然取的点不多，但是，基本上每个所取的点都落在了圆环的圆周上。这样就可以证明，轻物在靠近重物的过程中，走过的轨迹是一个一个相接起来的圆。

由图 5-11 可知，摆绳的长度 $L=66.92\text{cm}$。

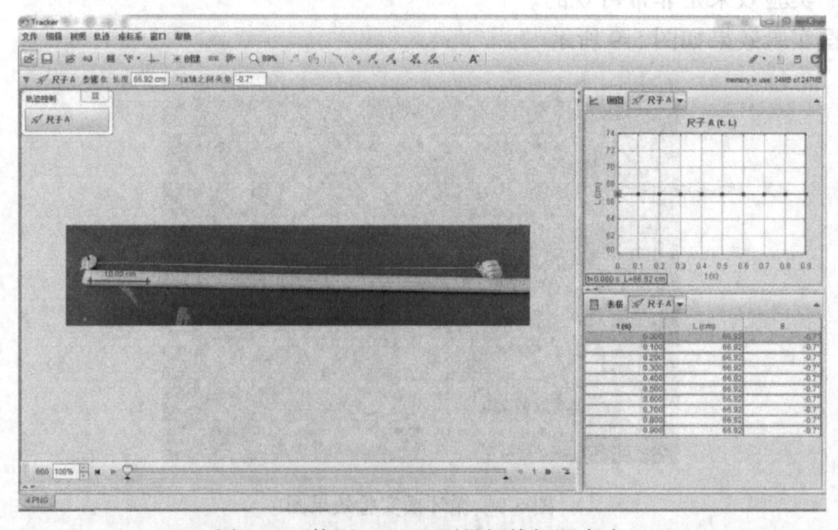

图 5-11 使用 Tracker 测量摆线间距大小

通过不断的实验发现，质量也同样是一个非常重要的因素，是影响实验成功与否的关键。

由于质量不需要借助Tracker视频分析软件就可以发现实验规律。表5-4仅简要总结实验过程中质量与循环摆成功的概率的表格。

表5-4 质量与循环摆成功概率

轻物质量/g	重物质量/g	循环摆成功的概率/%
20	40	10
20	60	60
20	80	75
20	100	95

通过表5-4，可得到以下结论：绳两边悬挂的重物的质量一定要是轻物质量的4~5倍，在这样的情况下，才能有助于循环摆现象显现。

本小节将控制圆杆的摩擦系数、摆绳长度及摆绳两边的悬挂物的质量比不变的情况下，逐步分析重物下落的加速度与初始下落脚之间的关系。下面仅简要介绍某一角度下测量的重力加速度及其下落的距离等使用的方法。

$\theta = 53.3°$ 时，重物下落后会因为自身质量的原因而摆动，所以可以看到如图5-12所示的位移曲线。双击图片，点击自动拟合的功能按钮，我们可以得到如图5-12所示的界面。

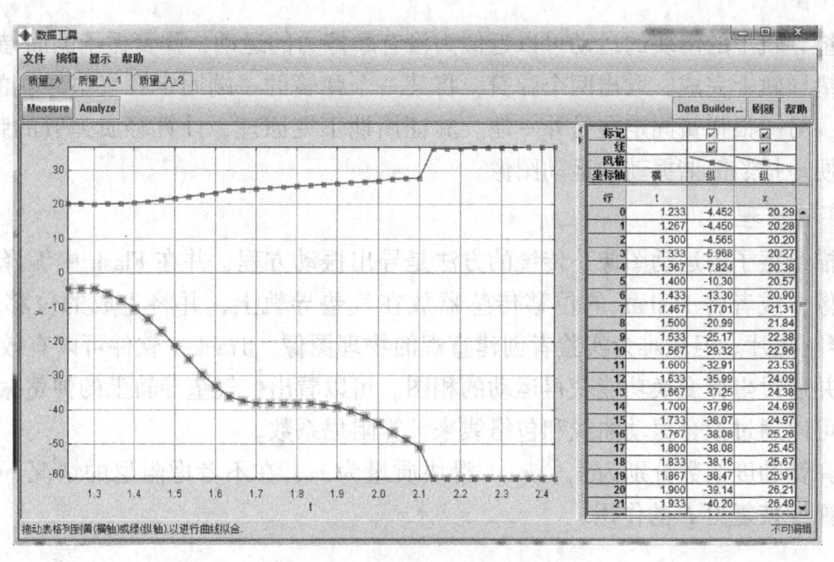

图5-12 拟合曲线及方程式

可以从图5-12上清晰地看到从第26个点开始，数据开始有一个跳跃点说明，重物已经完成下落了。因此得到相应的数据见表5-5。

表5-5 实验数据分析

角度/(°)	时间间隔/s	位移大小/cm	平均速度/cm·s^{-1}
53.3	0.867	46.468	53.59

重复上述的方法，笔者将拍摄到的视频导入到软件中，可以得到表5-6中数据。

表5-6 实验数据

序 号	角度/(°)	时间间隔/s	位移大小/cm	平均速度/cm·s^{-1}
1	74.4	1.100	18.470	16.79
2	67.7	1.199	39.588	33.02
3	61.3	1.500	58.670	39.11
4	53.3	0.867	46.468	53.59
5	43.4	0.798	47.717	59.79

通过表5-6可以看出，影响循环摆现象得以显现的其中一个重要原因与角度有关，虽然表5-6所列的数据不是很多，但是也可以通过表格看出，角度越大，其重物平均速度越小，且圈数越多。反之，角度越小，其重物运动的平均速度越大。但值得一提的是，当角度逐渐变小至零时，几乎不能完成第一次摆动。

这也印证了前文叙述循环摆的理论，即速度与摆动角度有关。因此，影响循环摆得以成功的重要因素为：(1) 铁杆的摩擦系数低；(2) 重物与轻物的质量比；(3) 摆动角度。在这3个因素达到一定标准时，循环摆现象就一定会出现。

5.3.3 气垫导轨上弹簧振子的阻尼振动实验

A 引言

在气垫导轨上的滑块的运动可以近似为没有摩擦力的运动，弹簧振子的简谐振动实验通常在气垫导轨上完成，取出两个弹簧，将某一个弹簧的一端固定在气垫导轨的某一段，连接滑块，另一根弹簧固定在另外一端。验证周期不变原理，计算轻质弹簧的弹性系数，但不能方便地描绘简谐振动的运动图像。

B 实验原理

为了描绘振子的运动图像，传统的方法是导出振动方程，并在Flash中编译程序以生成运动图像，或者将DisLab的位移传感器放在气垫导轨上，并将生成的位移数据导入Excel并绘制图片。但较难为实验者创建直观的物理图像。Tracker软件可以有效地描绘振动曲线，并通过坐标变换功能获得运动的相图。可以看出，气垫导轨上的弹簧振子进行阻尼振动，可以通过拟合振动曲线和包络线来计算阻尼系数。

设两弹簧劲度系数分别为k_1、k_2，滑块质量为m，在不考虑阻尼的情况下，可认为物体仅受弹性恢复力F的作用。

由于

$$F = -(k_1 + k_2)x \tag{5-8}$$

因此，物体的运动方程为：

$$\frac{d^2x}{dt^2} + \frac{k_1 + k_2}{m}x = 0 \tag{5-9}$$

方程(5-9)的解为：

$$x = A_0\sin(\omega_0 t + \varphi_0) \tag{5-10}$$

式中，$\omega_0^2=\dfrac{k_1+k_2}{m}$。$A_0$、$\varphi_0$由初始条件决定。

式（5-10）显示了简谐运动的运动规律，其振幅是恒定的，但在实际的实验中，由于空气阻力，滑块的振动幅度将逐渐减小。空气阻力的大小与速度成正比，可以表示为：

$$F'=-\gamma\frac{\mathrm{d}x}{\mathrm{d}t} \tag{5-11}$$

式中，$\dfrac{\mathrm{d}x}{\mathrm{d}t}$为物体的运动速度；$\gamma>0$，称为阻尼系数。

在弹力和阻力的共同作用下，物体的运动方程为：

$$\frac{\mathrm{d}^2x}{\mathrm{d}t^2}+\frac{\gamma}{m}\frac{\mathrm{d}x}{\mathrm{d}t}+\frac{k_1+k_2}{m}x=0 \tag{5-12}$$

其解为：

$$x=A_0\,\mathrm{e}^{-\beta t}\cos(\omega' t+\varphi_0) \tag{5-13}$$

式中，$\beta=\dfrac{\gamma}{2m}$；$\omega'=\sqrt{\omega_0^2-\beta^2}$；$\omega_0^2=\dfrac{k_1+k_2}{m}$；$A_0$、$\varphi_0$由初始条件决定。

式（5-13）表达了振子阻尼振动的运动规律，在较短的时间间隔里观察可以近似认为振子做简谐运动，但由于存在阻力，振幅$A=A_0\,\mathrm{e}^{-\beta t}$，振幅将随时间呈指数衰减，振动原频率为$\omega_0$，在较长时间里可以观察到振子做振幅不断缩小的往复运动，直至停止。

C　实验过程

a　实验器材

实验器材有弹簧1根，电子天平1台，拍摄装置1台，气垫导轨1个。

b　实验步骤

实验步骤为：

（1）按如图5-13所示装置安装简谐振动装置，为了方便视频软件捕捉振子的运动，需要在振子上贴异于周围颜色的纸片。振子移开平衡位置时给振动，拍摄视频。

（2）将拍摄的视频导入Tracker软件中，如果格式不匹配，需要提前转换为匹配。

（3）在拍摄视频时按照直尺的位置对距离定标，并定好坐标轴，将定标线和坐标轴隐藏。

（4）通过观看视频，选择合适的起始帧以确定要分析的视频中物理过程的起点和终点。创建一个质点对象，按Ctrl + Shift将出现的红色光标定位到标记颜色位置，然后在弹出的对话框中单击“搜索”。软件将自动跟踪目标点的位移并实时记录位移和时间数据，自动描绘位移时间图像。

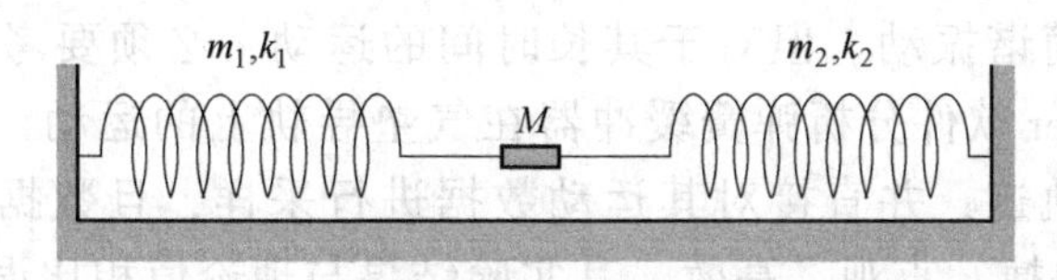

图5-13　气垫导轨简谐振动简单示意图

D 数据分析

视频拍摄完毕后，将其导入 Tracker 软件进行分析。此外，还可以通过内置算法获得每个时刻物体的速度和加速度等动力学。它适用于宏观运动的各种物理现象的研究和分析。弹簧的位移与时间图像见图 5-14。

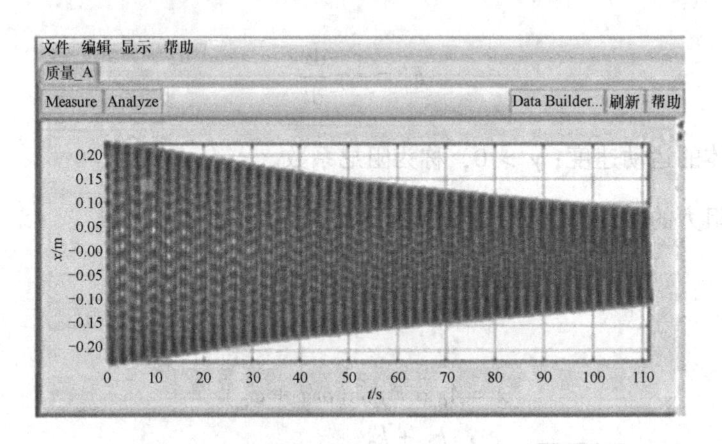

图 5-14 弹簧的位移与时间图像

选择曲线中的一段进行拟合，同理根据式（5-13）且符合 Tracker 软件公式编辑器格式，可将公式编辑为：

$$x = a * \exp(-b * t) * \cos(\text{omega} * t + d) \tag{5-14}$$

式中，b 代表β，omega 代表ω，通过手动调整参数，可使得拟合曲线和实验曲线达到最大的匹配程度，其中圆点为实验数据点，曲线为拟合曲线。拟合方程为：

$$x = 0.219\exp(-0.11t)\cos(3.796t - 2.989) \tag{5-15}$$

即弹簧振子在做周期 $T = \frac{2\pi}{3.796}\text{s} = 1.655\text{s}$，初振幅为 0.219$m$，且随时间指数衰减的周期运动，衰减系数 $\beta = 0.011\text{s}^{-1}$。实验中所用滑块的质量 $m = 0.317\text{kg}$，得阻尼系数 $\gamma = 2m\beta = 6.79 \times 10^{-3}(\text{kg/s})$。两弹簧的劲度系数 $k_1 = 2.459\text{N/m}$，$k_2 = 2.394\text{N/m}$，可得简谐振动圆频率 $\omega_0^2 = \frac{k_1 + k_2}{m} = 15.309\ \text{s}^{-2}$，根据式（5-13）可得阻尼振动圆频率理论值为 $\omega' = \sqrt{\omega_0^2 - \beta^2} = 3.912\ \text{s}^{-1}$。

由式（5-15）可知阻尼振动圆频率的实验值为 3.796 s^{-1}，实验值与理论值相对误差为 3%，说明用 Tracker 软件测量的结果合理。

E 实验总结

综上所述，气垫导轨上的弹簧振子运动在短时间内机械能损失极小，可以近似地看作机械能守恒的简谐振动。但对于其长时间的运动，必须要考虑气垫导轨上阻尼的存在。使用 Tracker 软件分析弹簧缓冲器在气垫导轨上的运动，可以准确记录气垫导轨上滑块运动的轨迹，并直接对其运动数据进行采样，且数据量大，方便选择处理。该方法方便、快捷、直观、高效，其实验结果与理论值相比误差很小，具有很高的推广价值。

5.3.4 动量守恒定律的验证实验

A 引言

在经典力学中，动量守恒是指在不受外力影响的封闭系统中，其总动量不会改变。即

$$p = mv \tag{5-16}$$

总动量指的是物体的速度 v 与质量 m 的乘积。虽然动量守恒首先出现在牛顿第二运动定律中，但在狭义相对论中，动量守恒也是有效的。动量守恒是普遍定义的，它在电动力学、量子力学、量子场论和广义相对论中也是被广泛运用的。

(1) 动量守恒定律是自然界中最重要和最普遍的守恒定律之一。它既适用于宏观和微观颗粒，也适用于低速移动物体和高速移动物体。这是一个实验定律，也可以从牛顿第二定律和动量定理推导出来。

(2) 动量守恒定律和能量守恒定律以及角动量守恒定律已成为现代物理学中三个基本的守恒定律。最初它们是牛顿定律的推论，但后来被发现比牛顿定律宽得多。其中，动量守恒定律源于空间平移不变性，能量守恒定律源于时间-平移不变性，角动量守恒定律源于空间的旋转对称性。

(3) 相互间有作用力的物体系称为系统，系统中的对象可以是两个、三个或更多。在解决实际问题时，应根据解决问题的需要和方便选择系统。

B 实验原理

假设两个滑块的质量分别为 m_1 和 m_2，碰撞前的速度为 v_1 和 v_2，相碰后的速度为 v_1' 和 v_2'。找出碰撞前后的动量：

$$p = m_1v_1 + m_2v_2 \tag{5-17}$$

及碰撞后的动量：

$$p' = m_1v_1' + m_2v_2' \tag{5-18}$$

通过测量两个滑块的质量和碰撞前后的速度，可以验证在碰撞过程中动量是否守恒。

$$m_1v_1 + m_2v_2 = m_1v_1' + m_2v_2' \tag{5-19}$$

在传统的实验过程中，通常会让两个滑块在导轨上进行碰撞，而两个滑块的速度则通过使用匹配的光电计时装置进行测量。

考虑到一般导轨的摩擦，教科书提供一种气垫导向代替原有的导轨，以使碰撞后的两架载重滑块的运动可以近似为一个均匀的直线运动。然后通过光电门计算两台车的速度。这样一来，系统的前后两台车分离后的动量是不变的。实验装置如图 5-15 所示。

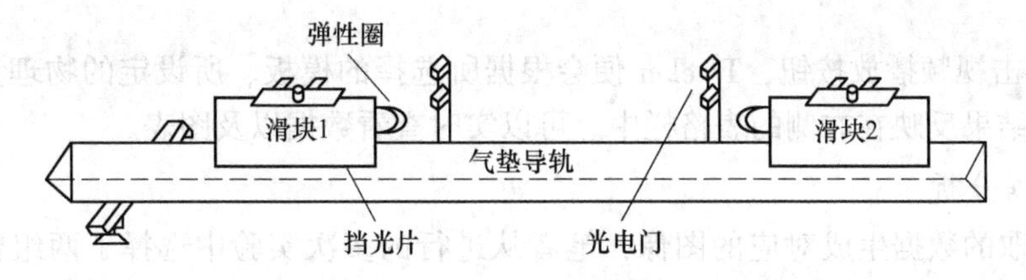

图 5-15 实验装置

在此实验的过程中，光电门仅仅是测出了两个滑块分离后某时刻的速度，因此，该实验

仅证明两个滑块的分离前后的动量相等。学生的主要问题是该系统在其他时间的两台车分离时的动量是否保持不变。因此，实验的改进主要是定量描述在碰撞过程系统的动量的情况。

C 实验内容及步骤

a 实验器材

实验器材有气垫导轨 1 个，0.13kg 滑块 1 个，0.215kg 滑块 1 个，电子秤 1 台，拍摄装置手机 1 台，稳定器 1 台。

气垫导轨装置原理图如图 5-16 所示。

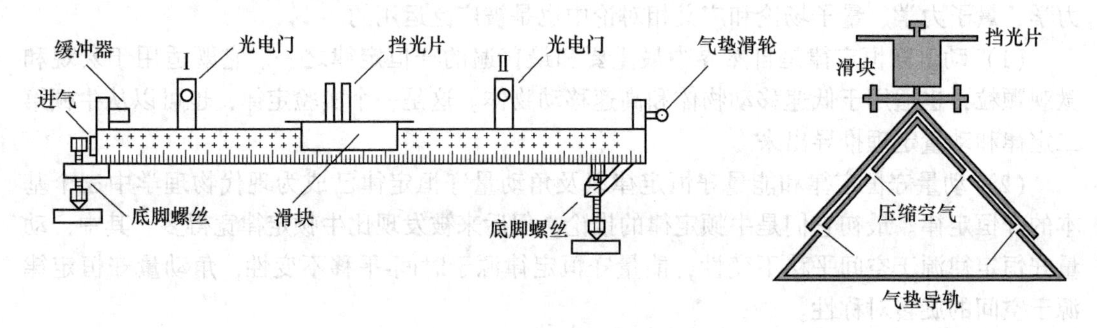

图 5-16 气垫导轨装置原理图

b 实验步骤

实验步骤为：

(1) 实验器材的调整：将滑块保持在导轨上或左右轻微摆动。

(2) 将一张蓝色的纸片粘在一个滑块上，以便将两个滑块颜色作区分。

(3) 跟踪两个滑块 A、B 的跟踪点作为视频分析。弹簧线圈被附接到所述两个滑块的一端，两个滑块和其线圈的总质量是由电子秤测量，一个是 0.13kg，另一个是 0.215kg。然后将导轨水平放置在桌面上，进行调试，使其水平，将一个没有初速度的滑块放置在气垫导轨上，将滑块 B 滑动到停止位置，并为滑块 A 提供一定的初始速度，以便滑块 A 和 B 发生碰撞。并使用手机记录滑块 A 和 B 碰撞的整个过程。

(4) 然后在视频中建立直角坐标系，选择调节坐标轴的倾斜角度，该按钮距离原点越近，可以调节的角度越大，距离越远，调节的精度就越高。

(5) 新建两个质点，分别为滑块 A 和 B。然后将滑块 A、B 的质量输入软件。单击“自动跟踪”，按住 Ctrl + Shift 键选择跟踪模板。

(6) 之后便对滑块 A、B 进行轨迹追踪。在右侧选择物理量时选择质量、速度和动量。

(7) 点击视频播放按钮，Tracker 便会根据所选择的模板、所设定的物理量开始进行追踪，并将结果反映在右侧的表格栏中。可以实时查看数据以及图表。

D 数据分析

依据获取的数据生成对应的图像，笔者从进行的多次实验中选择了两组数据来进行展示。

第一组数据是在 $m_1 = m_2 = 0.13\text{kg}$ 的情况下，某一个滑块处于静止状态，给另一个滑块初速度，使其两者碰撞，使用 Tracker 记录下数据，数据见表 5-7。

图5-17是滑块B的*P-t*图。滑块B的初始速度为零，并且在大约1.8s时与滑块碰撞。有一个非常明显的动量下降的点，之后立刻恢复了正常。

表5-7 $m_1=m_2=0.13$kg 情况下速度和动量的情况

次数	$m_1=m_2=0.13$kg					误差
	v_1 /m·s^{-1}	$p_1=m_1v_1$ /kg·(m·s^{-1})	v_2 /m·s^{-1}	$p_2=m_2v_2$ /kg·(m·s^{-1})	p_1+p_2 /kg·(m·s^{-1})	
第1次碰撞前	373.28	48.53	1.07	0.14	48.66	0.20
第1次碰撞后	0.69	0.09	372.43	48.37	48.46	
第2次碰撞前	7.62	0.99	349.22	45.40	46.39	−0.07
第2次碰撞后	345.36	44.90	12.18	1.58	46.48	
第3次碰撞前	5.31	0.69	46.17	355.15	46.86	0.42
第3次碰撞后	348.67	45.33	1.09	8.40	46.42	

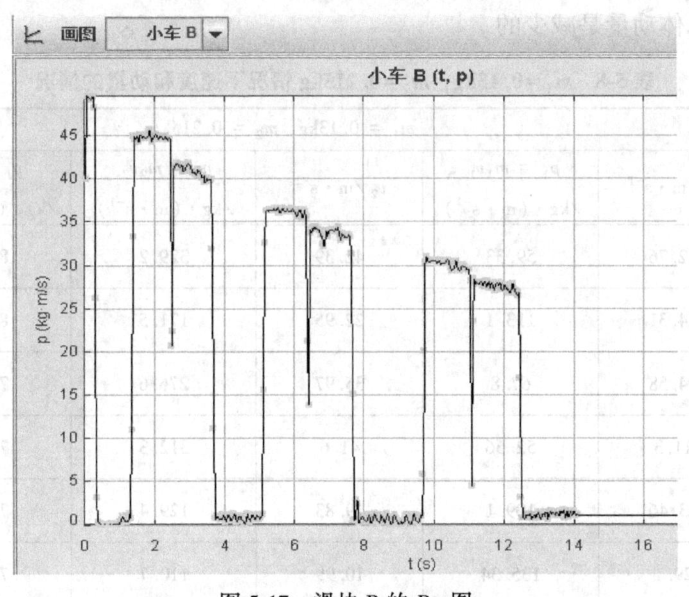

图5-17 滑块B的*P-t*图

图5-18是滑块A的*P-t*图，给予滑块A一个初速度，在1.8s左右与另一辆滑块B进行了碰撞，同样有一个非常明显的动量变化的点，之后也恢复了正常。这些看起来不正常的点其实是两辆滑块的碰撞点。

表5-7就是这次实验的一些数据，可以看到在某一次的碰撞前后，动量基本都是守恒的，但在不同次数的碰撞前后的动量有明显的损失，可能因为某些原因导致误差，包括但不限于气垫导轨的老化，导致存在一定的摩擦力，或者由于气垫导轨没有调整到完全水平。

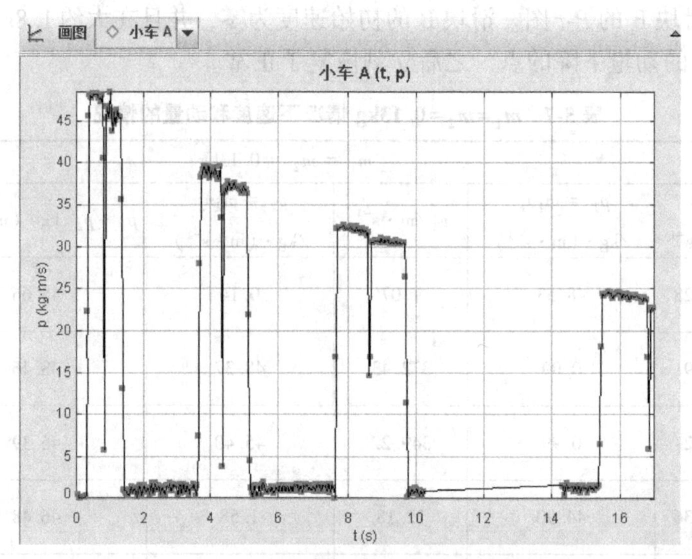

图 5-18 滑块 A 的 *P-t* 图

表 5-8 测试了不同质量滑块在实验中的表现，该次实验滑块 A 和滑块 B 的质量分别为 0. 215kg 和 0. 13kg，两个滑块的初始状态都为运动中，在相互碰撞、分离、再次碰撞后，得出的结论与表 5-7 的实验结论相同，即某一次的碰撞前后的动量是基本守恒的，但随着时间的增加，总体动量是减少的。

表 5-8 $m_1=0.13$kg，$m_2=0.215$kg 情况下速度和动量的情况

次数	m_1 = 0. 13kg，m_2 = 0. 215kg					
	v_1 /m · s^{-1}	$p_1 = m_1v_1$ /kg · (m · s^{-1})	v_2 /m · s^{-1}	$p_2 = m_2v_2$ /kg · (m · s^{-1})	$p_1 + p_2$ /kg · (m · s^{-1})	误差
第 1 次碰撞前	12. 76	59. 33	42. 39	329. 2	8. 25	0. 14
第 1 次碰撞后	24. 31	113. 1	22. 95	171. 5	8. 11	
第 2 次碰撞前	14. 58	67. 8	35. 97	276. 6	7. 71	−0. 12
第 2 次碰撞后	11. 3	52. 56	41. 6	312. 3	7. 83	
第 3 次碰撞前	23. 46	109. 1	19. 83	129. 4	7. 62	0. 42
第 3 次碰撞后	29. 1	135. 34	10. 99	110. 7	7. 68	

5. 3. 5 利用 Tracker 软件研究弹簧振子阻尼振动实验

A 引言

简谐振动是一种理想模型，振子在实际振动过程中不可避免地与周围介质发生相互作用而不断地损失能量，其振幅随时间作指数衰减，这就是阻尼振动。如果能测出振子振动的阻尼因数β、周期 T 以及最大振幅 A_0，就可以写出阻尼振动的运动方程，本小节给出一种利用数码相机来研究阻尼振动的特性参数及其运动规律的方法。

B 实验原理

一个自由振动系统由于外界和内部的原因，使其振动的能量逐渐减少，振幅因之逐渐衰减，最后停止振动。在单摆、弹簧振子等实验中因空气阻尼存在可观察到阻尼振动，就像 *LRC* 振荡电路中由于电阻 *R* 的存在，电流和电压的变化等也是阻尼振动一样，对于阻尼振动的一般性描述方程为：

$$\frac{d^2x}{dt^2} + 2\beta\frac{dx}{dt} + \omega_0^2 = 0 \tag{5-20}$$

式中，常数 β 称为阻尼因数；ω_0 为振动系统的固有频率。当阻力较小时，此方程的解为：

$$x = A_0 e^{-\beta t}\cos(\omega_f t + \varphi) \tag{5-21}$$

由以上可知，阻尼振动的主要特点是：阻尼振动的振幅随时间按指数规律衰减，如图5-19所示，振幅衰减的快慢和阻尼因数 β 的大小有关，而 $\beta = \frac{b_\mu}{2m}$，因而和阻尼系数 b_μ 及振子质量 m 有关。

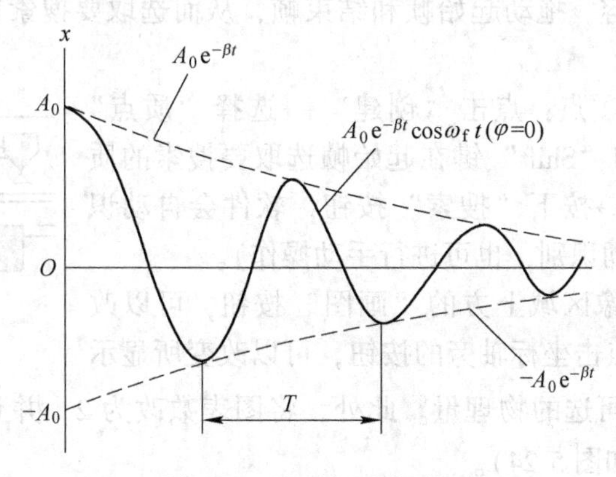

图5-19 阻尼振动衰减

由实验原理中的 $\beta=\frac{b_\mu}{2m}$ 可知，在已知振子质量的情况下，只要测量出振幅的衰减系数 β 就可测量出振子所受到的阻尼系数 γ。但是，一般常见的测量方法，如秒表手动测量或霍尔效应传感器半自动测量等，大多只能测量振子在一段时间内振动的平均周期，无法准确测量其振幅及振幅的变化，因此无法用于阻尼系数的测量。而使用 Tracker 软件，可以对弹簧振子的运动进行完整捕捉，得到其振幅随时间变化的曲线，并且用公式进行拟合，从而得出阻尼系数。

C 实验器材

实验器材有：弹簧、小钢球 、弹簧支架、透明水杯、手机、手机支架、Tracker 软件、电子秤。

D 实验内容

实验内容为：

(1) 将弹簧自由悬挂在固定好的支架上，下端挂上一个小钢球，实验装置如图5-20

所示。

图 5-20　实验装置图（介质为空气）

（2）将小钢球拉离平衡位置少许，松手后整个系统即在竖直方向上做自由阻尼振动，振幅随时间不断衰减，直至振幅为零，振动停止。

（3）将手机放置在手机支架上，用摄像头记录下弹簧振子从振动开始到停止的整个过程。在视频录制过程中，有如下几点注意事项：

1）视频背景与捕捉的标志物必须对比明显，这有利于提高视频分析时对标志物捕捉的准确度。

2）摄像头应与标志物处于同一水平面上，避免因俯拍或仰拍造成的视角误差。

3）保证拍摄环境采光良好，确保在捕捉弹簧运动时的时间分辨率足够高。

（4）将视频导入 Tracker 软件，并建立坐标轴和定标杆。

（5）根据视频内容，拖动起始帧和结束帧，从而选取要搜索质点的视频片段，起始帧如图 5-21 所示。

（6）创建并搜索质点：点击“创建”→选择“质点”→同时按住“Ctrl”和“Shift”键在起始帧选取要搜索的质点（适当调整大小）→按下“搜索”按钮，软件会自动识别并搜索（若无法自动识别，也可进行手动操作）。

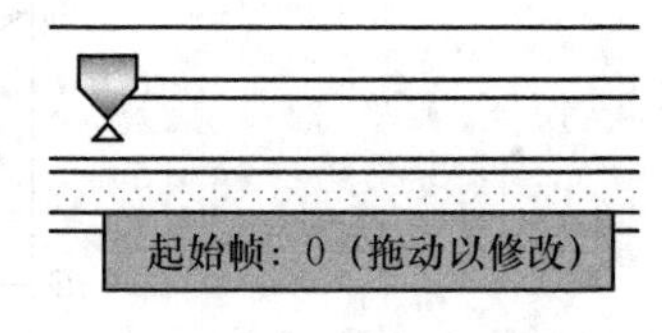

图 5-21　起始帧

（7）点击右侧图像区域上方的“画图”按钮，可以改变显示的图表数量；点击坐标轴旁的按钮，可以改变所显示的物理量，图 5-22 为可选的物理量。此处，将图表数改为 2，并且分别显示 t-y 图像和 y-v_y 图像（见图 5-23 和图 5-24）。

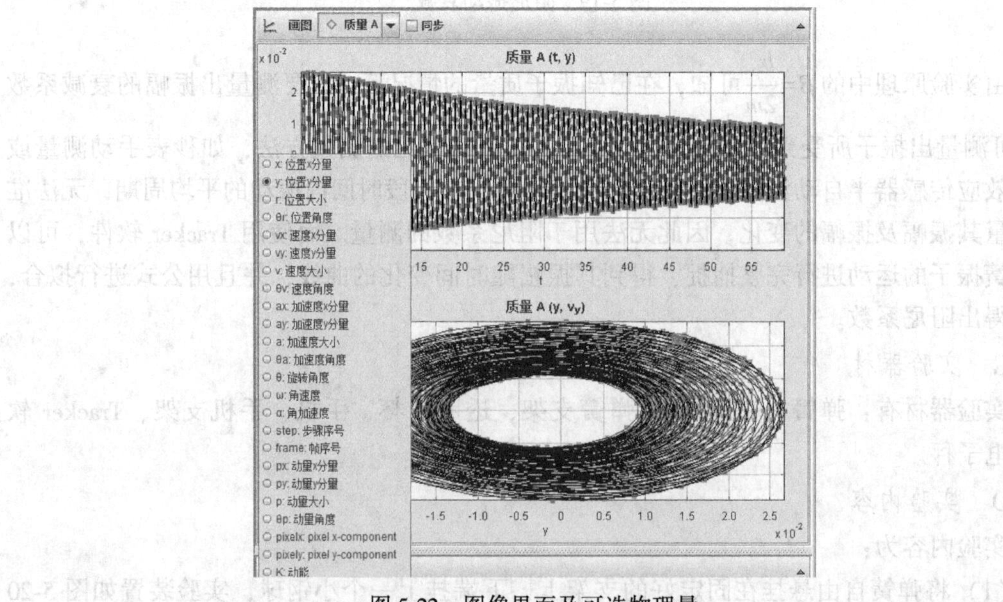

图 5-22　图像界面及可选物理量

（8）将弹簧振子振动的介质改为水（在水中，平衡时弹簧的长度与在空气中不同，需要重新测量其长度），重复上述步骤，当介质为水时，其实验步骤同上。

E 数据记录与处理

a 数据记录

数据记录分别如图5-23～图5-26所示。

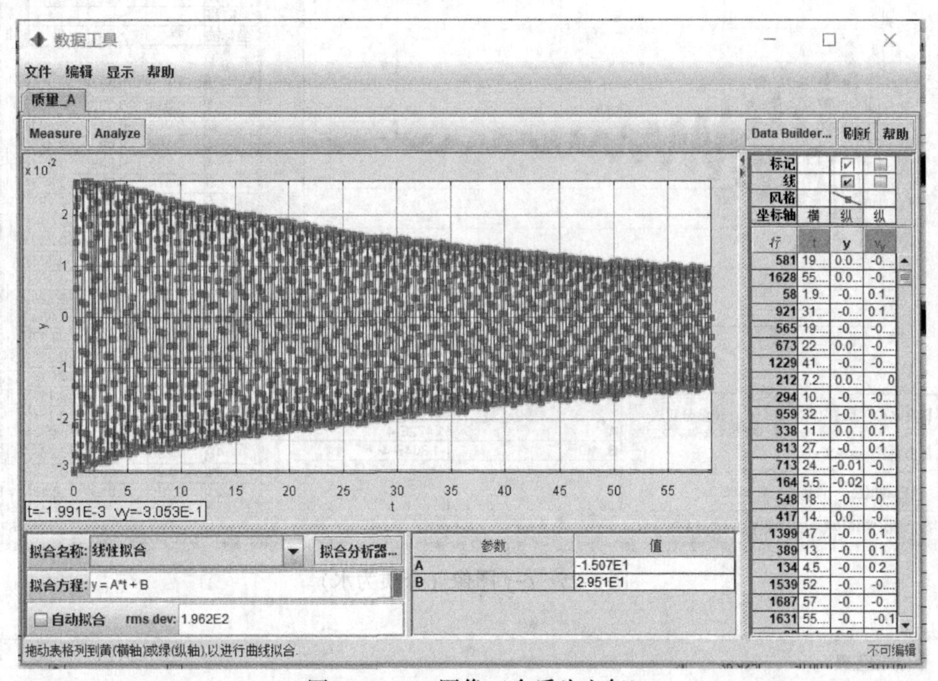

图5-23 t-y图像（介质为空气）

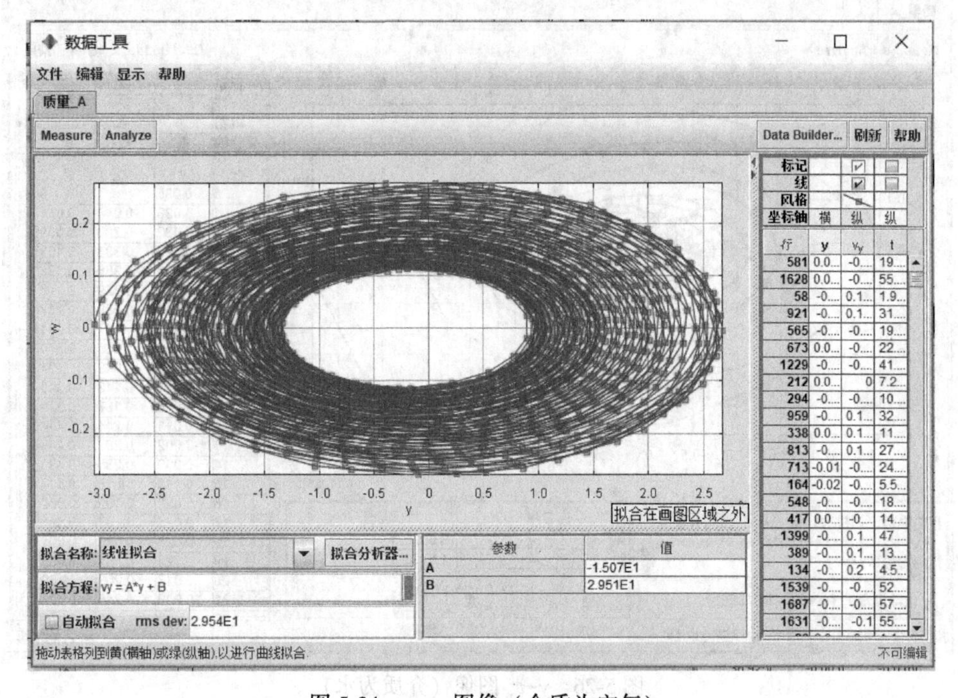

图5-24 y-v_y图像（介质为空气）

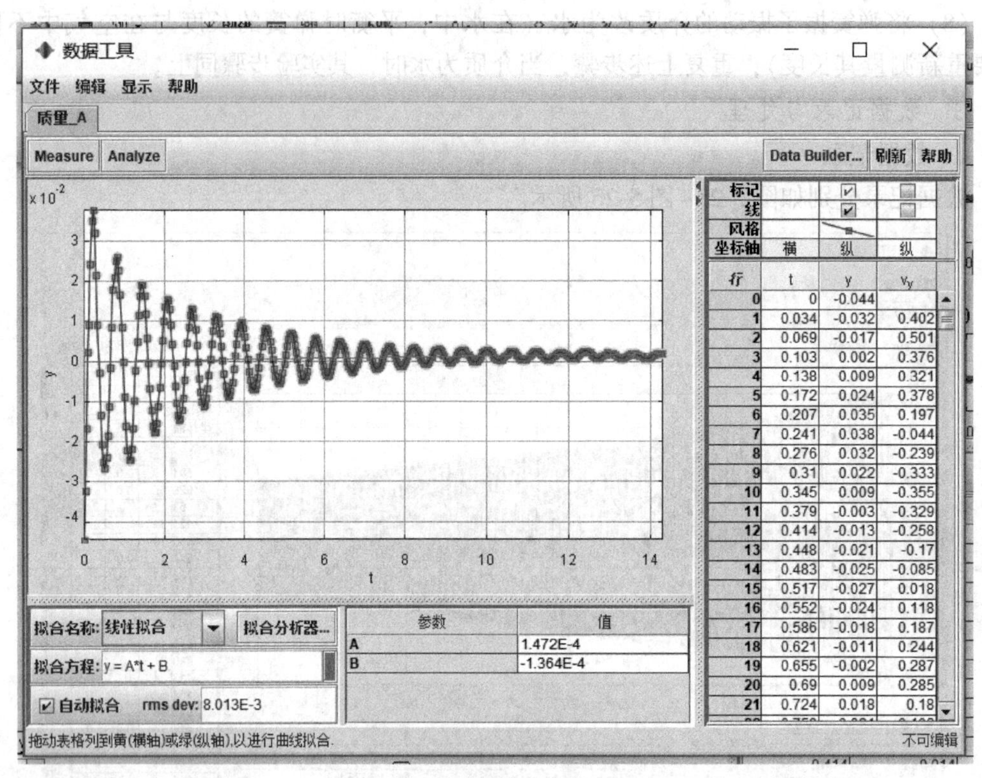

图 5-25 $t\text{-}y$ 图像（介质为水）

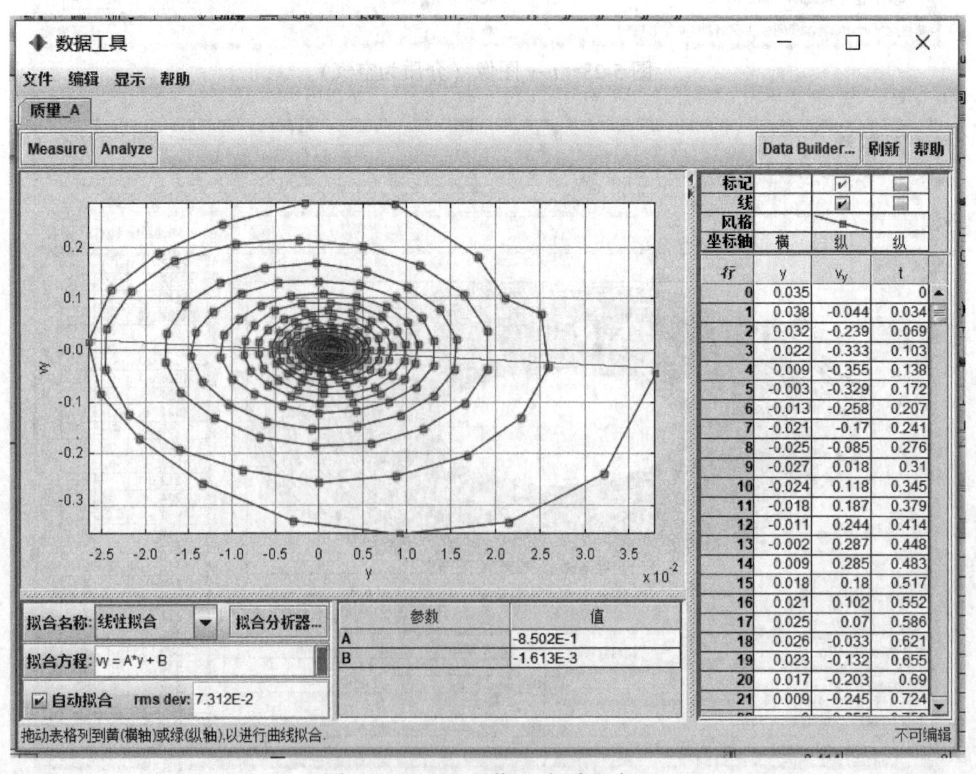

图 5-26 $y\text{-}v_y$ 图像（介质为水）

b 图像分析

（1）由两种介质中的 t-y 图像可以看出，弹簧振子在阻尼的作用下做随时间不断衰减的运动，这与实验原理中所得出的质点运动方程相符。

（2）观察其运动的 v_y-y 图像，可以发现此相图是一个收缩的螺旋线，代表振子的能量不断衰减，振幅不断缩小，最终停止振动。

c 数据处理

（1）双击 t-y 图像进入数据工具界面→点击“Analyze”→选择“拟合”。

（2）点击“拟合分析器”→“New”→根据在实验原理中得出的质点运动方程，添加参数并输入表达式，建立一个关于y的公式：

y = A0 * e^（-bt * t）* cos（B * t+C）

式中，A0代表 A_0，bt代表 β，B代表 ω，C代表 ψ_0。

（3）通过手动调整参数，可以使实验曲线和拟合曲线达到最大匹配程度，具体数值与图像如图5-27和图5-28所示。

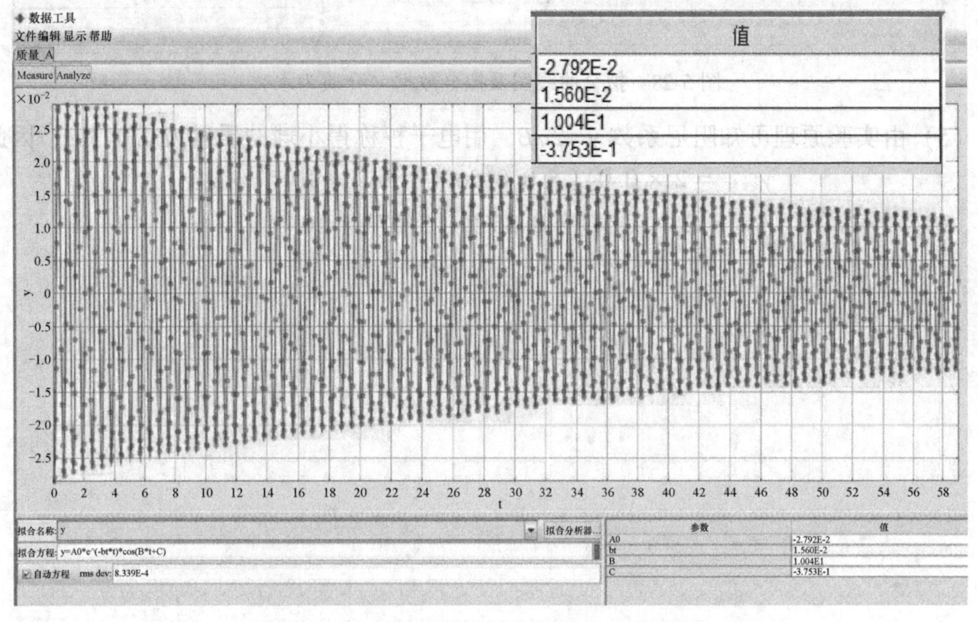

图5-27 拟合曲线图及拟合数据（介质为空气）

（4）通过上述步骤可以得出拟合方程为：

介质为空气时：　　$y = 0.02792\,e^{-0.0156t}\cos(10.04t - 0.3753)$

介质为水时：　　$y = 0.03269\,e^{-0.3572t}\cos(10.20t + 0.005089)$

从拟合方程可以看出：

1）介质为空气时，弹簧振子振动周期 $T = \frac{2\pi}{10.04}\mathrm{s} = 0.626\mathrm{s}$，初振幅为0.02792m，且随时间指数衰减的周期运动，衰减系数 $\beta = 0.0156\mathrm{s}^{-1}$。

2）介质为水时，弹簧振子振动周期 $T = \frac{2\pi}{10.20}\mathrm{s} = 0.616\mathrm{s}$，初振幅为0.03269m，且随时间指数衰减的周期运动，衰减系数 $\beta = 0.3572\mathrm{s}^{-1}$。

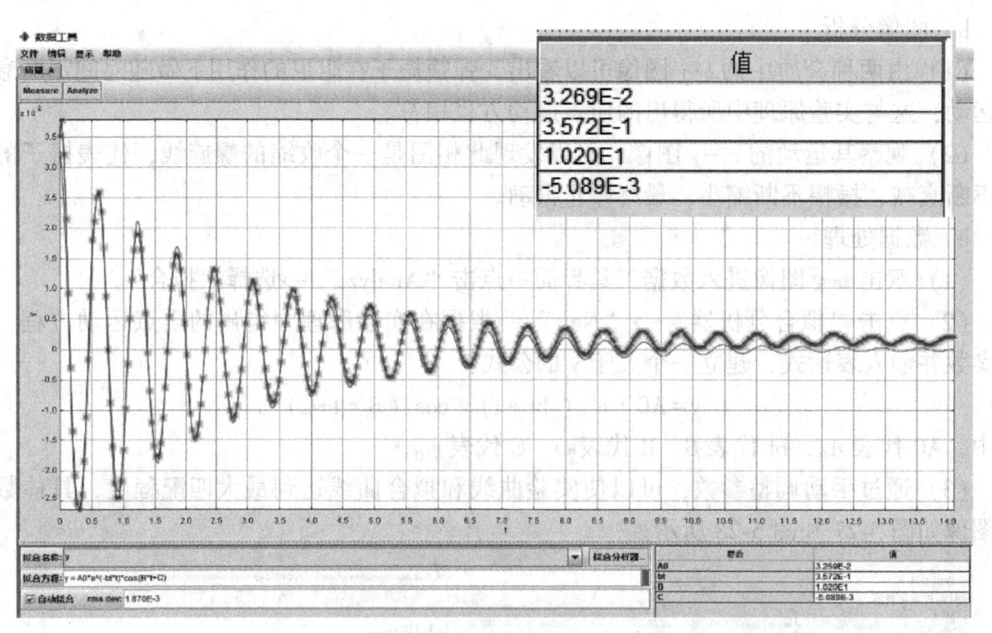

图 5-28 拟合曲线图及拟合数据（介质为水）

（5）由实验原理可知阻尼系数 $\gamma = 2m\beta$，用电子秤称得小球的质量为 0.043kg，因此

$$\gamma_{空气} = 2 \times 0.043 \times 0.0156 = 1.342 \times 10^{-3}\mathrm{kg/s}$$

$$\gamma_{水} = 2 \times 0.043 \times 0.3572 = 3.072 \times 10^{-2}\mathrm{kg/s}$$

6 基于智能手机的创新性物理实验设计

6.1 智能手机上的传感器介绍

随着智能手机的不断发展，越来越多精美小巧的传感器搭载在手机上，它们给手机带来了便利的功能，人们早已离不开这些传感器，比如重力传感器可以帮你切换是横屏还是竖屏，磁传感器和 GPS 都是用于手机地图的。一般智能手机都有十多种传感器，有些手机还搭载普通大众手机所没有的传感器，用于各种用途。未来的智能手机所搭载的传感器可能会更多。

6.1.1 智能手机上的各种传感器软件

既然智能手机上有那么多传感器，那能不能调用这些传感器以获得它们所记录的数据。这些传感器给物理实验提供了硬件条件，人们只需下载调用传感器的 App，就能获得数据。比较著名的手机传感器软件有 Phyphox 和 Physics Toolbox，这两个都是比较全面的传感器软件，手机上的绝大部分传感器都可以用。

本小节使用的传感器软件主要是 Phyphox，如图 6-1 所示。Phyphox 是德国亚琛工业大学基于手机传感器设计的软件，推出至今，受世界各地广泛关注，并不停地听取大家反馈的意见，增加新功能，受到一致赞扬。将手机平放在桌子上，前后为 Y 方向，左右为 X 方向，上下为 Z 方向。下面介绍各类传感器的功能：

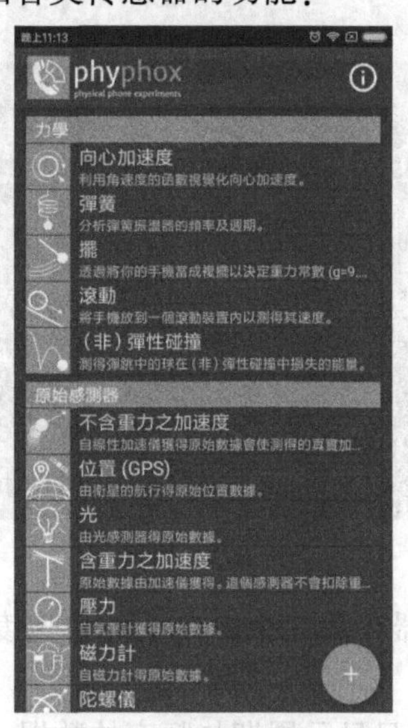

图 6-1 Phyphox 软件

（1）向心加速度。利用智能手机上的角速度传感器数据求得向心加速度及其变化图像。“关系”这一项是角速度与加速度的关系图像，*X* 轴为角速度，*Y* 轴为加速度。“时间”这一项显示的是加速度和角速度分别随时间的变化曲线，如图 6-2 所示。

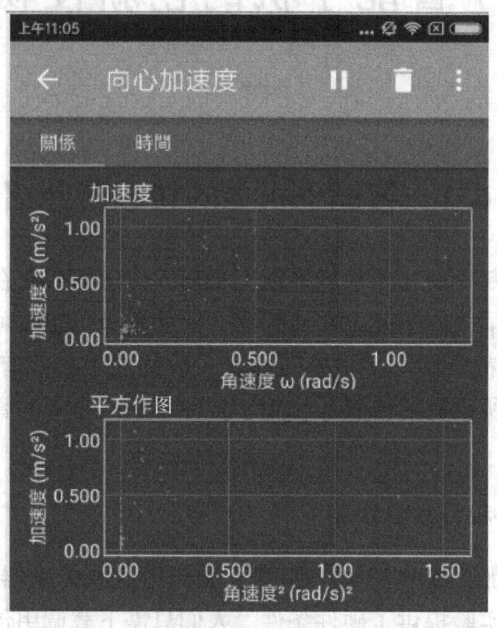

图 6-2　向心加速度

（2）弹簧。利用加速度传感器来获得弹簧的振动周期。“结果”这一项是弹簧的周期与频率。“共振”是频率与相对振幅的图像。“自相关”是振幅随时间变化的曲线。“原始数据”是 *XYZ* 三个方向上的加速度传感器数据，通过对这些数据的分析，软件才能算出弹簧的一些其他数据，如图 6-3 所示。

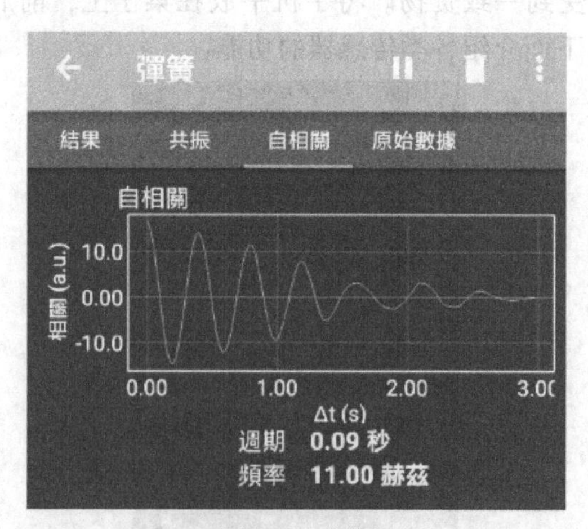

图 6-3　弹簧

（3）摆。通过螺旋仪传感器获得三个方向上的角速度，以此获得摆的摆动周期，也能根据重力加速度求出摆长。

1）选择“结果”这一项时只显示周期与频率的数据，如图 6-4 所示。

图 6-4　摆

2）选择“G”这一项时是要求输入摆长的数值，然后根据得到的周期，计算得所在地的重力加速度 g，如图 6-5 所示。

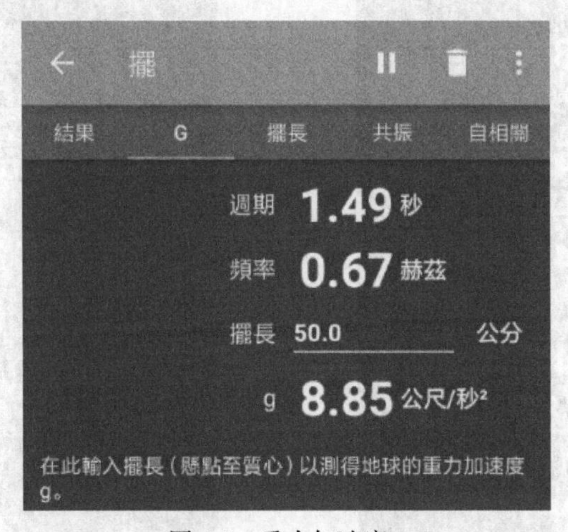

图 6-5　重力加速度 g

3）选择“摆长”这一项时，是假设所在地的重力加速度为 $9.81\mathrm{m/s^2}$，根据已得的周期，计算出摆长的长度，如图 6-6 所示。

图 6-6　摆长

（4）滚动。将智能手机放在滚动装置内就能显示其速度，需要输入所在滚筒的半径。滚动时显示速度随时间变化的曲线。但软件只用 Y 方向的角速度，因此滚动方向也要是 Y

方向。

（5）非弹性碰撞。利用智能手机的声音传感器，根据物体每次弹跳的时间间隔来推测出其在非弹性碰撞中的能量损失。实验时球每次落地，它就会记录一个落地间隔，推测出落地高度，如图 6-7 所示。

（6）不含重力加速度。这个功能是测量加速度，但不包含重力加速度。“图表”这一项是三个方向上加速度随时间变化的曲线，如图 6-8 所示。“绝对值”是总加速度。

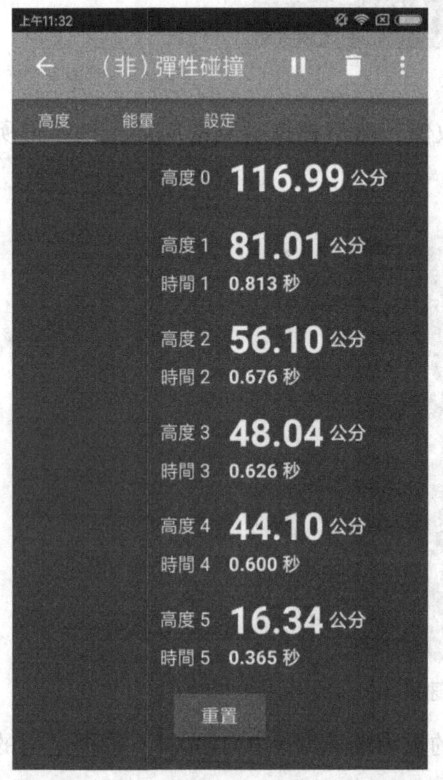

图 6-7 滚动

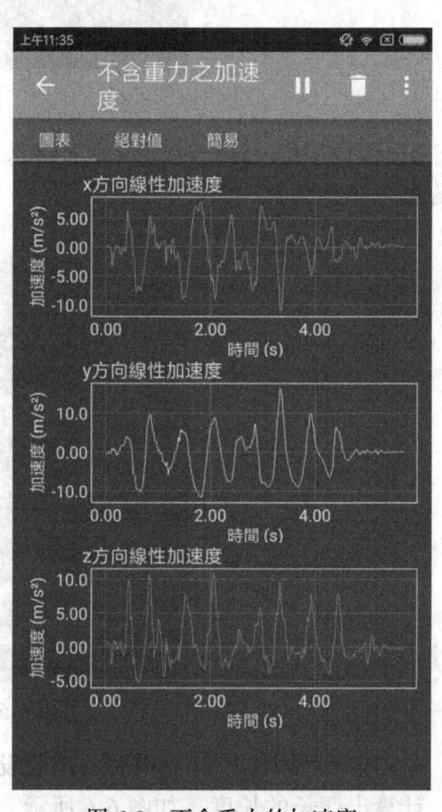

图 6-8 不含重力的加速度

（7）光。利用智能手机的光传感器，获得其收集到的光通量数据。选择“图表”这一项时，可以显示随时间变化的图像，*X* 轴为时间，*Y* 轴为照度，如图 6-9 所示。

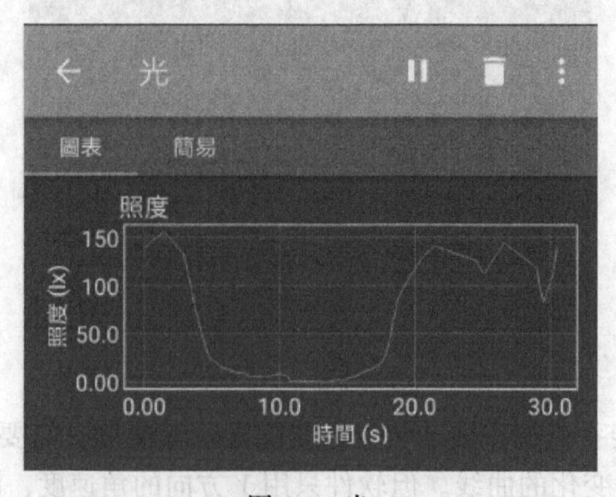

图 6-9 光

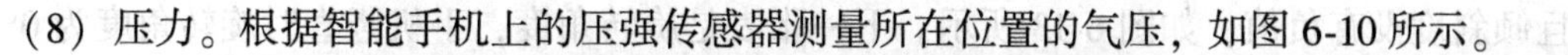

（8）压力。根据智能手机上的压强传感器测量所在位置的气压，如图 6-10 所示。

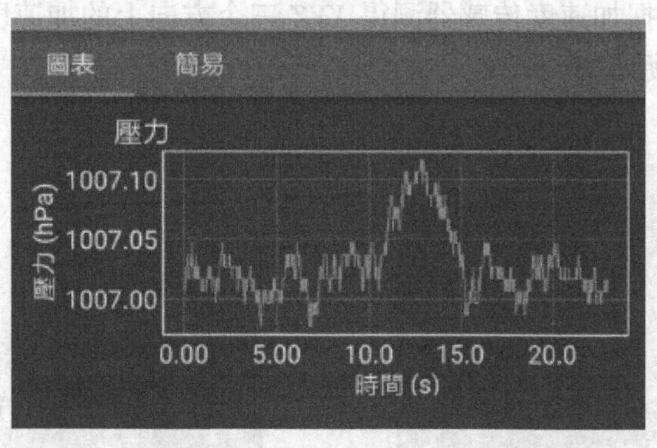

图 6-10　压力

（9）磁力计。磁力计利用智能手机上的磁传感器来测量所在位置的 *XYZ* 三个方向的磁通量。但由于手机本身就是电子产品，其内部的磁场会对这个软件造成一定的干扰和误差。而地磁可能也对这个传感器有一定影响。“图表”是 *XYZ* 三个方向上的磁通量随时间变化的曲线，如图 6-11 所示。“简易”显示的是三个方向上的磁通量与绝对值磁通量的数值。

（10）陀螺仪。陀螺仪提供的就是智能手机中的陀螺仪获得的原始数据，是 *XYZ* 三个方向上的角速度的值。“图表”是三个方向上的值随时间变化的图像，如图 6-12 所示。

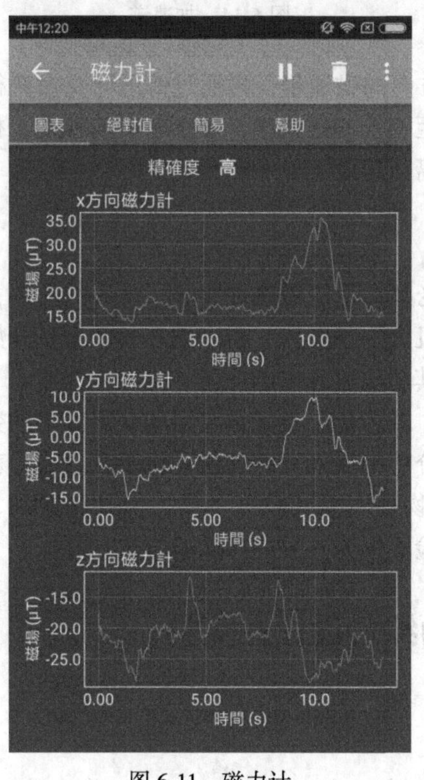

图 6-11　磁力计

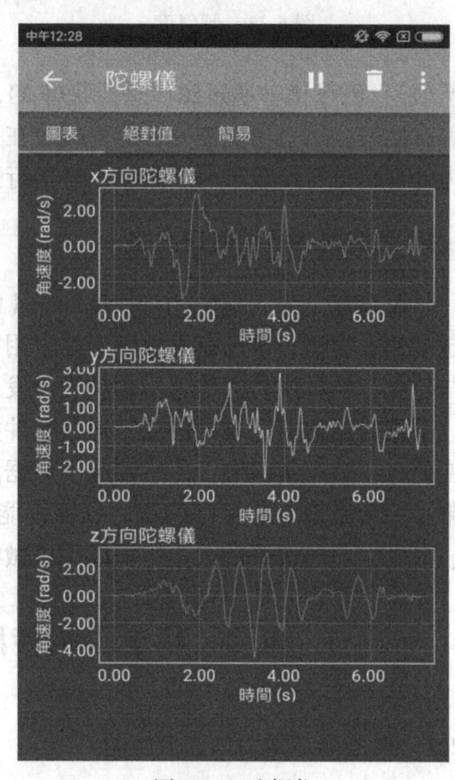

图 6-12　陀螺仪

（11）倾斜度。用于测量智能手机的倾斜角度，当水平放置在桌面上时就显示为 0°，且倾斜度没有负值，如图 6-13 所示。下一张表是旋转角度，手机竖直时旋转角度为 0°。

（12）加速谱。根据加速度传感器测得 *XYZ* 三个方向上的加速度，通过傅里叶变换获得的图像，如图 6-14 所示。

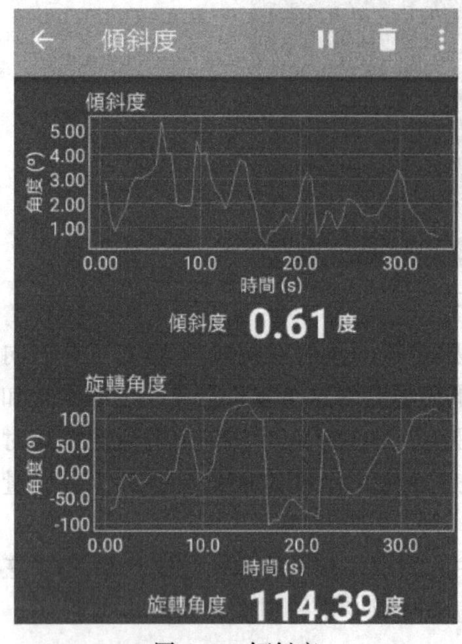

图 6-13　倾斜度

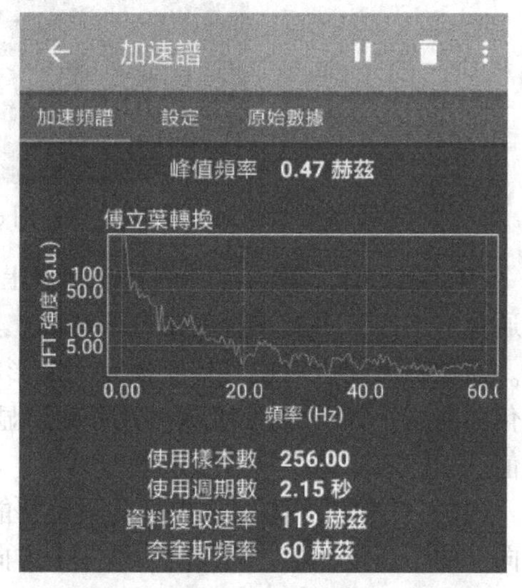

图 6-14　加速谱

（13）磁场谱。通过磁传感器获得 *XYZ* 三个方向的磁通量，再通过傅里叶变换获得图像。磁性尺，这个功能需要智能手机放在一串间距相等的磁铁中，并不断向前移动，根据磁力计判断是否经过了一个磁铁，得出行进的距离与速度。

6.1.2　用智能手机做物理实验

早在 2007 年，就有一个叫 Hammond 的物理老师拿手机做物理实验。此后的几年，越来越多的人尝试，早已有不少学者推崇用智能手机做物理实验，越来越多的教育者开始关注与研究，各种成功的传感器软件被研发出来，其功能也越来越完善。

手机传感器所记录的信息，通过软件数字化、图像化，就能很清楚的获得其中的数值和变化。在整个实验中，传感器起了数据测量和分析的功能，将智能手机带在身边，就如同带了一台微型 DIS 实验仪器。尽管智能手机做物理实验其精度不高，但具有便利、廉价、激发学习热情等优点，用智能手机做物理实验不失为一种好的实验方式。

6.2　基于手机传感器的综合设计性实验

6.2.1　单摆测定重力加速度实验

A　引言

单摆实验是在固定点上悬挂一根轻质细绳，细绳末端悬挂一个金属小球，将小球自平衡位置拉至一段（角度小于5°），然后释放，小球就开始做往复运动，在平衡位置左右摆动，这就是单摆。一次完整的往复运动所用的时间称为一个周期。单摆是一种理想模型，为了减少误差，摆线要远大于小球直径，摆角要小于5°，且要保证在同一个竖直平面中摆动。需要测量的物理量是周期 T、摆长 L，需要计算的是重力加速度 g。

B　实验原理

单摆的摆长为 L，小球质量为 m。当单摆在左右摆动时，摆球所受的合外力为 $f=-mg\sin\theta$，摆球的线加速度为 $a=-g\sin\theta$，角加速度为：

$$\beta = \frac{a}{L} = -\frac{g}{L}\sin\theta \tag{6-1}$$

当摆角较小时（$\theta<5°$）可以认为 $\sin\theta\approx\theta$，此时 $\beta = -g\dfrac{\theta}{L}$，即振动的角加速度与角位移成比例，式中的负号表示角加速度与角位移是相反的，此时可以看作简谐振动，简谐振动公式为：

$$\beta = -\omega^2\theta \tag{6-2}$$

可得：

$$\theta = \sqrt{\frac{g}{L}} \tag{6-3}$$

所以单摆的振动周期 T 为：

$$T = \frac{2\pi}{\omega} = 2\pi\sqrt{\frac{L}{g}} \tag{6-4}$$

式中，g 为重力加速度，变换公式（6-4）得 $g = 4\pi^2\dfrac{L}{T^2}$。所以要测出不同摆长下的周期 T，作出 T^2-L 的关系曲线，所得结果为一条直线，用直线的斜率就能算出 g。

Phyphox 软件的“摆”功能介绍：打开 Phyphox 软件的“摆”这一项，它一共有4个功能可以选择：

（1）选择“结果”这一项时只显示周期与频率的数据如图6-15所示。

图6-15　“结果”这一项的界面

（2）选择“G”这一项时，是要求输入摆长的数值，然后根据得到的周期，计算所在地的重力加速度 g，如图6-16所示。

（3）选择“摆长”这一项时，是假设所在地的重力加速度为 9.81m/s^2，根据已得的

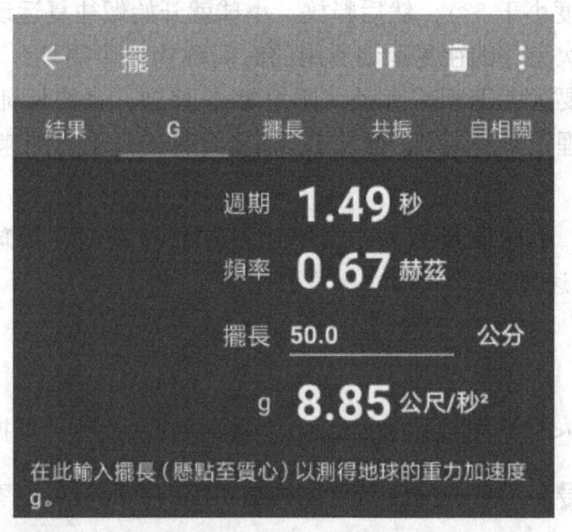

图 6-16 “G”这一项的界面

周期，计算出摆长的长度，如图 6-17 所示。

图 6-17 “摆长”这一项的界面

(4) 选择“原始数据”这一项时，显示三个方向上的角速度数值，如图 6-18 所示。

C 实验过程

借助传感器就可以有很多种方法完成单摆实验。选取一个没有风的实验地点，风会使摆动变得不规则，使实验数据没有意义。所需的实验材料为一个悬挂点、细线、胶带，手机最好用废旧手机，以免胶带对手机造成损坏或手机摔落。将线绑在智能手机上，用胶带固定住，手机就像小球那样悬挂着。

智能手机在做实验的时候除摆动以外还会做旋转运动，解决的方法是每次做实验前稍微静置半分钟，不再旋转，才开始做实验。先将手机拉至一端，然后放手要轻，两个手指同时脱离，则智能手机不会旋转。还有一种解决方法是改进实验装置，将一个悬挂点改为一条水平的悬挂点，用两根相同长的线固定智能手机两头，但在随后做实验要改变摆长时也同样改变两根线的长度。

做传统实验时，不能测一个周期的时间，会有很大误差，一般则改为测 50 个周期的总时间然后计算出一个周期的时间。而用 Phyphox 软件，它可以通过陀螺仪传感器，记录 *XYZ* 三个方向上的角速度，如图 6-19 所示。

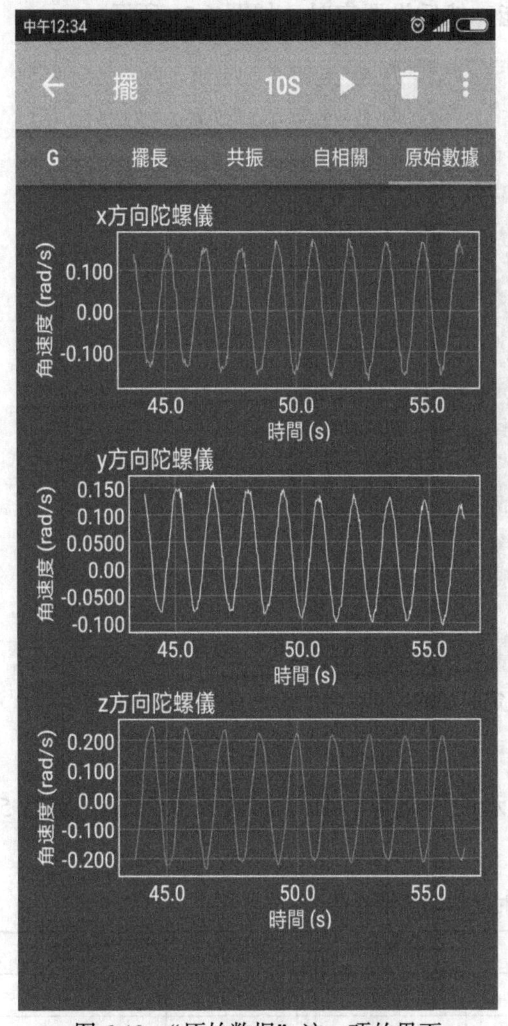

图 6-18 “原始数据”这一项的界面

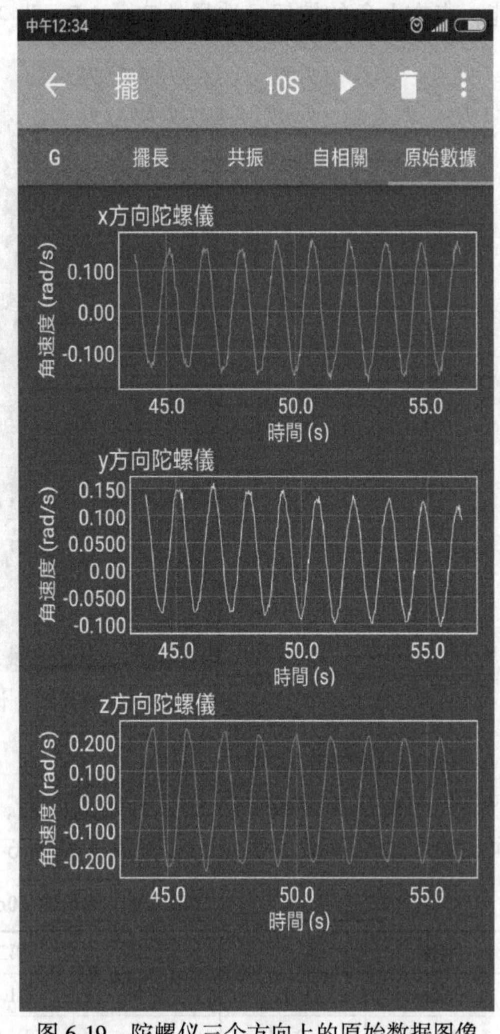

图 6-19 陀螺仪三个方向上的原始数据图像

软件通过分析三个方向上的角速度变化会直接显示摆动的周期和频率，如图 6-20 所示，还是带来了很多便利的。

图 6-20 软件显示的周期与频率

由于手机质量比较大，而且形状不规则，放手时总会有一些其他方向上的抖动，所以比较需要设置定时功能，去除前 5s 的可能不准确的数据，打开 Phyphox，选择摆这一功能，点右上角的按钮，选择“Timed Run”功能，然后设置定时，如图 6-21 所示。

图 6-21 设置定时功能

D 实验数据处理

先调整摆长为 50cm，然后开始测周期，显示的周期是 1.41s，频率是 0.71Hz。进行 5 次实验取平均值减少误差，实验数据见表 6-1。

表 6-1 摆长为 50cm 时的摆动周期数据

项目	第一次	第二次	第三次	第四次	第五次	平均值
T/s	1.41	1.42	1.42	1.43	1.42	1.42
ΔT/s	-0.01	0	0	0.01	0	0.004
T^2/s^2	1.99	2.02	2.02	2.04	2.02	2.02

误差为 $\delta(T)=\sqrt{\dfrac{\sum_{i=1}^{n}(T_i-\overline{T})^2}{n(n-1)}}=4\times10^{-3}\mathrm{s}$

随后测量摆长分别为 60cm、70cm、80cm、90cm 的周期，记录于表 6-2 中。

表 6-2 不同摆长时各自的周期数据

项　目	50cm	60cm	70cm	80cm	90cm
第一次周期/s	1.41	1.56	1.68	1.80	1.90
第二次周期/s	1.42	1.55	1.69	1.80	1.90
第三次周期/s	1.42	1.56	1.68	1.81	1.91

续表 6-2

项　目	50cm	60cm	70cm	80cm	90cm
第四次周期/s	1.43	1.56	1.68	1.79	1.89
第五次周期/s	1.42	1.55	1.68	1.79	1.91
平均周期/s	1.42	1.56	1.68	1.80	1.90
平均周期平方/s^2	2.02	2.43	2.82	3.24	3.61
重力加速度 /g·$(m \cdot s^2)^{-1}$	9.77	9.75	9.79	9.74	9.84

用 Origin 作 T^2-L 的关系图，如图 6-22 所示。

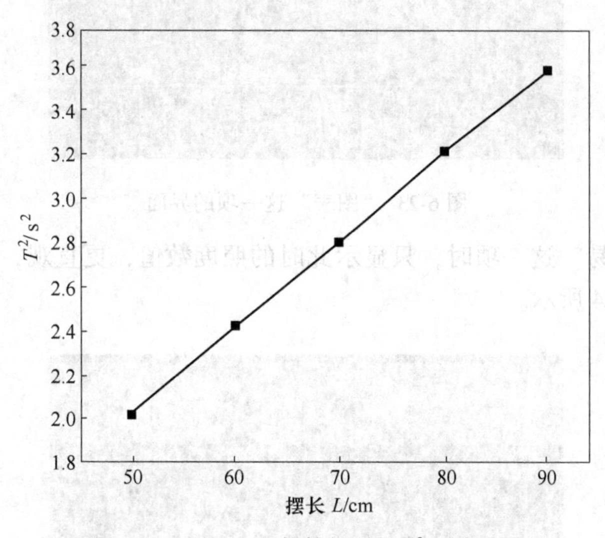

图 6-22　用 Origin 软件得到的 T^2-L 关系图

所以得出 T^2 与摆长 L 成正比例关系，计算得到平均重力加速度 g 为 9.78m/s^2。与实际重力加速度 9.8m/s^2 比较接近但还是有一定的误差，主要是手机传感器的精确度问题，测量周期时显示的数据只能精确到小数点后两位，导致实验结果有一定的误差。

6.2.2　偏振光验证马吕斯定律的实验

A　引言

光波是横波，其矢量的振动方向与光波传播方向垂直。在垂直于传播方向的平面内，电场强度矢量还可能存在各种不同的振动方向，称为光的偏振状态。在现代光电子技术应用中，大部分都是通过入射光的分解和选择获得线偏振光的。

B　实验原理

将能产生偏振光的器件称为起偏器，将能检验偏振光及其偏振方向的装置称为检偏器。当然，检偏器和起偏器是可以互换的，没有本质区别，只是起的作用不同。根据晶体双折射特性，一块晶体本身就是一个偏振器，从晶体射出的两束光都是线偏振光，而实际的偏振器就是让其中的一束被吸收，全反射或散射。实验需要的装置是一个轨道、一个激光发射器和两个偏振片。

Phyphox 软件的“光”功能：

（1）选择“图表”这一项时，可以显示随时间变化的图像，X 轴为时间，Y 轴为照度，如图 6-23 所示。

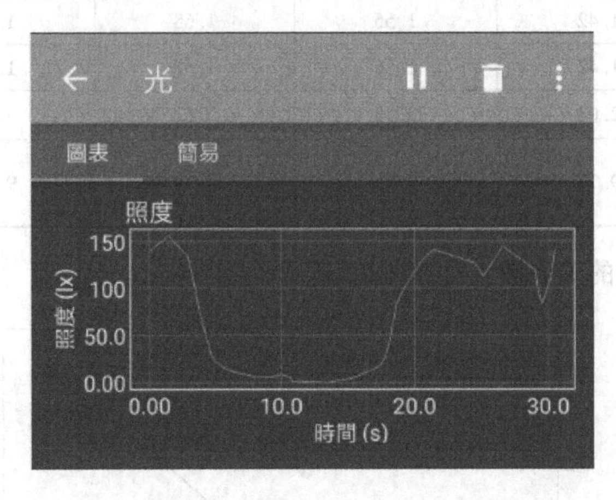

图 6-23 “图表”这一项的界面

（2）选择“简易”这一项时，只显示此时的照度数值，更直观，但没有图像，不能看到变化，如图 6-24 所示。

图 6-24 “简易”这一项的界面

C 实验内容

测量偏振光，根据传统实验仪器，是测量偏振光的光强。而 Phyphox 未提供光强的测量，只提供了光通量的测量，即照度，单位是勒克斯，不过并不用担心，在手机测量时其余相关的物理量都是保持不变的，所以它们是成正比例关系，照度的变化就反映了光强的变化。

调整激光发射器和偏振片，使光束和两片偏振片的中心在一直线上。将智能手机上的 Phyphox 打开并选择“光测量”，开始寻找光线传感器。通常智能手机的光线传感器为一个小孔，在前置摄像头附近，但在那有不止一个小孔。分别用手遮住其中的一个小孔，直至光通量测量值为零，则可以确定小孔的位置。然后用胶带将智能手机固定在轨道的尽头，保持激光对准光强传感器，要注意胶带可能会粘落下手机贴膜。

先只装 1 片偏振片，旋转 1 圈，偏振片上有角度读数，每 10°记录一个软件上显示的照度数据。随后装第二片偏振片，使两片偏振片同时工作，保持第一片偏振片成一个角度不动，旋转第二片偏振片一圈，每 10°记录一次照度数据。

D 实验数据处理与分析

当只装一片偏振片时和装两片偏振片时，获得的数据见表6-3。

表6-3 偏振光实验不同角度下的照度数据

角度/(°)	装一片偏振片时读数/lx	装两片偏振片时读数/lx	角度/(°)	装一片偏振片时读数/lx	装两片偏振片时读数/lx
0	1029.6	402.6	180	997.8	411.5
10	987.2	516.6	190	958.5	492.4
20	880.0	618.2	200	843.2	608.8
30	697.6	673.6	210	678.5	672.6
40	548.8	688.4	220	567.1	691.0
50	378.4	667.5	230	376.0	657.9
60	279.2	606.0	240	269.5	604.1
70	217.3	503.9	250	187.4	520.6
80	111.6	414.5	260	102.7	419.7
90	73.4	296.0	270	65.9	329.3
100	69.3	187.5	280	83.3	172.4
110	132.6	119.9	290	159.2	101.9
120	248.5	81.7	300	250.3	83.2
130	404.7	51.3	310	338.5	47.3
140	562.4	78.4	320	546.3	78.1
150	687.6	104.0	330	672.4	89.4
160	858.7	196.7	340	849.2	179.2
170	976.3	308.1	350	966.8	329.5

根据书本上的知识，是第一片偏振片产生使光强变为一半的偏振光，第二片偏振片和第一片偏振片的夹角符合马吕斯定律：

$$I = I_0\cos^2\theta \tag{6-5}$$

用Origin分别作出只用一片偏振片的图像，如图6-25所示。

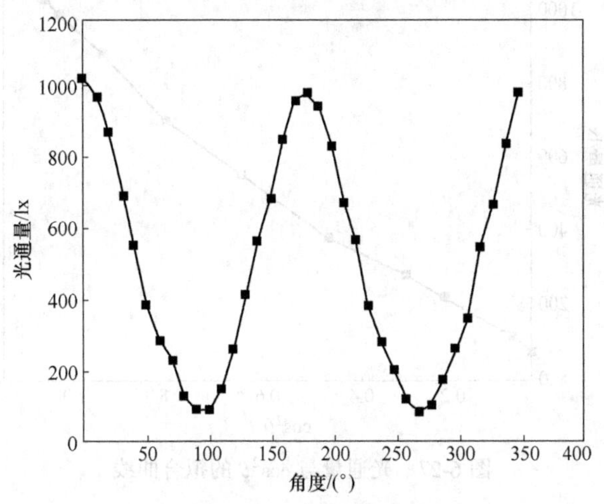

图6-25 光通量变化曲线

随后使这片偏振片保持30°，装上第二片偏振片，转动第二片偏振片并记录光强。获得的Origin图像如图6-26所示。

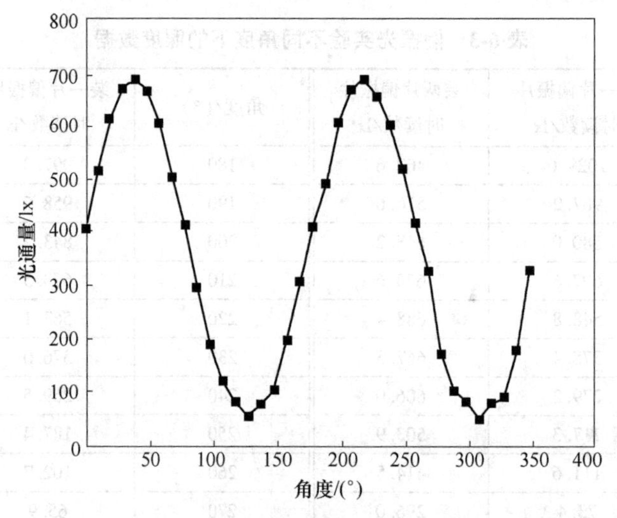

图6-26　两片偏振片同时作用时的光通量变化曲线

理想情况下只装一片偏振片时读数不会变化，装两片时会有很大的明暗变化。但发现装一片偏振片时也会有很大的明暗变化，查阅资料得到最大的可能是这个激光器发射的激光也是偏振光。实验报告中的装置与现在的实验装置并不相同。现在的实验更加类似于书本上的自然光穿透三个偏振片，激光是光源和起偏器，实验装置的第一片偏振片是书上的第二片偏振片，实验装置的第二片偏振片是书上的第三片偏振片。再根据马吕斯定律，对数据进行检验。

初始光通量约为1000lx。只装一片偏振片的数据中，在偏振角为0°时，光通量十分接近1000lx；偏振角为90°时，光通量都在100lx以下；其他角度除了有一定的误差外，其余总体符合。0°至90°的拟合曲线如图6-27所示。

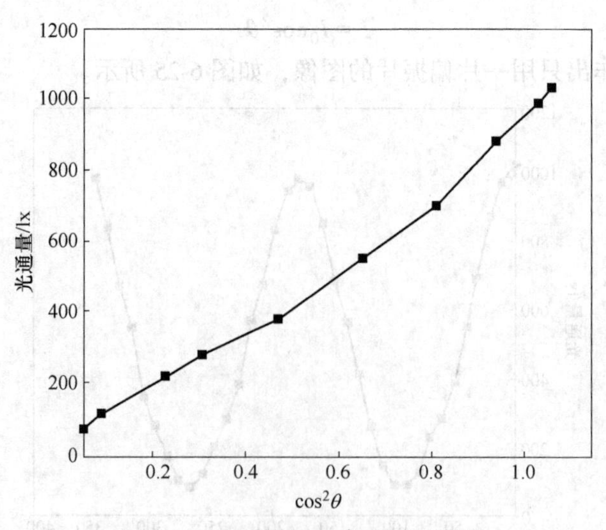

图6-27　光通量与$\cos^2\theta$的拟合曲线

当装两片偏振片同时作用时，初始的光通量应该是 $1000\cos^2 30°$，当通过第二片偏振片时再次发生偏振，此时式（6-5）中的角度 θ 为两偏振片的角度差，同样计算理论值，图 6-28 为理论值曲线。

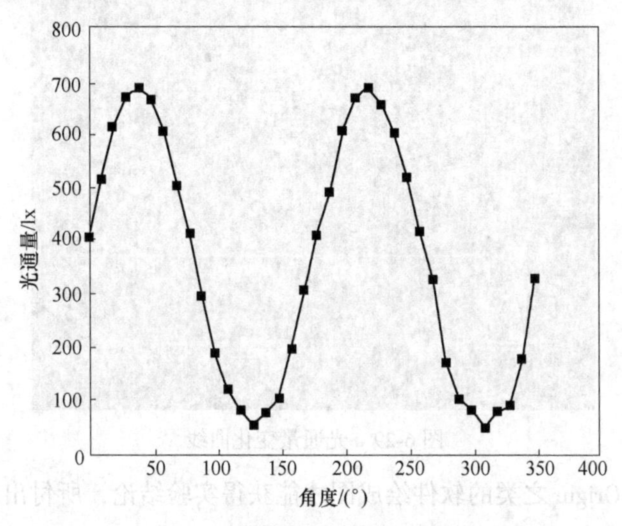

图 6-28 两片偏振片时的理论值曲线

误差主要出现在这些方面：就算旋转偏振片一圈，也不能找到使激光不能穿透的点，只能找到一个很暗的红点，这属于实验器材上的误差，无法排除；就算将激光发射器关掉也不会出现光通量为零，主要是外界光线的存在，因此实验数据光通量最小也要 47. 3lx。

实验时会有这样一个问题，当转动 10°，而光通量变化较小时，智能手机的光线传感器读数就不会变化，可能是传感器不够灵敏导致的，因此可能会记录两个甚至三个相同数据，不得已需将实验数据删除重新做实验。对这种情况的解决方法是既然它变化那么小，就让它变化大，当实验数据出现不变时，用一个东西遮住激光，再移开，则真实的数据立马就出现了。还有一个问题在一组数据中出现，那就是光通量到达峰值时连续多个是三万多勒克斯且完全一样，用上个办法都不会变化，直至第五个数据才变小。分析这一现象，最大的可能是光通量过大超出了光线传感器的量程，但也有可能是其他不知道的原因，最后解决的方法是换一个小一点的光源。

相比于传统偏振光实验操作其实没什么变化，只省了一个读数设备。但有一个操作是传统偏振光实验无法完成的。把 Phyphox 调到图表模式，设置一个 5s 的倒计时，然后去偏振片，开始慢慢旋转角度，直到一圈结束，此时 Phyphox 软件就会显示旋转一圈的光通量变化曲线，如图 6-29 所示。

由于是全程记录，在旋转的时候会对偏振片有轻微的晃动，因此所形成的图像并不是一条顺滑的曲线，但总体的光强变化还是显而易见的。比起繁琐的数据记录，用智能手机截下这样一张图更加便利，只需短短几十秒，就可获取偏振光实验的光强变化规律。而且在只要获得实验光强变化图像，而不需要具体数据的前提下，实验所需的时间和步骤就会变得很短，就可以做更多的实验。比如要做 1 号偏振片不同角度下旋转 2 号偏振片所得的不同现象，就只需要旋转 1 号偏振片，每次 10°，然后 2 号偏振片旋转一圈记录图像，最后比较 36 张图像就能获得结论。但如果传统实验这么做，必须记录近千个数据，然后通

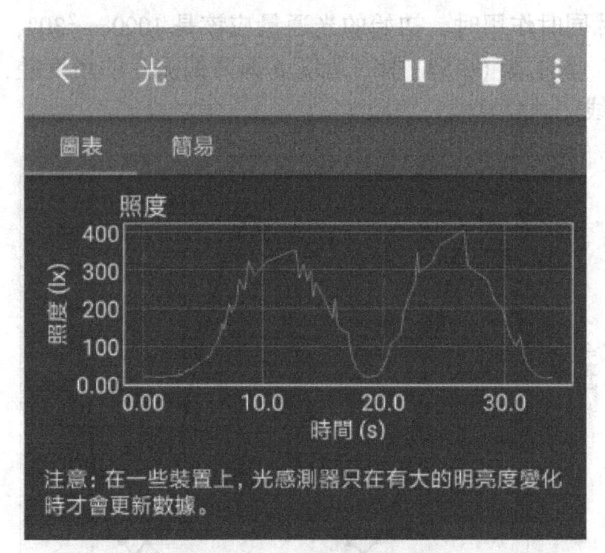

图 6-29　光通量变化曲线

过计算机分析或者 Origin 之类的软件绘成图才能获得实验结论，所付出的时间和精力完全不是一个层次的。

总之，用智能手机上的光线传感器做偏振光实验验证马吕斯定律，虽然相比于传统实验更加便利，但有一个致命的问题，就是实验数据精度，手机上的传感器由于成本并不是很可靠，数据也容易出些小问题。但是随着科技的发展，智能手机上的光线传感器更加精准时，智能手机就可以应用于更多光学实验。

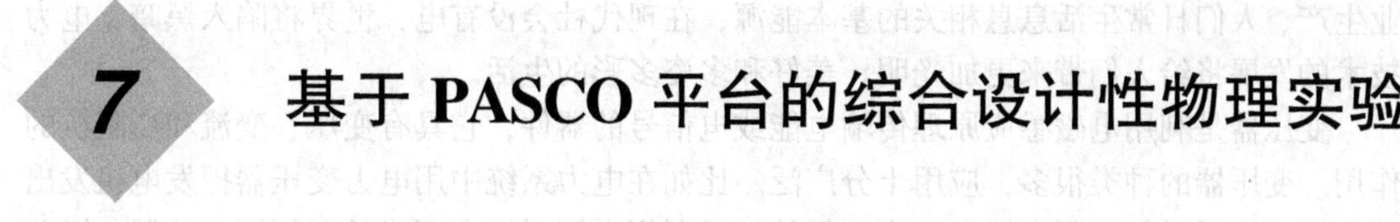

7 基于 PASCO 平台的综合设计性物理实验

7.1 PASCO 实验平台简介

PASCO 实验平台是信息处理功能强大的一款产品，在实验教学中具有广泛的应用。传统的物理实验要通过使用示波器、电压表、电流表等电子仪表，手工数据采集，并进行数据分析，耗时长、精度不高、工作量大、灵活性差，使用 PASCO 系统进行物理实验则可以大大弥补上述不足，使实验更简单、更直观，也更利于和多媒体教学结合。最开始 PASCO 平台是专门应用于物理实验的设备，随着技术的改进，目前还可以应用于化学实验、医学检测、生物学检测、电学实验等。

PASCO 实验平台是一个将计算机数据采集与分析应用于物理实验的系统，运用现代电子技术，采用传感器进行数据采集，电脑进行过程控制和数据处理，尤其是对一些瞬态变化的物理量能做到实时测量，对一些不易观察的物理现象能实现感官展示。

针对不同的物理量可以采用不同的传感器，一个 USB 接口的设备可以将传感器的数据信号输入计算机，也可以为传感器提供电源，计算机上运行的数据采集软件可以将数据采集接口传来的数据显示在屏幕上，进行初步分析。根据 PASCO 实验平台实验附件可组装性强的特征进行新的实验设计与设备研究，实现 PASCO 实验平台的设计性应用与扩展研究。

PASCO 实验平台主要由三个部分组成：

（1）传感器。利用先进的传感技术，实时采集实验中各种变化的物理量，现有传感器 40 余种，如：力传感器、旋转移动传感器、加速率传感器、压强传感器、电荷传感器、光传感器等。

（2）数据采集接口。将传感器的数据通过科学工作室输入计算机，最高采样频率为 250kHz，750 型接口还配有+/-5V、300mA 的直流及交流的信号发生器。

（3）数据采集软件。中英文应用软件，包括 240 个预设的物理实验，可以进行多种实验数据的显示形式和处理功能。

抓住 PASCO 实验平台实验附件可组装性强、在仪器配置和实验实施方面相应也比较容易的特征，通过与现在已有的传统实验设备的合理集成，展开创新性实验设计与实践，既最大限度地利用了现有资源，又能实现实验过程和数据采集的自动化管理。这样，不仅有利于激发学生的研究兴趣，也有利于培养学生的实践能力和创新能力。

7.2 基于 PASCO 实验平台的综合设计性物理实验

7.2.1 变压器设计和性能实验

以电机为动力的电气化工业体系，如电力生产和输送等相关企业如雨后春笋般地建立起来，电报、电话、电视等信息技术得到了飞速发展。电能成为与人类的科学研究、工农业生产、人们日常生活息息相关的基本能源，在现代社会没有电，世界将陷入黑暗，电力技术的发展将给人们带来更加光明、美好和多姿多彩的生活。

变压器是利用电磁感应原理传输电能或电信号的器件，它具有变压、变流和变阻抗的作用。变压器的种类很多，应用十分广泛。比如在电力系统中用电力变压器把发电机发出的电压升高后进行远距离输电，到达目的地后再用变压器把电压降低以便用户使用，以此减少传输过程中电能的损耗；在电子设备和仪器中常用小功率电源变压器改变市电电压，再通过整流和滤波，得到电路所需要的直流电压；在放大电路中用耦合变压器传递信号或进行阻抗的匹配等。

线圈与磁场的研究就是使我们重走先辈们研究电磁现象走过的道路，学习他们的思维方法、工作方法、科学态度，使我们的科学素质有所提高，动手能力有所增强，对电磁感应原理有一个更加深入的理解。

A 实验原理

变压器的基本结构是两组线圈，利用软铁芯等高导磁的物体使它们耦合起来。交流电输入原线圈，所产生的变化磁场使副线圈内产生感生电动势，连接输出。通过改变原线圈和副线圈的匝数比例，可以使副线圈输出的电压大于或小于输入的电压，从而达到升压或降压的目的，其原理如图 7-1 所示。

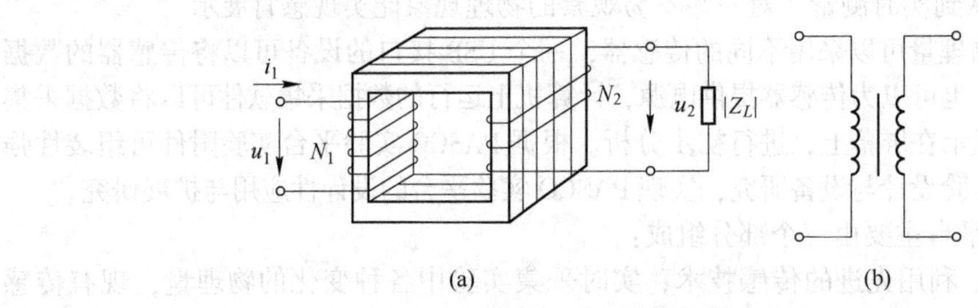

图 7-1 变压器原理图

B 实验仪器

实验仪器有：PASCO SF-8616 基本线圈 4 个（200 匝 1 个、400 匝 2 个、800 匝 1 个），PASCO SF-8614U 型铁芯，低压交流电源（0~6V，0~1A），电压表，带有香蕉插头的导线。

C 实验步骤

a 探究线圈对弹簧振子的作用

实验装置如图 7-2 所示，两个线圈同名端相连；在每一根弹簧下挂 1 根条形磁铁，形成两个弹簧振子；分别让磁铁穿过线圈深度的一半，然后让其中的一个振子振动，观察现象。然后在中间串联一个线圈，重复前面实验，观察现象。

对比图 7-2 中两个装置结果可以得出结论：无串联线圈装置中的电流可以很好的传到另一个线圈中，并迅速产生磁场，使当两条形磁铁取同一方向时（同为 N 向上或同为 S 向上)，两个振子的振动几乎是同步的；当两条形磁铁取反向时，两个振子的振动几乎是异步的（交错振动)。对于串联有线圈的装置，当串联的线圈较大时，另一个振子几乎不震动，说明此时电流被串联的线圈阻碍而消耗了电流，从而另一个振子线圈中产生的磁场微弱，不足以使磁铁产生明显振动。

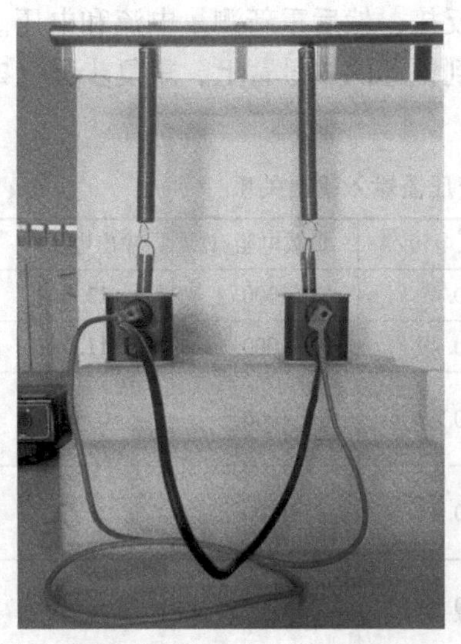
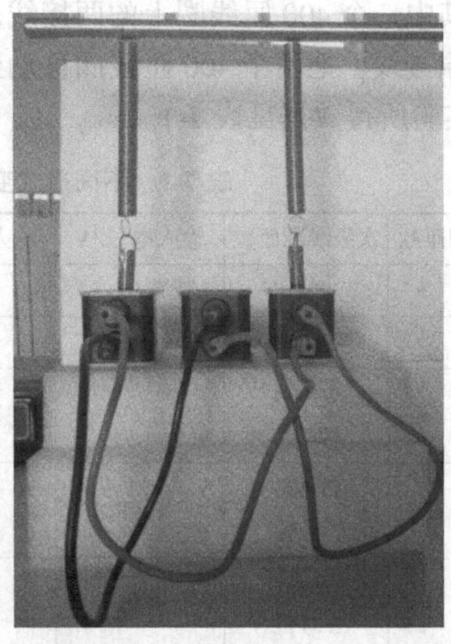

图 7-2　实验装置图

b　不同形式变压器性能探究

数据测量包括：

（1）如图7-3所示安装线圈和铁芯。图名中的E表示铁芯的形状，从左往右的三个铁芯臂依次为1号臂、2号臂、3号臂。1E表示在图中，左边的1号臂线圈为初级线圈，而中间的2号臂是次级线圈（连接电源的为初级线圈、连接负载的为次级线圈），下文的2E表示2号臂为初级线圈，3号臂为次级线圈。用200匝线圈作初级线圈，800匝为次级线圈，调节交流输入电压到6.0V。将次级线圈连接一个1000Ω的电阻，然后测量输入电流，输出电压和输出电流。

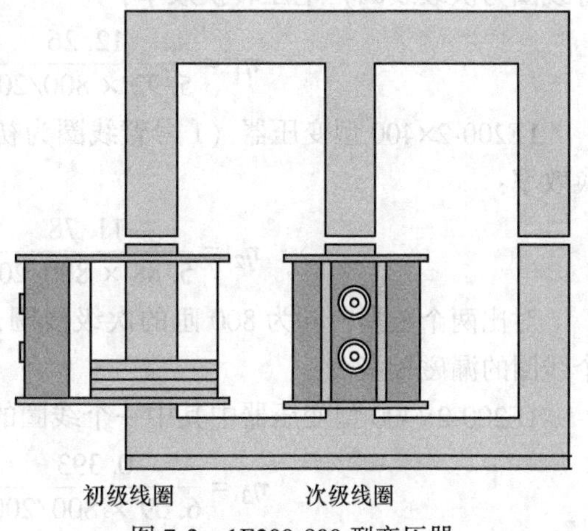

图 7-3　1E200-800型变压器

（2）用两个400匝线圈来代替800匝的线圈，并按图7-4连接电路。在次级线圈上接入1000欧姆的负载，测量输入输出电流和电压。

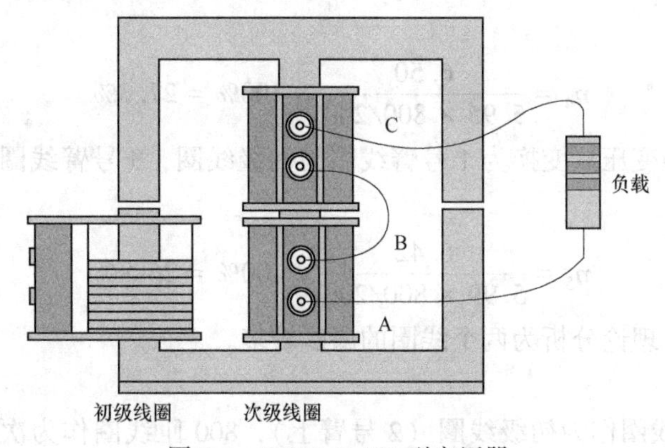

图 7-4　1E200-2×400型变压器

(3) 将其中一个400匝线圈上的两接线反接，然后重新测量电流和电压。

(4) 复原接线，把两个400匝线圈移动到铁芯的3号臂上，重复步骤 (2)。

按步骤实验所得数据见表7-1。

表7-1 不同形式变压器输入输出关系

序号	初级线圈匝数	次级线圈匝数	输入电压/V	输入电流/A	负载电阻/Ω	输出电压/V	输出电流/mA
1	200	800	5.92	0.49	1000	12.26	6.51
2	200	2×400	5.88	0.49	1000	11.78	11.70
3	200	2×400 倒置	6.09	0.47	1000	0.393	0.33
4	200	2×400 3号臂	5.99	0.49	1000	6.42	6.34
5	200	800 3号臂	5.95	0.49	1000	6.50	6.48

由表7-1数据可得，1E200-800型变压器（见图7-3）（1号臂线圈为初级线圈，2号臂线圈为次级线圈）电压转换效率：

$$\eta_1 = \frac{12.26}{5.92 \times 800/200} \times 100\% = 51.8\% \tag{7-1}$$

1E200-2×400型变压器（1号臂线圈为初级线圈，2号臂线圈为次级线圈）的电压转换效率：

$$\eta_2 = \frac{11.78}{5.88 \times 800/200} \times 100\% = 50.1\% \tag{7-2}$$

对比两个数据，同为800匝的次级线圈，E200-2×400型变压器略小，理论分析为两个线圈的漏磁较多。

1E200-2×400型变压器中其中一个线圈的接线交换后，所得的电压转换效率：

$$\eta_3 = \frac{0.393}{6.09 \times 800/200} \times 100\% = 0.016\% \tag{7-3}$$

此时电能几乎不能从电源流入负载，理论分析为两个线圈非同名端相连，产生的磁场相互抵消，因而不能转换电能。

当1E200-800型变压器变换成1号臂线圈为初级线圈，3号臂线圈为次级线圈，则电压的转化效率：

$$\eta_4 = \frac{6.50}{5.95 \times 800/200} \times 100\% = 27.3\% \tag{7-4}$$

1E200-2×400型变压器变换为1号臂线圈为初级线圈，3号臂线圈为次级线圈，则电压转换效率：

$$\eta_5 = \frac{6.42}{5.99 \times 800/200} \times 100\% = 26.8\% \tag{7-5}$$

η_4 比 η_5 略大，理论分析为两个线圈的漏磁较多。

波形测量包括：

(1) 用200匝线圈作为初级线圈（2号臂上），800匝线圈作为次级线圈（3号臂）。

如图7-5在电路中接入一个二极管和一个1000Ω的电阻。现在将A点与示波器的地线相连接，然后将探针连到C点，观察波形，如图7-6所示。

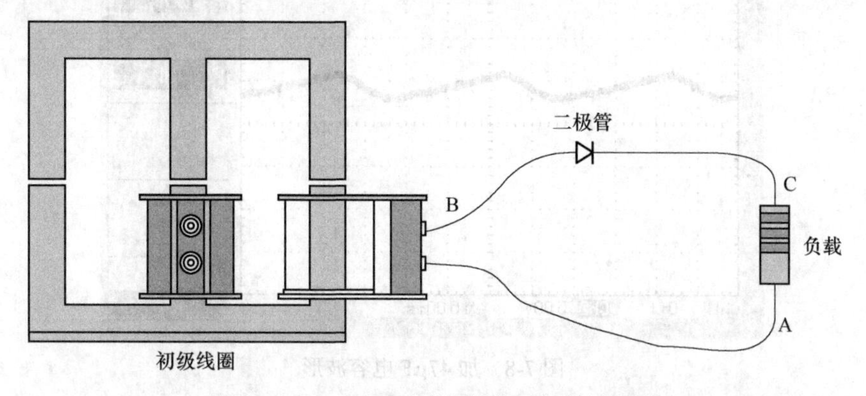

图7-5　2E200-800型变压器加二极管原理图

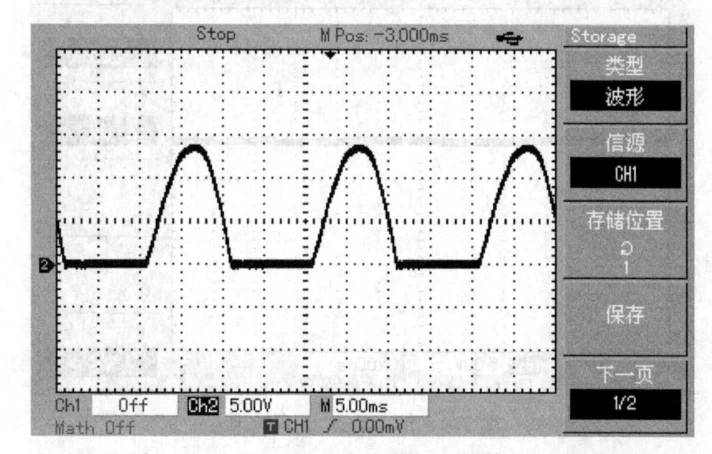

图7-6　2E200-800型变压器加二极管电压波形

（2）经过负载的波形称作半波整流信号。完整的正弦波一半通过二极管，另一半被阻碍，形成一个幅度不断变化的直流电源。为了应用，电压必须保持不变，可以加一个电子阻尼器来实现。如图7-7所示，在电路中分别加上一个47μF和470μF的电容器，观测波形，分别如图7-8和图7-9所示。

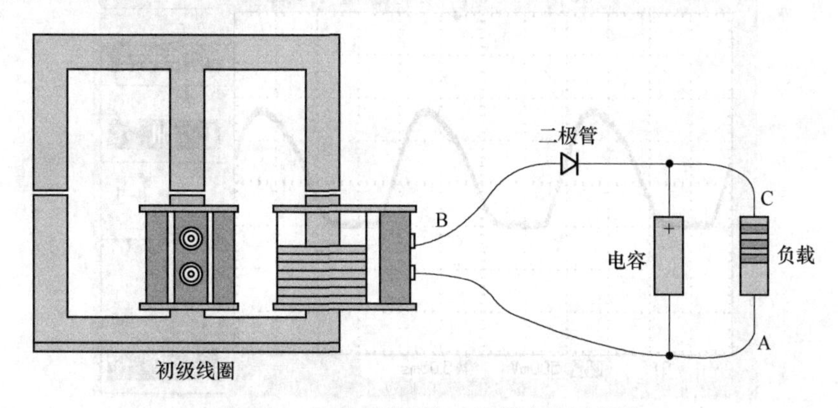

图7-7　2E200-800型加二极管电容原理图

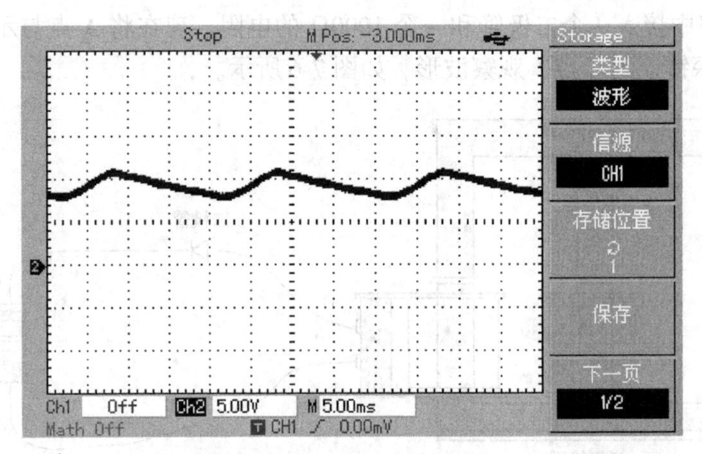

图 7-8 加 47μF 电容波形

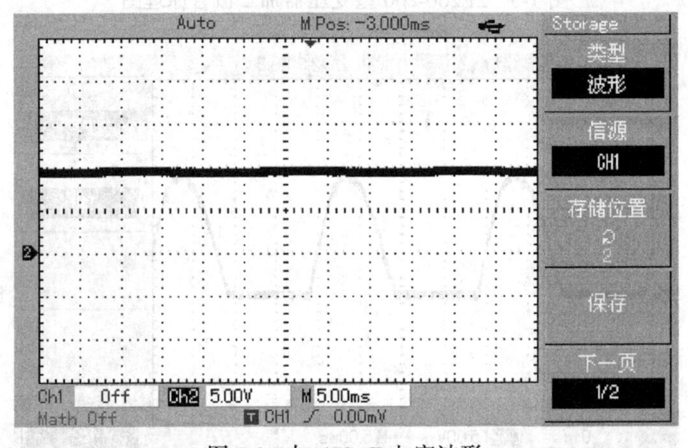

图 7-9 加 470μF 电容波形

图 7-8 和图 7-9 说明电容越大，滤波作用越强，整流效果越好。当电容足够大时，电压接近于一条直线。

（3）将图 7-5 和图 7-7 电路中的 1000Ω 电阻换成一个 10Ω 电阻，测量内容和方法和第（2）步类似。所得波形如图 7-10 和图 7-11 所示。

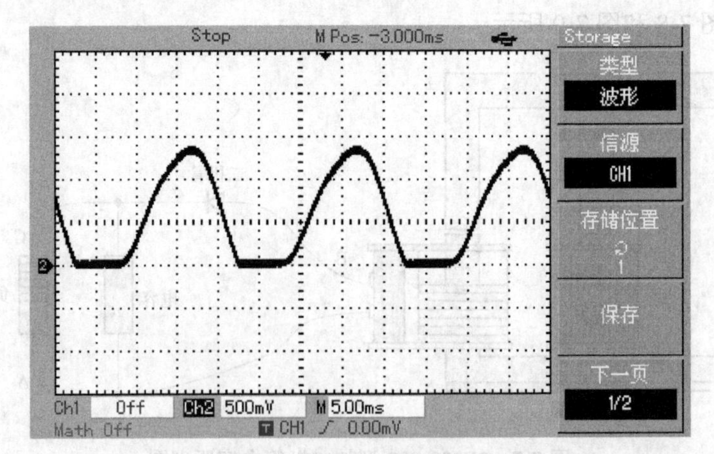

图 7-10 10Ω 加 47μF 波形图

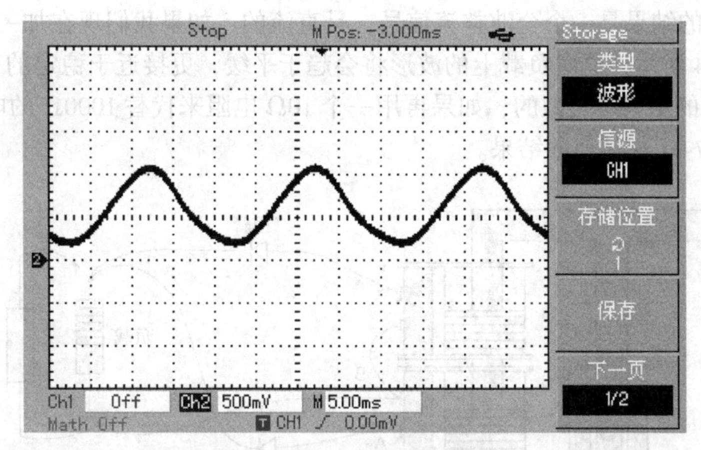

图 7-11　10Ω 加 470μF 电容

由于电阻很小，电流容易通过电阻，又电容存储的电能少，产生的作用小，对波形的影响也就小；当电阻变大时，对波形的作用会更加明显。

（4）如图 7-12 所示，在电路中连接两个二极管。这时通过负载的波形如图 7-13 所示，它不再是半波直流电源，而是转变为全波直流电源（在整个周期内都有电压）。图 7-13中的波峰大小是两个线圈产生的电压不同所致。

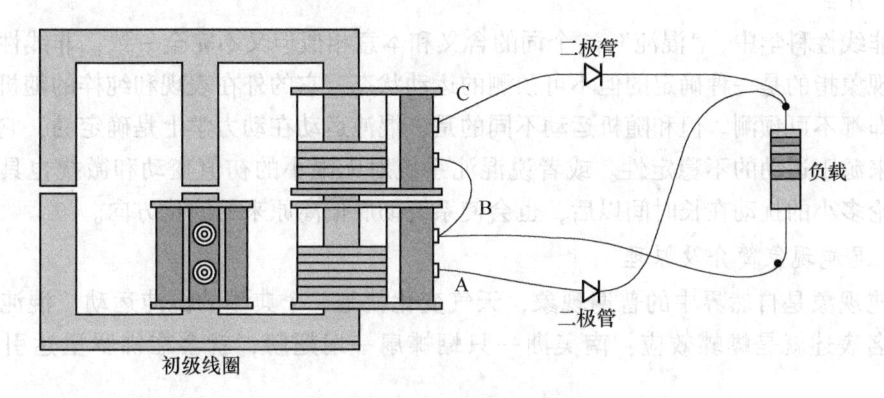

图 7-12　纯电阻实验原理图

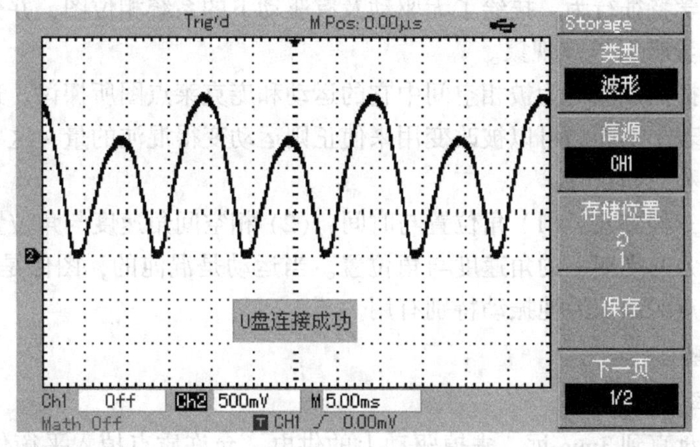

图 7-13　波形图

第（4）步的结果是一个全波整流信号，是直流的。如果我们现在加一个470μF的电容器，如图7-14所示，这时负载上的波形将会趋于平缓，更接近于稳定的直流，与图7-8和图7-9有类似的结果。类似的，如果再用一个10Ω电阻来代替1000Ω的电阻，则会得到和图7-10和图7-11相类似的结果。

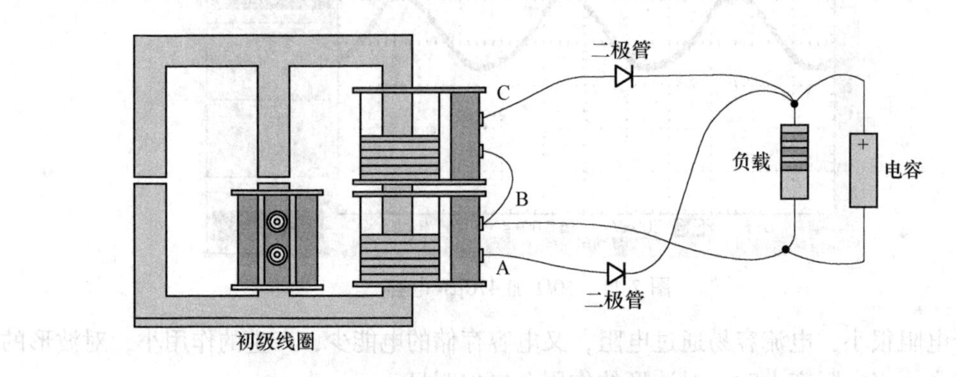

图7-14 加电容实验原理图

7.2.2 基于PASCO实验平台的混沌运动现象的探究实验

A 引言

在非线性科学中，“混沌”这个词的含义和本意相似但又不完全一致，非线性科学中的混沌现象指的是一种确定的但不可预测的运动状态。它的外在表现和纯粹的随机运动很相似，即都不可预测。但和随机运动不同的是，混沌运动在动力学上是确定的，它的不可预测性来源于运动的不稳定性。或者说混沌系统对无限小的初值变动和微扰也具有敏感性，无论多小的扰动在长时间以后，也会使系统彻底偏离原来的演化方向。

B 混沌现象简介及原理

混沌现象是自然界中的普遍现象，天气变化就是一个典型的混沌运动。混沌现象的一个著名表述就是蝴蝶效应：南美洲一只蝴蝶扇一扇翅膀，就会在佛罗里达引起一场飓风。

基于PASCO系统研制了受周期外力驱动的混沌摆实验仪，调节混沌摆系统的参量可演示非线性动力学特征行为，描绘了无驱动及有驱动下的系统相位图，并分析了初值敏感性、奇异性（奇异吸引子）现象。

驱动非线性摆的混沌行为被相空间中它的运动和庞克莱点图所探讨。这些点与非混沌的单摆的运动是若干不同的可以被改变用来使正则运动变得混沌的量，这些可变量为驱动频率、驱动振幅和初始条件。

描述振荡有三种方式：（1）角位置与时间；（2）相空间角速度与角位置；（3）庞克莱点：在每个推动力的周期下的角速度与角位置。当运动是混沌的，图像是不重复的时候，相空间和庞克莱点对认识混沌振动特别有用。

C 实验步骤

a 振荡频率

扭磁铁到圆盘直到3mm远。去掉驱动上的供电，允许质点掉入平衡位置在振动器的另一边。

(1) 检查角-时间图，是正弦振荡吗？在衰减吗？

(2) 检查相点（角速度相比于角）。是什么形状的？阻尼量是怎么影响的？

b 非混沌振荡

保持初始条件：保持质点底在最高点，且当驱动臂在它的最低点时释放。

设置驱动臂振幅在 3.3 cm 左右。确保驱动臂在每次变化的时候打断光电门光束，释放磁铁距离圆盘大约 4mm。调整电压到 4.5V，直到振动器做简单往复运动。

点击开始，并且记录一定时间内的数据。

(1) 检查角度-时间图。是正弦的？周期？此周期和驱动周期相同吗？

(2) 检测角速度-角位移图（见图 7-15）。

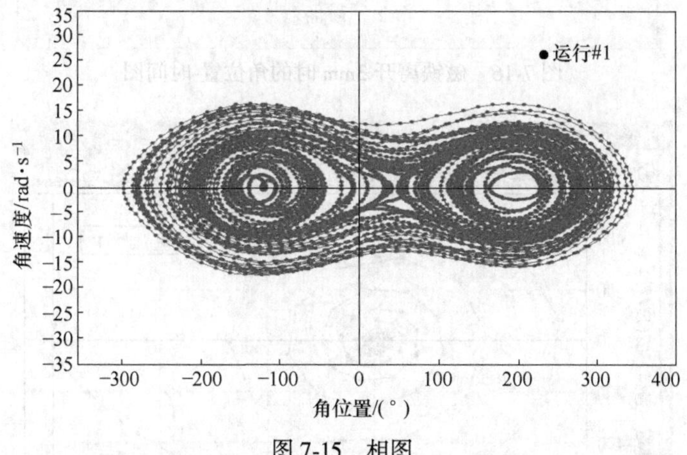

图 7-15 相图

增加供电电压来逐渐增加驱动频率。提供摆动时间响应来增加驱动频率。提高频率使得运动复杂一些：它不应该是简单的往复运动而是在另一侧带有额外往复运动的往复运动。重新开始振动，保持质点底在最高点，且当驱动臂在它的最低点时释放。

按下开始并记录一定时间内的数据。

(3) 检查角位置-时间图，是正弦的吗？周期是什么？与先前的振荡有什么不同？

(4) 检查角速度-角位置图，与先前的图相比较。

c 混沌振荡

持续提高运动力来使得谐振频率增加，通过供电电压。要使摆的运动非常复杂，你可能需要调整磁铁到圆盘的距离。这个运动在多变点、在自己的运动且使用随机时间在两边振动的时候暂停。重新开始振动，保持质点底在最高点和当驱动臂在它的最低点的时候释放。

D 实验数据及分析

a 振荡频率

扭磁铁到圆盘直到 3mm 远。去掉驱动上的供电，允许质点掉入平衡位置在振动器的另一边。

(1) 如图 7-16 所示，角位置-时间图不是正弦的，并且在衰减。

(2) 如图 7-17 所示，角速度-角位置图呈螺线形。

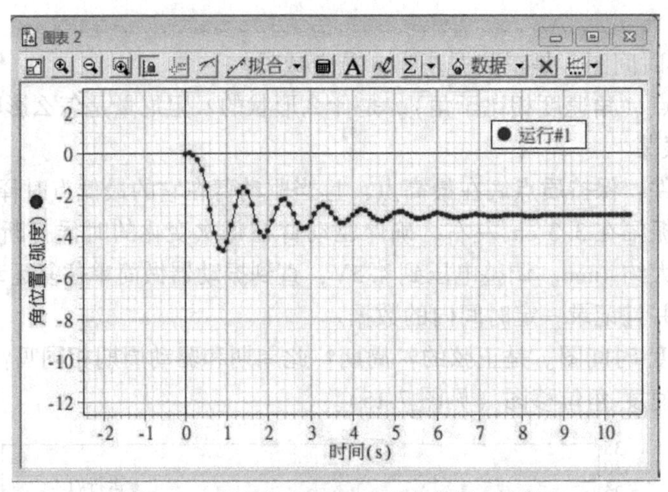

图 7-16　磁铁离开 3mm 时的角位置-时间图

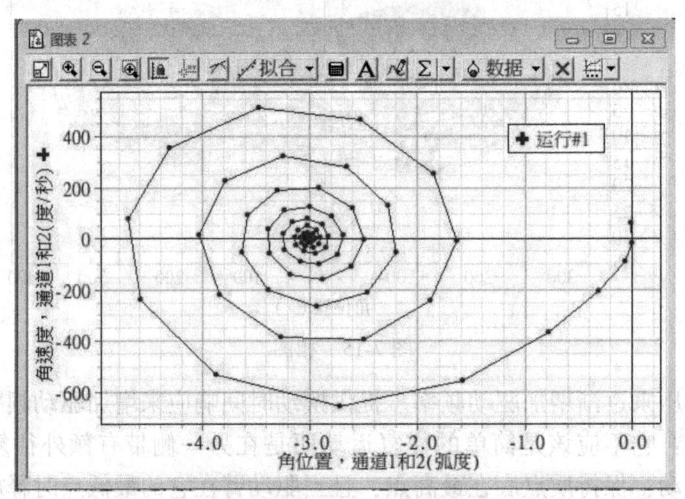

图 7-17　磁铁离开 3mm 时的角速度-角位置图

如图 7-18 所示，增加一定的阻尼量后，角速度-角位置图依然呈螺线形，并且其角速度-角位置变化率随阻尼量的增大而增大。

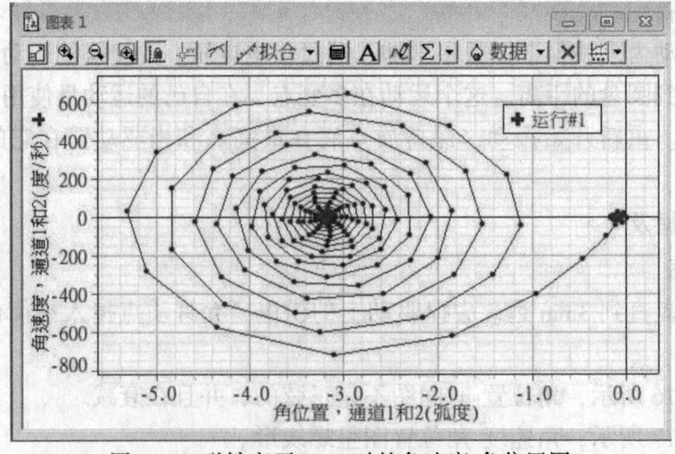

图 7-18　磁铁离开 8mm 时的角速度-角位置图

b　非混沌振荡

保持初始条件：在实验的剩余部分，保持质点底在最高点，且当驱动臂在它的最低点的时候释放。

设置驱动臂振幅在3.3cm左右。确保驱动臂只在每次变化的时候打断光电门光束，磁铁距离大约4mm远离圆盘。打开供电调整电压到4.5V，因此振动器做简单往复运动。

（1）当驱动臂振幅在3.3cm左右，磁铁距离大约4mm远离圆盘，以4.5V的电压驱动驱动臂。角位置-时间图为正弦曲线，周期 $T=2$s，由于供电后驱动臂带动了弹簧给予了圆盘外力，因此与之前的角位置-时间图不同，没有衰减（见图7-19）。

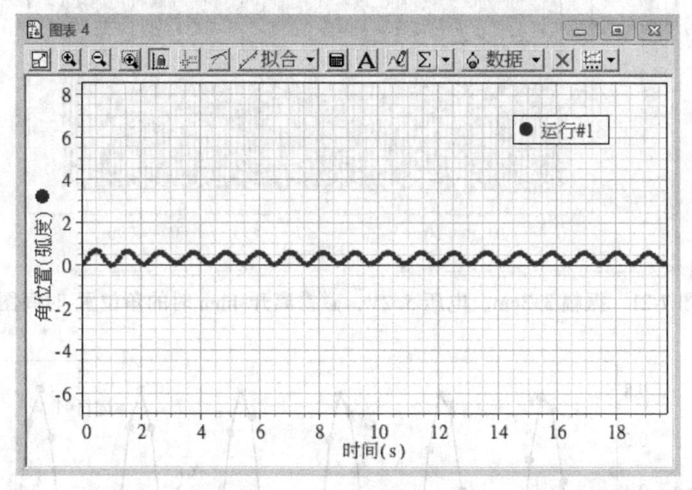

图7-19　振幅3.3cm，电压4.5V，磁铁离开4mm时的角位置-时间图

（2）当驱动臂振幅在3.3cm左右，磁铁距离大约4mm远离圆盘，以4.5V的电压启动驱动臂。角速度-角位置图在振动进行了一定时间后，趋于稳定变化（见图7-20）。

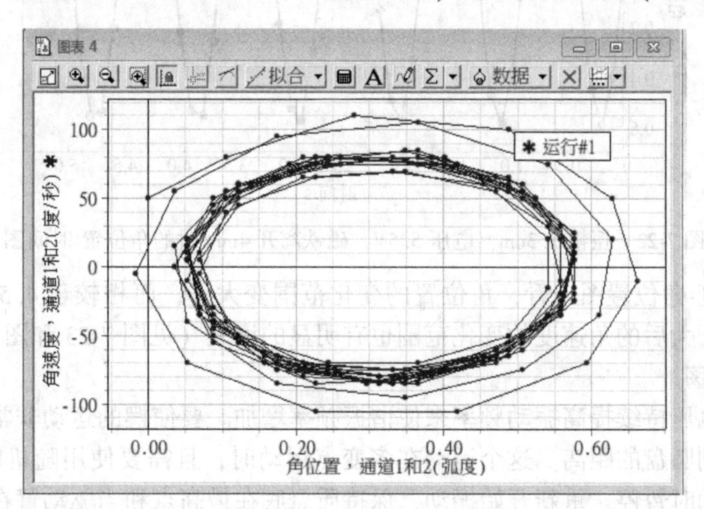

图7-20　振幅3.3cm，电压4.5V，磁铁离开4mm时的角速度-角位置图

增加供电电压来逐渐增加驱动频率。提供摆动时间响应来增加驱动频率。提高频率使得运动复杂一些：它不应该是简单的往复运动而是在另一侧带有额外往复运动的往复运动。重新开始振动，保持质点底在最高点且当驱动臂在它的最低点的时候释放。

(3) 增加供电电压来逐渐增加驱动频率，当振幅为3.3cm，供电电压为5.2V，磁铁离开4mm时，角位置-时间图为正弦曲线，周期 $T=2\text{s}$，角位置的变化范围有所增大（见图7-21和图7-22）。

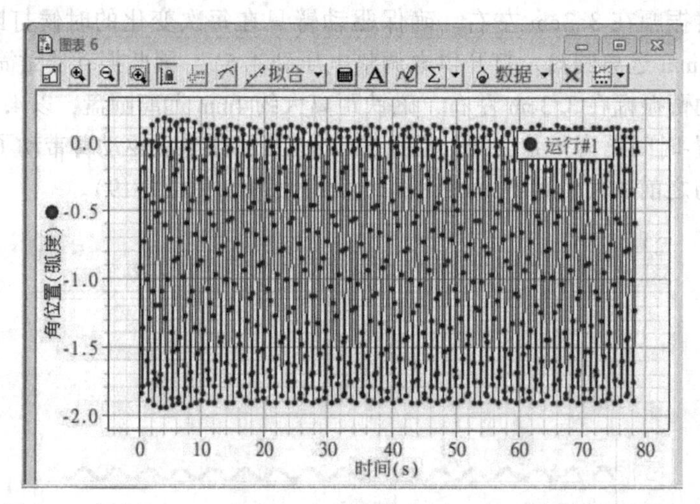

图7-21 振幅3.3cm，电压5.2V，磁铁离开4mm时的角位置-时间图

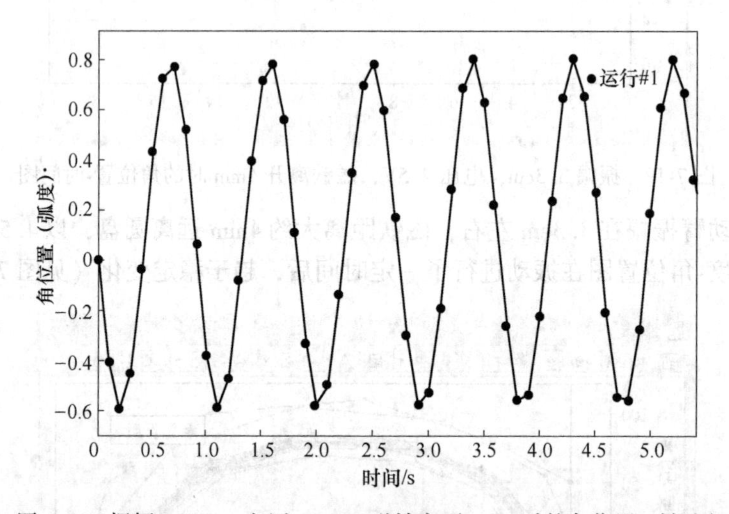

图7-22 振幅3.3cm，电压5.5V，磁铁离开4mm时的角位置-时间图

而从角速度-角位置图来看，角位置的变化范围变大了，而相较于4.5V的角速度-角位置图，电压增大后的角速度的变化范围也有明显的增大（见图7-23和图7-24）。

c 混沌振荡

通过供电电压持续提高振动频率来使谐振频率增加。要使摆的运动非常复杂，你可能需要调整磁铁到圆盘的距离。这个运动在多变点运动时，且需要使用随机时间才能产生，而且当两边振动时暂停。重新开始振动，保持质点底在最高点和当驱动臂在它的最低点的时候释放。

当供电电压为4.6V时，为了进一步使摆的运动复杂化，将驱动臂设置为最长以增大弹簧的振荡，将磁铁调整到最远离圆盘的距离以减小阻尼量，此时的角位置-时间图是非正弦的，周期约为40s，显然与振动臂的转动周期是不同的（见图7-25）。

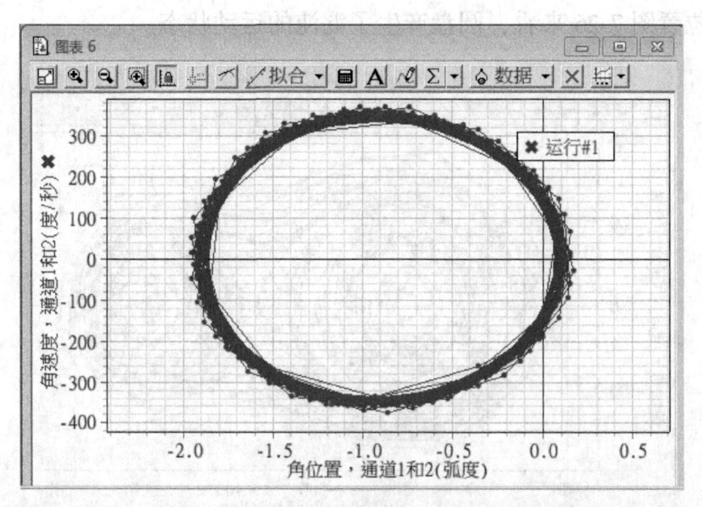

图7-23 振幅3.3cm，电压5.2V，磁铁离开4mm时的角速度-角位置图

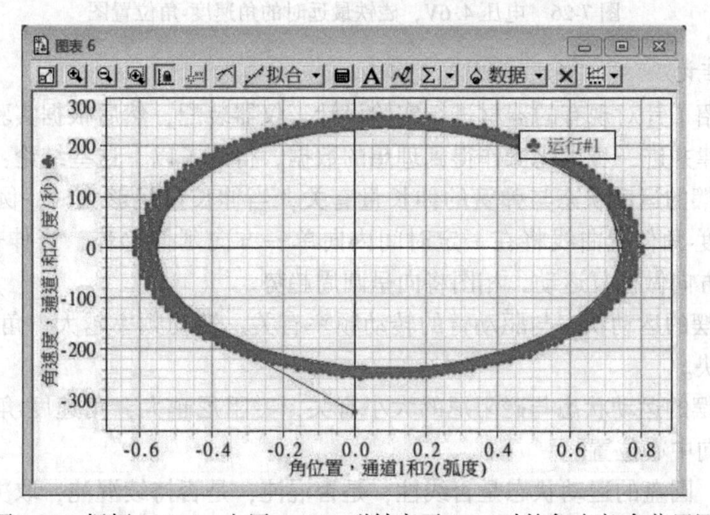

图7-24 振幅3.3cm，电压5.5V，磁铁离开4mm时的角速度-角位置图

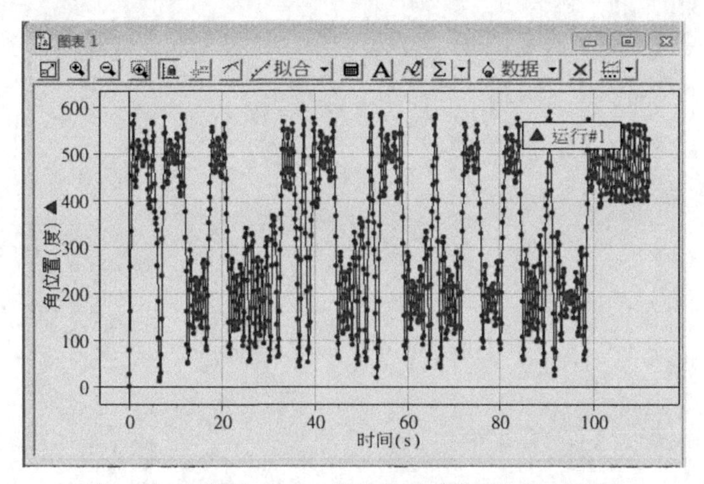

图7-25 电压为4.6V，磁铁最远时的角位置-时间图

而从角速度-角位置图7-26来看，圆盘产生了混沌的运动状态。

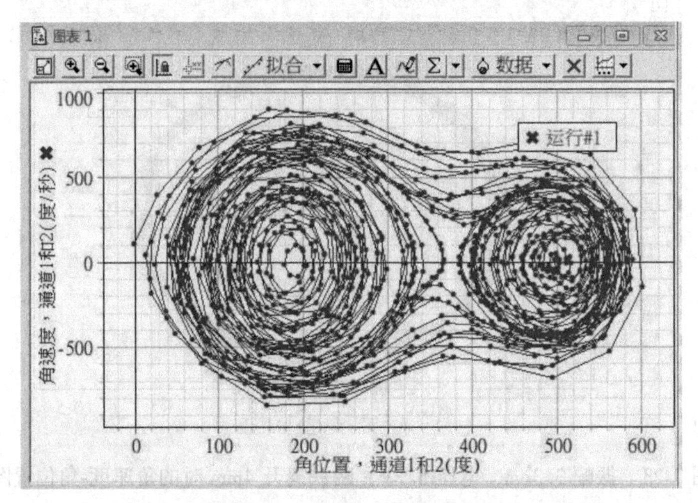

图7-26　电压4.6V，磁铁最远时的角速度-角位置图

E　实验结论

本小节介绍了针对现有的器材进行实验设计、仪器装配，然后根据实验数据一边整理一边归纳出规律并进一步优化操作得到理想的数据，得到了以下这些结论：

（1）混沌摆的运动状态与弹簧的伸长量有关，当伸长量足够大时，圆盘将向单一方向转动，角速度-角位置曲线将在一定时间内向单一方向延伸趋势，当伸长量足够小时，圆盘将向2个方向做往复运动，相图将向呈圆周趋势。

（2）混沌摆的运动状态与驱动臂的转动频率有关，转动频率越大，角速度-角位置的变化率也会越快。

（3）混沌摆的运动状态与磁阻尼的大小有关，磁阻尼越大，角速度-角位置的延伸方向将更快的趋向中心位置。

综上所述，圆盘的运动状态是否线性，是否混沌，是否持续混沌，取决于驱动臂的长度、驱动臂旋转的位置、弹簧的伸长量、圆盘上质点的位置和磁铁距离圆盘的位置。

8 基于数字存储示波器的综合性物理实验设计

8.1 数字存储示波器简介

数字存储示波器有别于一般的模拟示波器，它是将采集到的模拟电压信号转换为数字信号，由内部微机进行分析、处理、存储、显示或打印等操作。这类示波器通常具有程控和遥控能力，通过 GPIB 接口还可将数据传输到计算机等外部设备进行分析处理。

其工作过程一般分为存储和显示两个阶段。在存储阶段，首先对被测模拟信号进行采样和量化，经 A/D 转换器转换成数字信号后，依次存入 RAM 中，当采样频率足够高时，就可以实现信号的不失真存储。当需要观察这些信息时，只要以合适的频率把这些信息从存储器 RAM 中按原顺序取出，经 D/A 转换和 LPE 滤波后送至示波器就可以观察还原后的波形。

数字存储示波器原理见图 8-1。

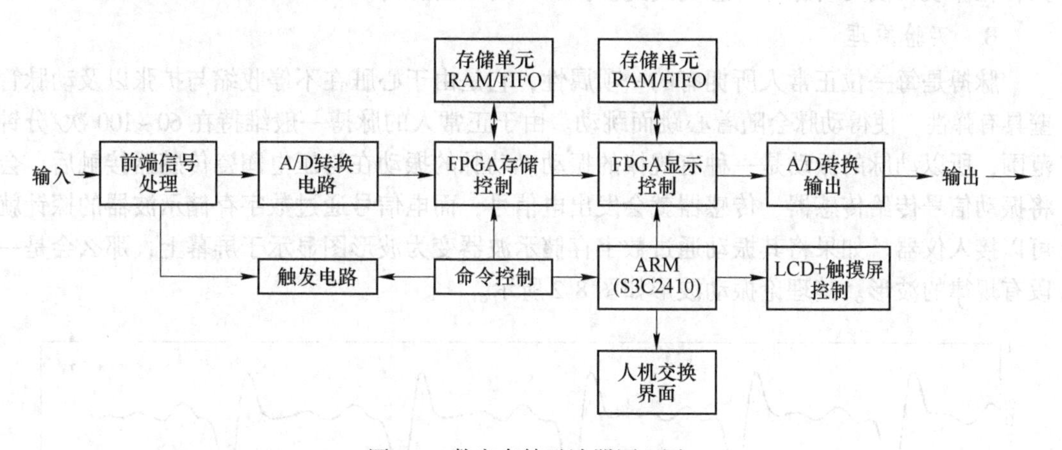

图 8-1 数字存储示波器原理图

数字存储示波器采集波形，有两种方法，即及时取样和等效时间取样。现具体说明及时取样。及时取样是指在一个信号周期内，对不同的点取样。由奈奎斯特定律可得，抽样频率为信号频率的两倍及两倍以上时，这个信号才能够很好地显示在荧光屏上。数字存储示波器会在一次触发后，尽量多的得到采样点，所以，一般来说，如果是观察只出现一次的信号，那么就经常使用及时采样，它进行信号的采样，都是会按照一个速度，将采集到的数据贮存入存储器，并且经过处理后，显示在荧光屏上，及时取样这种取样方式是通过不同的触发点对所研究信号进行多次取样，最后通过相应的数学方法再将多个周期内的采样点还原到一个周期内，这样就可以重新构建被测信号。

等效时间取样则是将所获得的频率高、速度快、变化快的信号，变为频率低、变化慢的信号。等效时间取样可分为顺序取样、随机取样。

在实验过程中，想要得到的是通过数字存储示波器将其存储的波形进行显示，这样一来，实验者就能比较方便地观察和处理，从而可分析所测波形。波形的显示方式又被分为存储显示、双踪显示等。其中，所有的波形显示主要是通过数字存储示波器的微处理器产生，读出地址，然后读出已经在存储器中的数字信号，之后垂直放大器将模拟信号放大，并且加到 Y 偏转板，得到的扫描电压，经水平放大器放大，驱动 CRT 的 X 偏转板，从而实现在 CRT 上以稠密的光点显示出信号的波形。读出的数字信号还可由接口电路送往计算机分析处理。

8.2 基于数字存储示波器的综合设计实验

8.2.1 数字存储示波器测试脉搏的实验

A 引言

人体循环系统由心脏、血管以及血液所组成，主要负责人体氧气、养分及废物的运送。血液经由心脏的左心室收缩而挤压流入主动脉，随即传递到全身动脉。动脉为富有弹性的结缔组织与肌肉所形成的管路。当大量血液进入动脉将使动脉压力变大而使管径扩张，在体表较浅处动脉即可感受到此扩张，即所谓的脉搏。

B 实验原理

脉搏是每一位正常人所拥有的一项属性，它是由于心脏在不停收缩与扩张以及动脉管壁具有弹性，使得动脉会随着心跳而跳动。由于正常人的脉搏一般维持在 60～100 次/分钟范围，所以动脉的振动是一种有规律的振动。动脉的振动在与压电陶瓷传感器接触后，会将振动信号传给传感器，传感器就会发出电信号，而电信号通过数字存储示波器的探针就可以接入仪器。如果将其振动通过数字存储示波器变为波形图显示于屏幕上，那么会是一段有规律的波形。其理论振动波形如图 8-2 所示。

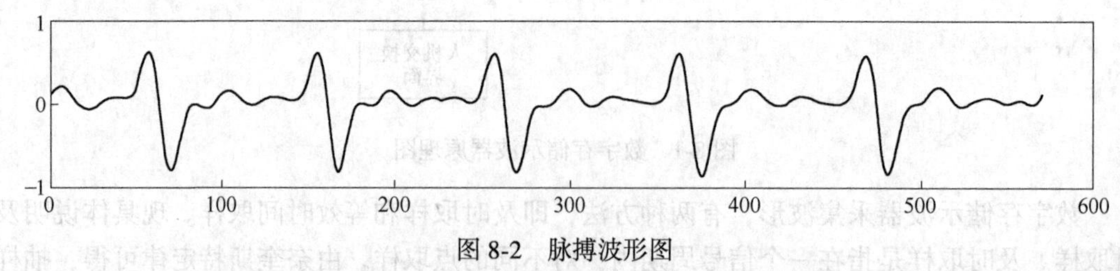

图 8-2 脉搏波形图

压电陶瓷片是一种电子发音元件，在两片铜制圆形电极中间放入压电陶瓷介质材料，当在两片电极上面接通交流音频信号时，压电片会根据信号的大小频率发生振动而产生相应的声音。当压电陶瓷片感受到电压时，它会随着电压和频率的变化发生形变，当它振动时，也会产生电荷。根据这个原理，将压电陶瓷与一片金属结合，可以制成一种振动器，用于感受振动。如果这种振动器受到超声波时，他就会发出电信号。正是因为在一定的外力作用下，振动器表面会因此发生形变，从而产生电荷。当机械能（也就是受力变形）

转换为电能，那么就称为发生了正压电效应。

由于脉搏的跳动能够在数字存储示波器中显示出波形，所以保持压电陶瓷片材料相同(此实验均为铜)、厚度相同，分别使用3片直径不同的压电陶瓷片测量出脉搏波形。此次实验需要用到的3块压电陶瓷片，其直径分别为5.12cm、2.11cm以及1.51cm。

C 实验步骤

实验步骤为：

(1) 先用电烙铁将电极线分别焊到3片直径分别为5.12cm、2.11cm、1.51cm的压电陶瓷片上，其中，要区分好正负极，保证正负极焊接正确，如图8-3所示。

(2) 将压电陶瓷片上的一个电极线接到探极的探钩上，另外一根电极线与探极的鳄鱼夹相连接，形成闭合的回路，并将其接入数字存储示波器的某一个信号输入端。

(3) 将连接好的压电陶瓷片紧紧贴于脉搏明显处，注意脉搏接触点保持相同。通过以上实验，分别测出3片压电陶瓷片置于脉搏处的波形图，并通过点击数字存储示波器上的"stop"按钮，就可以将图像暂停并保存至数字存储示波器中。

(4) 多次进行上述实验，并在显示出的所有波形中选取波形正确、便于计算整理的波形图。通过得到的波形图以及相关数据，分别计算实验者在不同面积压电陶瓷片测试下，测得的3种脉搏频率，探究接触面积对实验结果的影响。

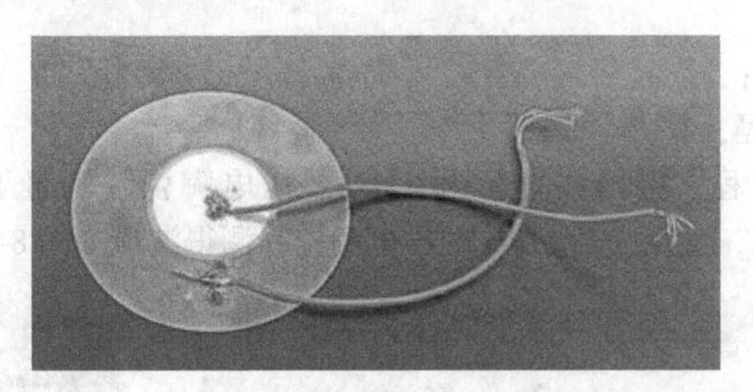

图8-3 焊接后的压电陶瓷片

D 实验数据及分析

为了使用数字存储示波器测得实验者的脉搏，于是通过实验分别测得多组实验者的脉搏频率波形图的时间间隔，为了减少计算过程中的计算误差，统一将各项数据取其平均值，数据见表8-1。

表8-1 时间间隔 ΔT

直径/cm	时间间隔 ΔT/s				平均值/s
5.12	1.552	1.557	1.555	1.554	1.5545
2.11	1.555	1.552	1.556	1.551	1.5535
1.51	1.555	1.554	1.556	1.558	1.5558

其中，直径为5.12cm的压电陶瓷片测得波形如图8-4所示。

通过数字存储示波器，不难看出，可以直接得出两个脉冲峰值的时间间隔 ΔT，直径为5.12cm压电陶瓷片测得脉搏波形的 ΔT 平均值为1.5545s。通过波形图可以知道，5.12cm压电陶瓷片测得脉搏波形的脉冲间隔数为2个，所以通过以上数据就可以算出实

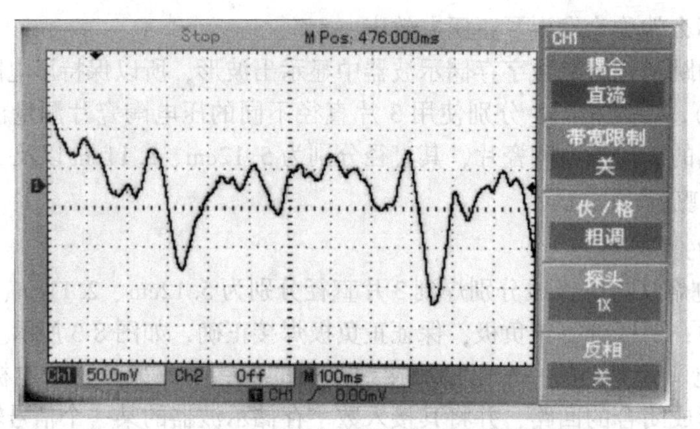

图 8-4　5.12cm 压电陶瓷片测得脉搏波形图

验者的心率。

$$T = \Delta T/N = \frac{1.5545}{2} = 0.777 \tag{8-1}$$

$$\frac{1}{T} \times 60 = \frac{1}{0.777} \times 60 = 77.22 \tag{8-2}$$

式中　N——间隔数；

T——周期，s；

Δt——时间间隔，s。

根据以上计算过程，得出在直径为 5.12cm 压电陶瓷片测量下，实验者的心率为 77.22 次/分钟。其中，直径为 2.11cm 的压电陶瓷片测得波形如图 8-5 所示。

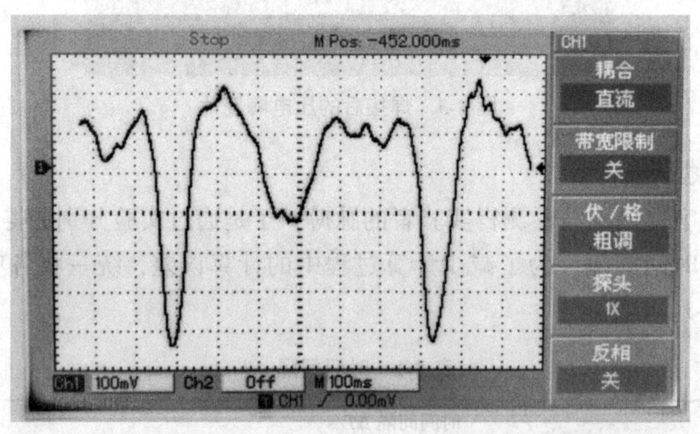

图 8-5　2.11cm 压电陶瓷片测得脉搏波形图

通过数字存储示波器，可以直接得出两个脉冲峰值的时间间隔 ΔT，直径为 2.11cm 压电陶瓷片测得脉搏波形的 ΔT 为 1.5535s。通过波形图可以知道，2.11cm 压电陶瓷片测得脉搏波形的脉冲间隔数为 2 个，所以通过以上数据就可以算出实验者的心率。

$$T = \Delta T/N = \frac{1.5535}{2} = 0.777 \tag{8-3}$$

$$\frac{1}{T} \times 60 = \frac{1}{0.777} \times 60 = 77.22 \tag{8-4}$$

根据以上计算过程，得出在直径为 2.11cm 压电陶瓷片测量下，实验者的心率为 77.22 次/分钟。其中直径为 1.51cm 的压电陶瓷片测得波形如图 8-6 所示。

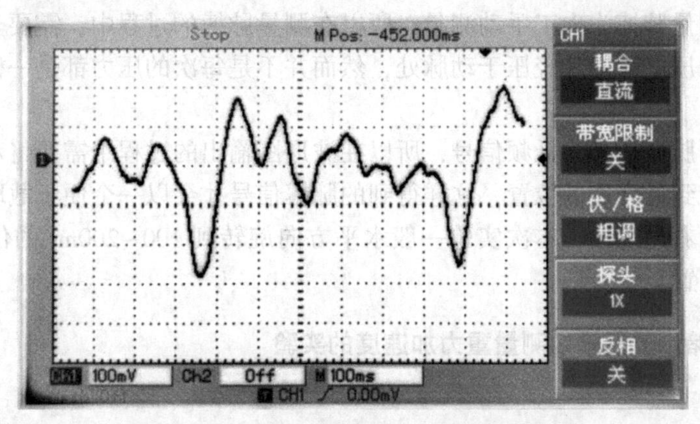

图 8-6　1.51cm 压电陶瓷片测得脉搏波形图

通过数字存储示波器，我们可以直接得出两个脉冲峰值的时间间隔 ΔT，直径为 1.51cm 压电陶瓷片测得脉搏波形的 ΔT 为 1.5558s。通过波形图可以知道，1.51cm 压电陶瓷片测得脉搏波形的脉冲间隔数为 2 个，所以通过以上数据就可以算出实验者的心率。

$$T = \Delta T/N = \frac{1.5558}{2} = 0.779 \tag{8-5}$$

$$\frac{1}{T} \times 60 = \frac{1}{0.779} \times 60 = 77.13 \tag{8-6}$$

根据以上计算过程，得出在直径为 1.51cm 压电陶瓷片测量下，实验者的心率为 77.13 次/分钟。通过 3 组数据，分别使用不同直径的压电陶瓷片测得了 3 组数据，见表 8-2。

表 8-2　压电陶瓷片测心率

压电陶瓷片直径/cm	心率/次・分钟$^{-1}$
5.12	77.22
2.11	77.22
1.51	77.13

一般来说，一名身体健康的正常中国居民，在平静下的脉搏为 60～100 次/分钟，而此次实验测得实验者的脉搏（心率）在 77 次/分钟浮动，属于正常范围，因此此次试验测得数据正确。

为了探究压电陶瓷片接触面积对结果的影响，控制压电陶瓷片材料、厚度相同，改变其直径，进而改变其接触面积，分别测得心率。

由表 8-2 可以看出，控制压电陶瓷片材料、厚度相同，改变其直径，进而改变其与动脉的接触面积，测得的心率几乎无变化，随着压电陶瓷片与动脉接触面积的改变，心率始终接近于 77 次/分钟，只是图中线段有细微的起伏，经过后来总结发现，产生这种情况的原因可能是测试时呼吸不畅，导致心率发生了细微的变动。

E 实验小结

通过此次实验，发现数字存储示波器测量脉搏与压电陶瓷片和动脉接触面积并无关系。本次实验测量脉搏为人工手动测量，所以在测量脉搏的过程中，需要全程手动将焊接好的带电极线的压电陶瓷片轻压于动脉处，然而并不是每次的压力都是一样，因此对实验会造成误差。

其次，由于脉搏信号为低频信号，所以在波形图输出的过程中需要将水平方向的旋钮和垂直旋钮旋转到最合适的位置，这样得到的脉搏信号才会以一个便于截取和观测的速度从屏幕的左边向右边运动，本次实验一般水平方向旋转到 100~200ms 的位置，垂直旋钮旋至 1~2V 的位置。

8.2.2 数字存储示波器辅助测量重力加速度的实验

A 引言

数字存储示波器是一种新型示波器，主要以微处理器、数字存储器、A/D 转换器与 D/A 转换器为核心，输入信号经过 A/D 转换器把模拟波形转换成数字信息，存储在数字存储器内；显示时，再从存储器中读出，经过 D/A 转换器将数字信息转换成模拟波形显示在 CRT 上，通过接口可以与计算机相连。目前，数字存储示波器已用于研究电磁振荡、电容充放电、声音的波形等实验。

在大学物理实验中，测量重力加速度是一个比较重要的实验，常用的测量方法很多，如自由落体法、旋转法等。这些常用的测量方法，都无法将物体运动的实验图像进行“重现”，因而也就很难深入把握物体运动的许多细节问题。本小节基于法拉第电磁感应原理并结合数字存储示波器设计了一种通过感生脉冲信号来测量重力加速度以及验证自由落体运动规律的新方法。

B 脉冲信号采集端的设计

根据法拉第电磁感应定律，当具有磁性的物体进入线圈或远离线圈时，由于磁通量的变化而在线圈中产生感生脉冲信号。为了减小线圈的电阻，增大感生脉冲信号，要求感应线圈的线径应适当大一点。本实验由 $d=1$mm 的漆包线绕制而成（见图 8-7），其电阻基本可以忽略。同时，为了减小磁性物体与感应线圈之间的相互作用，尽量绕较少的漆包线，其相互作用几乎可以忽略。

C 重力加速度的测量原理

如图 8-8 所示，让物体从 $v_0=0$ 开始自由下落，设它到达点 A 的速度为 v_1，从点 A 起，经过时间 Δt_1 后，物体到达点 B，令 A、B 两点间的距离为 s_1，则

$$s_1 = v_1\Delta t_1 + \frac{1}{2}g\Delta t_1^2 \tag{8-7}$$

若保持前面所述的条件不变，则从点 A 起，经过时间 Δt_2 后，物体到达点 B'，令 A、B'两点间的距离为 s_2，则

$$s_2 = v_1\Delta t_2 + \frac{1}{2}g\Delta t_2^2 \tag{8-8}$$

将式（8-8）乘以 Δt_1，再减去式（8-7）乘 Δt_2 得

$$s_2\Delta t_1 - s_1\Delta t_2 = \frac{1}{2}g(\Delta t_2^2\Delta t_1 - \Delta t_1^2\Delta t_2) \tag{8-9}$$

于是得到

$$g = \frac{2(s_2\Delta t_1 - s_1\Delta t_2)}{\Delta t_2^2\Delta t_1 - \Delta t_1^2\Delta t_2} = \frac{2\left(\dfrac{s_2}{\Delta t_2} - \dfrac{s_1}{\Delta t_1}\right)}{\Delta t_2 - \Delta t_1} \tag{8-10}$$

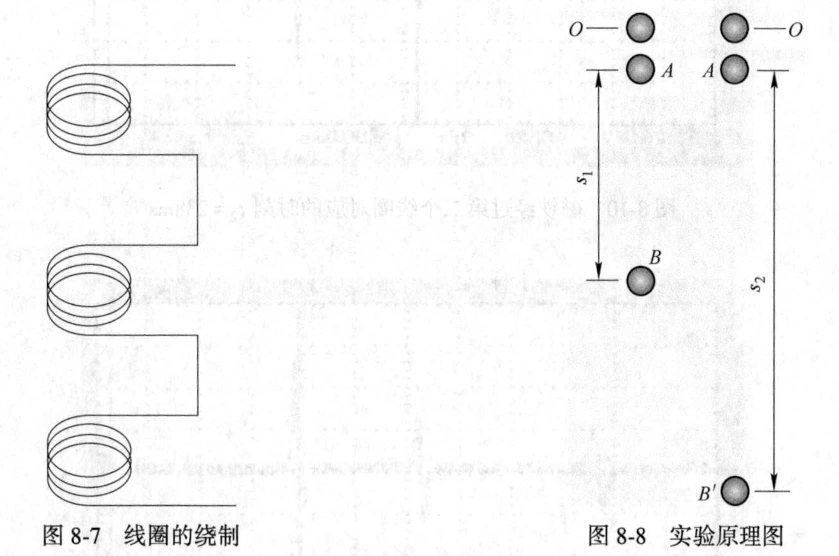

图 8-7　线圈的绕制　　　　图 8-8　实验原理图

D　实验内容及数据分析

a　重力加速度的测定

实验中按如图 8-7 所示的方法将漆包线按一定间距绕在透明有机玻璃管上，所绕制的线圈共 3 段，每段绕 10 圈，且保证所有线圈的绕向一致，绕完后，留住漆包线的两头连接示波器的探头，形成闭合回路，实验中所用的磁性物体为高强度永久磁铁。

将磁铁从管口由静止开始释放，其经过三个线圈所产生的脉冲信号分别如图 8-9~图8-11 所示。通过单击“保存”按钮可以将图像保存在示波器中，同时还可以通过 USB 接口与计算机相连，改变“扫描线”（图中直线）的位置即可读出所对应的时刻，磁铁通过三个线圈中心位置所对应的时刻 t_i（$i=1，2，3$），分别为 $t_1=345\text{ms}$，$t_2=238\text{ms}$，$t_3=128\text{ms}$。

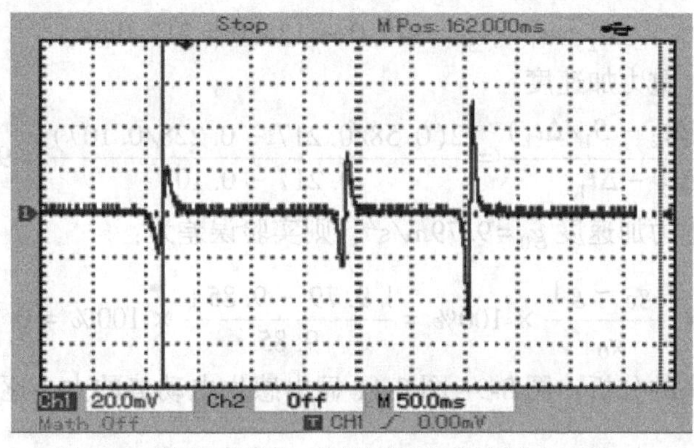

图 8-9　磁铁经过第一个线圈对应的时刻 $t_1=345\text{ms}$

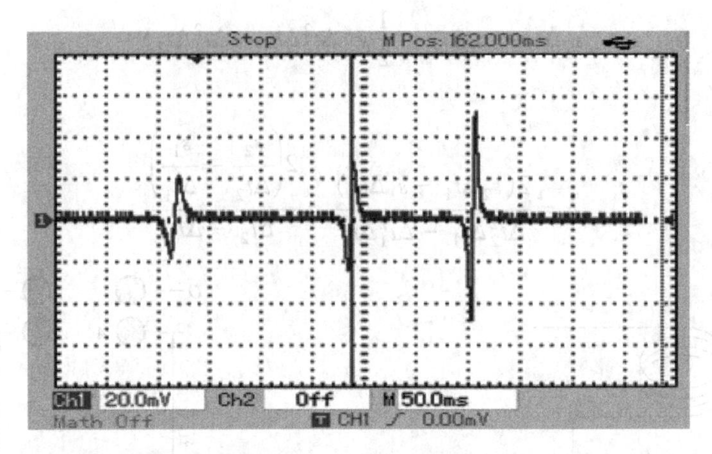

图 8-10　磁铁经过第二个线圈对应的时刻 $t_2 = 238\text{ms}$

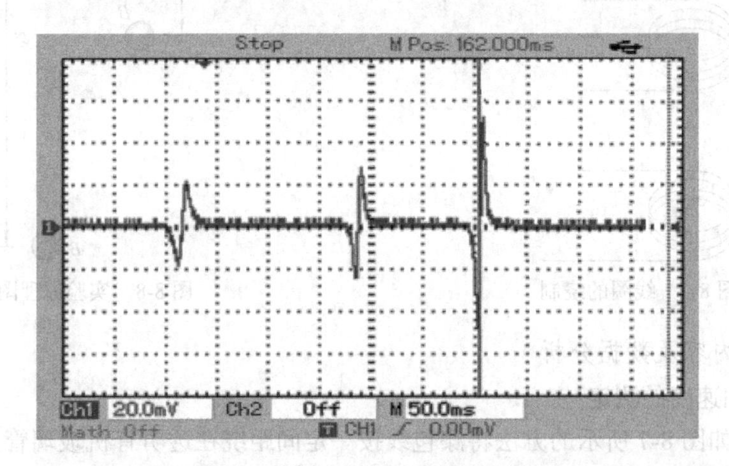

图 8-11　磁铁经过第三个线圈对应的时刻 $t_3 = 128\text{ms}$

测得第一与第二个线圈的间距 $S_1 = 22.8\text{cm}$，由图 8-9 和图 8-10 可知，磁铁通过这两个线圈之间的距离所用的时间：

$$\Delta t_1 = t_1 - t_2 = 345.0 - 238.0 = 107.0\text{ms}$$

测得第一个、第三个线圈的间距 $S_2 = 58.0\text{cm}$，由图 8-9 和图 8-10 可知，磁铁通过这两个线圈之间的距离所用的时间：

$$\Delta t_2 = t_1 - t_3 = 345.0 - 128.0 = 217.0\text{ms}$$

由式（8-10）可知，重力加速度：

$$g = \frac{2(S_2/\Delta t_2 - S_1/\Delta t_1)}{\Delta t_2 - \Delta t_1} = \frac{2(0.58/0.217 - 0.228/0.107)}{0.217 - 0.107} = 9.85\text{m/s}^2$$

又已知：上海地区重力加速度 $g_0 = 9.79\text{m/s}^2$，则实验误差为：

$$\Delta E = \frac{|g_0 - \bar{g}|}{g_0} \times 100\% = \frac{|9.79 - 9.85|}{9.85} \times 100\% = 0.7\%$$

感生电动势大小的分析：图 8-9~图 8-11 显出感生电动势的大小逐渐由小变大，由法拉第电磁感应定律：

$$\varepsilon=-N\frac{\mathrm{d}\phi}{\mathrm{d}t}=-N\frac{\mathrm{d}\int B\mathrm{d}S}{\mathrm{d}t}=-Nv\int_0^R\frac{\mathrm{d}B_Z}{\mathrm{d}t}(2\pi r)\mathrm{d}r$$

令 $I=\int_0^R\frac{\mathrm{d}B_Z}{\mathrm{d}t}(2\pi r)\mathrm{d}r$，此时法拉第电磁感应定律可表示为：

$$\varepsilon=-NvI$$

式中，$\frac{\mathrm{d}B_Z}{\mathrm{d}t}$是线圈平面法向磁感应强度变化率；$I$ 是一个与磁铁磁场分布以及线圈尺寸有关的积分；v 为磁铁的下落速度。

可见，当磁铁和线圈大小及匝数选定后感生电动势只与磁铁的下落速度 v 成正比关系，这就是感生电动势逐渐变大的原因。

b　验证自由落体的运动规律

如果改变线圈的位置，使其满足 $S_1:S_2:S_3\cdots:S_4=1:4:9\cdots:n^2$ 这样的关系，可知磁铁经过两相邻线圈所需的时间间隔应是相等的，即在误差允许的范围内，$\Delta T_{1\text{-}2}=\Delta T_{2\text{-}3}=\Delta T_{3\text{-}4}=\cdots$公式成立。为了验证自由落体的运动规律，按如图 8-12 所示绕制 4 个线圈，每个线圈距离管口的距离分别为 7cm、28cm、63cm 和 112cm。

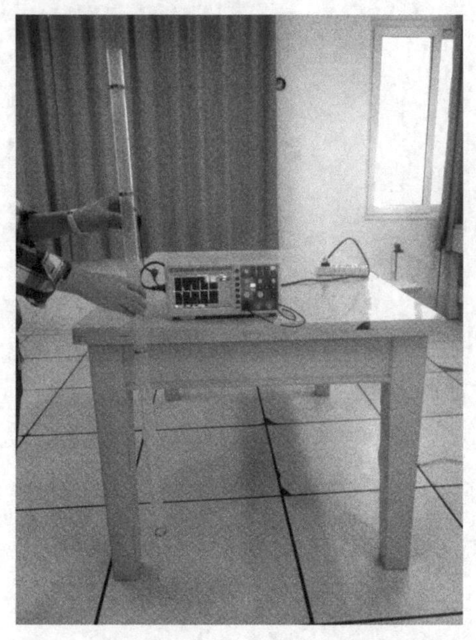

图 8-12　验证物体自由落体的运动规律装置

图 8-13 所示为磁铁经过线圈所对应的感生脉冲信号图，由图可以直接读出两个相邻线圈时间间隔：

$$\Delta T_{1\text{-}2}=\Delta T_{2\text{-}3}=\Delta T_{3\text{-}4}=121.6:122.3:121.8\approx1:1:1$$

从而验证了物体作自由落体的运动规律。

E　结束语

本实验克服了普通力学实验中存在的缺陷，通过采集过程的暂停观察或波形回放，让

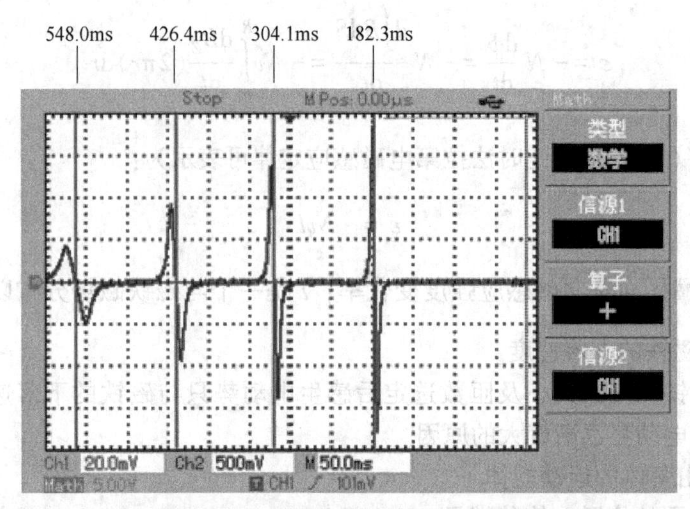

图 8-13　磁铁经过线圈对应的信号图

一瞬即逝的实验结果能够停留再现，这不仅有利于学生对实验结果的仔细观察而且能做更进一步的深入分析。这充分体现数字存储示波器在保留瞬间变化的物理实验图像中所具有的巨大优势。

9 基于新能源发电的综合设计性物理实验

9.1 新能源简介

新能源一般是指在新技术基础上加以开发利用的可再生能源，包括太阳能、生物质能、风能、地热能、波浪能、洋流能和潮汐能等，此外，还有氢能等。而目前广泛使用的煤炭、石油、天然气、水能、核裂变能等能源，称为常规能源。新能源发电也就是利用现有的技术，通过上述的新型能源，实现发电的过程。

据估算，辐射到地球上的太阳能为17.8亿千瓦，其中可开发利用500亿~1000亿千瓦·时。但因其分布很分散，能利用的甚微。地热能资源指陆地下5000m深度内的岩石和水体的总含热量。其中全球陆地部分3km深度内、150℃以上的高温地热能资源相当140万吨标准煤，一些国家已着手商业开发利用。世界风能的潜力约3500亿千瓦，因风力断续分散，难以经济地利用，今后输能储能技术如有重大改进，风力利用将会增加。海洋能包括潮汐能、波浪能、海水温差能等，理论储量十分可观。限于技术水平，现尚处于小规模研究阶段。当前由于新能源的利用技术尚不成熟，故只占世界所需总能量的很小部分，今后有很大发展前途。

新能源具有如下几个特点：

（1）资源丰富，普遍具备可再生特性，可供人类永续利用。

（2）能量密度低，开发利用需要较大空间。

（3）不含碳或含碳量很少，对环境影响小。

（4）分布广，有利于小规模分散利用。

（5）间断式供应，波动性大，对持续供能不利。

（6）除水电外，可再生能源的开发利用成本较化石能源高。

9.2 基于新能源发电的综合设计性物理实验

9.2.1 一种聚光光伏及温差发电一体化装置的研制实验

A 引言

目前，太阳能发电技术仍然存在制造费用高、转换效率低、应用范围受限且未得到广泛应用等问题。利用聚光技术将太阳光汇聚到面积很小的太阳能电池上，能大幅度地减少太阳电池材料用量，从而降低了系统的成本。聚光条件下，太阳能电池温度会升高，影响太阳能电池效率和寿命。温差发电恰好可以解决光伏电池发电时存在的问题。基于以上分析，本小节设计了一种聚光光伏及温差发电一体化装置系统，通过实验进行探究，从而提高太阳能利用率。

B　实验原理

a　聚光发电系统

聚光系统原理如图 9-1 所示。太阳光照射在点聚焦式光学聚光器上，经汇聚后照射在太阳能电池上，再进行光电转换获得电能，透镜所在平面与太阳能电池所在平面相平行，汇聚焦点为电池中心。

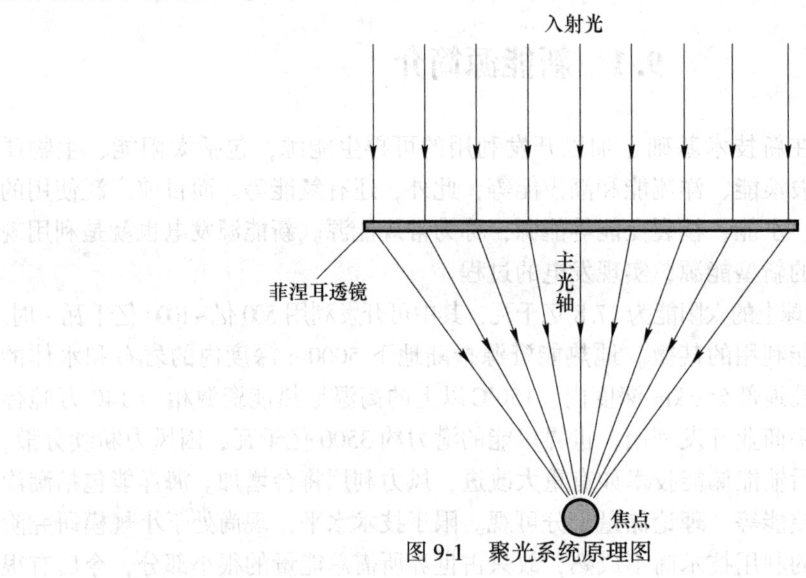

图 9-1　聚光系统原理图

b　温差发电系统

将 1 个 P 型电偶和 1 个 N 型电偶在热端用金属导流片相连接，形成如同 P-N 结的连接物，在冷端用导线连接，这就构成 1 个温差电偶。在太阳光热效应下，P 型半导体材料高温受光面空穴的热运动高于低温背光面，则空穴从高温端向低温端扩散，形成电势差。当 N 型半导体材料高温受光面电子的热运动高于低温背光面，则电子从高温端向低温端扩散，形成电势差。在构成的回路中，当复合半导体材料的两端存在温差时，便产生电动势且形成电流，此现象称为塞贝克效应，也是温差发电的理论基础，其原理如图 9-2 所示。

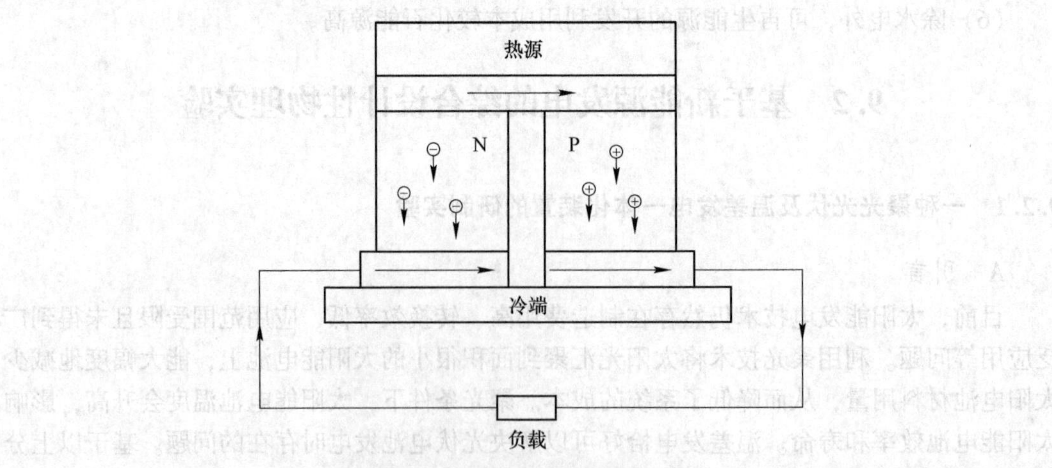

图 9-2　温差发电系统原理图

C 系统设计

该装置硬件主要包括光电部分和温差发电部分。光电部分由聚光器、太阳能电池、光伏控制器等部件组成。温差发电部分由串联的温差发电片、散热器及冷却装置等部件组成。前期的实验结果显示：水冷却效果突出，成本低，结构相对简单，故在该一体化系统中采用循环水冷却方式。

通过太阳能电池组件，将太阳辐射的光直接转化为电能，输出的直流电可以存入蓄电池当中，考虑到聚光后的光线为圆形，因此选取直径为 114mm 的圆形太阳能电池，能最有效地利用太阳光。太阳光经聚光器聚焦后能在很小的面积上产生很高的温度，所以在电池背面采用紫铜进行散热，与紫铜另一面紧贴的是温差发电片的热端。温差发电片的电压小、电流大，将 4 块 40mm×40mm 的温差发电片串联在太阳能电池背面进行发电。太阳能电池板如图 9-3 所示。

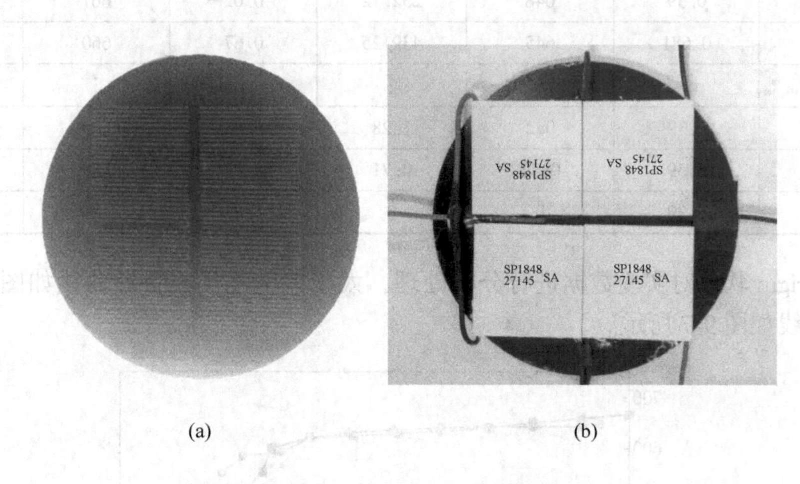

(a) (b)

图 9-3 太阳能电池板正面（a）和背面（b）

考虑到装置的体积和最佳的聚光距离，将装置制作成了一个长 430mm、宽 430mm、高 105mm 的 2×2 聚光光伏发电阵列。其中菲涅尔透镜尺寸为 200mm × 200mm，焦距为 140mm。自行搭建的聚光光伏及温差发电一体化装置的实物如图 9-4 所示。

图 9-4 装置实物图

D 实验数据与分析

a 有、无温差的对比研究

为了探究温差发电对于系统的影响，分别启动和不启动温差系统进行对比实验研究。

实验前调整装置倾斜角度，使阳光垂直照射在菲涅耳透镜上，在回路中接入电阻箱、小量程电流表和电压表，电阻箱阻值为 0～60000Ω，装置实验原理示意图如图 9-5 所示。不断调节电阻箱的阻值，测量太阳能电池输出电流值和电压值，实验数据见表 9-1。

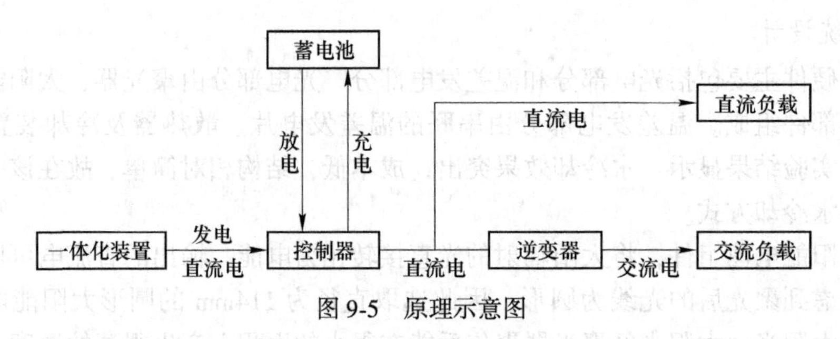

图 9-5　原理示意图

表 9-1　聚光下，启动温差与不启动温差实验数据

负载	启动温差			不启动温差		
R/Ω	U/V	I/mA	P/mW	U/V	I/mA	P/mW
0	0.39	648	252.72	0.02	667	10.67
1	0.681	645	439.25	0.67	660	444.84
⋮	⋮	⋮	⋮	⋮	⋮	⋮
30000	6.39	0.2	1.28	5.92	0.19	1.12
40000	6.39	0.11	0.71	5.92	0.08	0.47
60000	6.39	0	0	5.91	0	0

利用 Origin 软件对实验数据进行分析处理，太阳能电池伏安特性曲线如图 9-6 所示，输出功率曲线如图 9-7 所示。

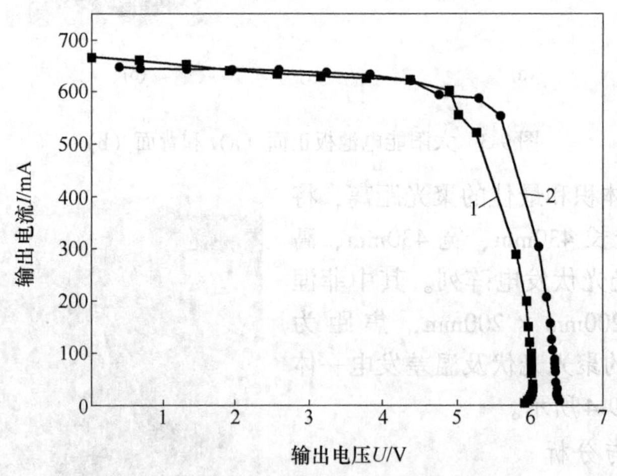

图 9-6　聚光太阳能装置伏安特性曲线图
1—不启动温差；2—启动温差

伏安特性曲线中，启动温差与不启动温差两种情况下，聚光太阳能电池的输出电流基本相等，但光伏-温差联合发电状态下，最终输出电压有约 0.5V 的明显提升。由于较大辐射强度导致太阳电池内部可进行复合的电子-空穴对增多，电池温度升高，从而加大电池内部电子-空穴对的复合概率，对外输出电流减弱。太阳能电池输出电压随温度升高而近似线性地减小，随辐射强度的增加而呈对数增长。电池输出电压随电阻增大而缓慢增加，达到最大值后开路电压基本保持稳定，这主要是受电池温度升高的影响。相同的聚光条件

下，入射到太阳电池的光通量相同，太阳电池温度越低，其禁带宽度就越宽。这意味着被太阳电池吸收的光子所产生的电子-空穴对能维持在高能量水平，从而增大输出电压。伏安特性曲线中，启动温差与不启动温差两种情况下，聚光太阳能电池的输出电流基本相等，联合发电状态下，最终输出电压有约 0.5V 的明显提升。

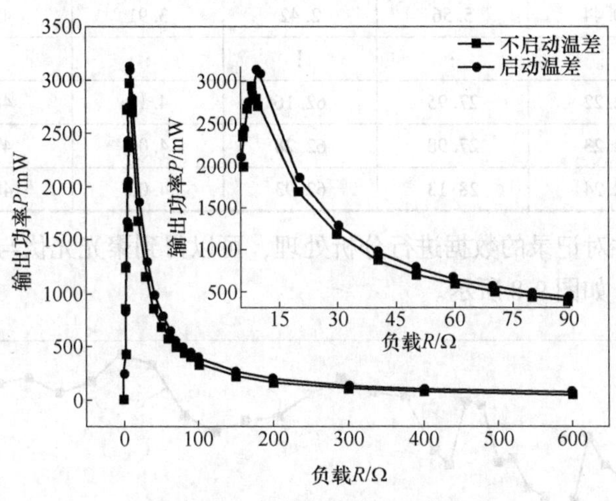

图 9-7 聚光太阳能输出功率曲线

在输出功率曲线中，两条曲线基本重合，均在电阻箱阻值为 8.5Ω 时有最大输出功率，光伏-温差联合发电的最大输出功率为 3.2mW，比单一光伏发电输出功率高出 161.6mW。

实验结果表明：启动温差比不启动温差发电效果更好。因为在聚光太阳能电池的背面加装温差发电系统后，不仅能降低聚光太阳能电池背面的温度，提高输出电压和最大输出功率，还可以利用热能进行发电，增加了总的输出功率。通过实验初步验证整套装置的可行性。

b 系统整体性能研究

为了研究整个装置在正常光照情况下，总输出功率以及转换效率的情况，进行了系统整体性能的测试：

(1) 实验前调整装置倾斜角度，使阳光垂直照射在菲涅耳透镜上。

(2) 在一体化装置的聚光光伏发电系统输出端串联一个阻值为 8.5Ω 的负载和电流表，并测量负载电流，温差发电系统的输出端串联一个阻值为 80Ω 的负载和电流表，并用电压表测量负载电压。

(3) 搭建好实验平台，启动循环水散热即可以开始记录实验数据。在记录实验数据过程中，由于前期数据变化频率较快，因此前 6min 每隔半分钟记录一次，后 15min 每隔 1min 记录一次，总共记录 21min，记录数据见表 9-2。

表 9-2 装置的输出功率

时间	温差发电			聚光光伏		
t/min	U/V	I/mA	P/mW	U/V	I/mA	P/mW
0	0.26	3.42	0.89	3.71	438	1624.54

续表 9-2

时间	温差发电			聚光光伏		
t/min	U/V	I/mA	P/mW	U/V	I/mA	P/mW
0.5	0.38	4.75	1.79	3.78	444	1678.32
1	0.44	5.56	2.42	3.91	458	1790.78
⋮	⋮	⋮	⋮	⋮	⋮	⋮
19	2.22	27.95	62.16	4.11	483	1985.13
20	2.23	27.98	62.28	4.09	479	1959.11
21	2.24	28.13	62.93	4.06	485	1969.10

利用 Origin 软件对记录的数据进行分析处理，可以得到聚光光伏与温差发电一体化装置的输出功率曲线，如图 9-8 所示。

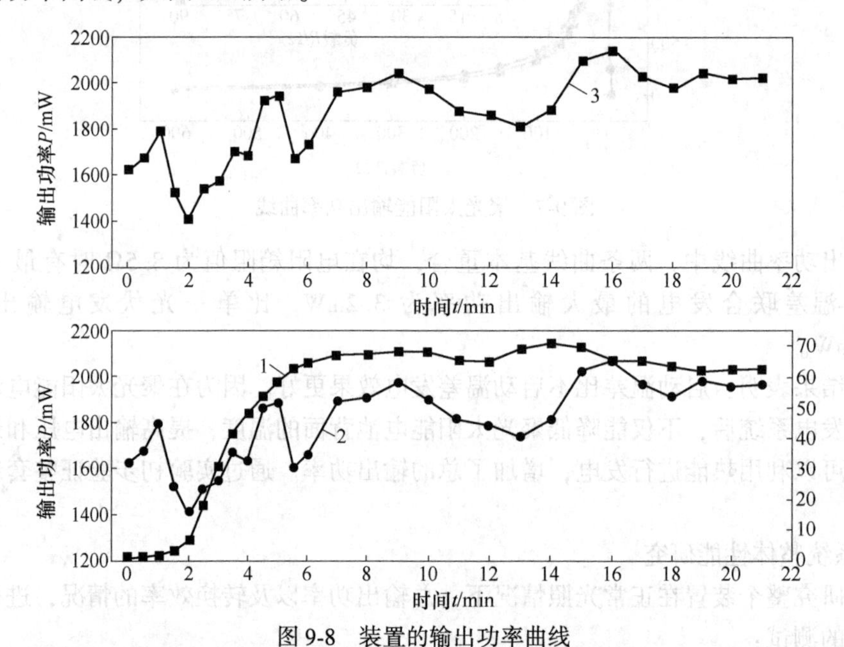

图 9-8　装置的输出功率曲线

1—温差发电输出功率；2—聚光光伏输出功率；3—装置总输出功率

一体化装置的输出功率高于光伏或温差单独一种发电方式。温差发电芯片输出功率主要受芯片冷、热端平均温差影响，太阳辐射强度的增强导致热端平均温度升高，输出功率曲线呈近线性增大。温差发电在系统中所占的发电比例较小。由图 9-8 可知：装置总输出功率等于聚光光伏系统输出功率加上温差发电系统输出功率。阳光照射后，光伏系统立刻产生 1.5W 左右的输出功率，长时间照射后，输出功率会有所上升，最终在 2.0mW 上下波动，考虑到太阳能光照强度的变化，输出功率的变化属于正常现象。

通过对比装置总输出功率曲线和聚光光伏系统输出功率曲线，可以发现装置工作 5min 后，装置总输出功率产生增量，说明在聚光光伏的基础上加装温差发电能够提升总输出功率，但增加的相对较少。而 5min 前装置总输出功率曲线和装置聚光光伏输出功率曲线基本一致，说明装置温差发电输出功率在 5min 前是一个逐渐增加的过程，5min 后趋于稳定。

E 结论

通过以上的实验分析可知：聚光光伏与温差发电一体化装置是可行的，该一体化装置能够将光电和热电混合利用，对弱光进行聚光处理，光电转换效率和整体输出功率均有所提高。但现在该装置仍存在一些不足和需要完善的地方，比如装置的采集的时间还是太短，整个装置还需要加装太阳能追踪系统等。该装置的投入使用能够加速光伏行业的发展，促进光伏温差混合技术的发展。

9.2.2 车用遮阳太阳能光伏发电系统

A 引言

炎炎夏日太阳光照射强烈，汽车发动机关闭一段时间后，车内没了空调温度迅速升高。据实验表明，夏季户外停放的小汽车，车内平均温度可高达55℃，某些物体表面甚至达到71℃左右。有限空间内的高温会导致车内一些皮制产品散发出让人难以承受的气味，驾驶人员需要忍受长达15~20min才能适应。

尽管现有防晒车罩能解决部分问题，但它将太阳能当作多余的能量阻挡在室外，没有加以充分利用。本装置通过将光伏发电技术与防晒车罩完美结合，改造后成为光伏发电式防晒、防尘多用途车罩。这样既可以降温，又可以有效地利用车顶上的光空间进行发电。该车罩一方面可以达到防晒的目的，另一方面所发的电能在停车时会驱动负载，如车用制冷器或空间清新器，达到降温与去除车内异味等作用，给驾驶人员创造一个美好舒适的环境。

B 可行性分析

经测量，仅车顶有效利用的光空间为16000cm²，其长度为147.5cm，宽度为109cm。再加上车顶和车尾部分，有效利用的光空间高达43566cm²，详细测量数据见表9-3。

表9-3 车上方空间参数

车顶	长度/cm	147.5
	宽度/cm	109
	面积/cm²	16077.5
车头	长度/cm	143
	宽度/cm	92
	面积/cm²	13156
车尾	长度/cm	131
	宽度/cm	110
	面积/cm²	14410
总面积/cm²	43566	

柔性太阳能电池是薄膜太阳能电池的一种，性能优良、成本低廉，可折叠。其产品已广泛应用于太阳能背包、太阳能敞篷、太阳能汽车、太阳能帆船甚至太阳能飞机上。其尺寸可根据客户进行定制，为了降低其成本选用现有的柔性太阳能电池，其相关参数见表9-4。

表 9-4　柔性太阳能电池参数

柔性电池片	参　数
短路电流/A	1.25
开路电压/V	16
额定功率/W	20
长度/cm	94
宽度/cm	42
有效面积/cm^2	3600

通过表 9-3 和表 9-4 的对比分析可知：柔性太阳能电池可以和车罩完美的结合在一起。四罩上面一般可以使用 7 块太阳能电池。如果按平均 8~10h/d，所发电量为 1kW · h 电左右。因此，有效的利用车顶上的光空间能够达到很好的节能减排的目的。

C　产品设计及技术原理

a　产品设计

该车罩是集发电、储能、遮阳、防尘等多功能于一体的新型防晒车罩，可以实现一物多用，同时达到节能减排的目的。车罩内置柔性太阳能电池组件，它通过粘扣粘（或编制）在防晒罩上。所发电能在汽车停车时能驱动车内负载，达到降低车内温度、排除车内异味等功效。同时，它还包括 LED 灯、电子车牌、控制器、蓄电池以及各种负载等部件。车罩棱边上的 LED 灯和电子车牌能在夜晚发光，为周围提供照明作用的同时，也能起到广告的效应。其原理示意图如图 9-9 所示。

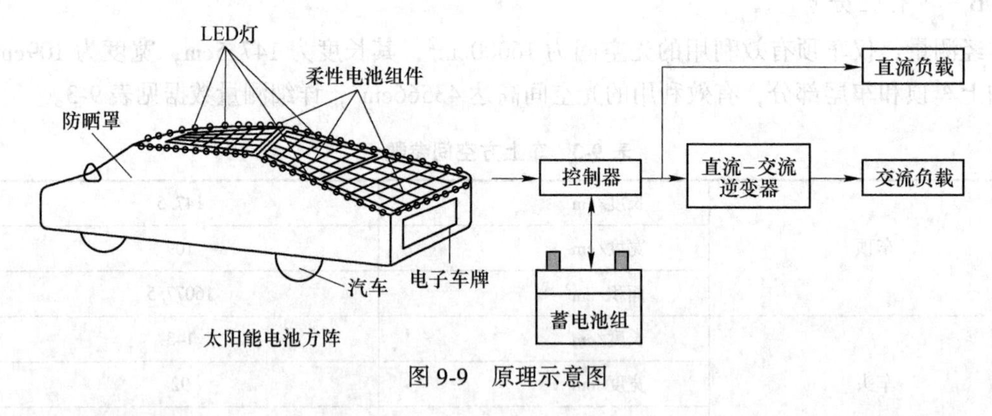

图 9-9　原理示意图

b　实验原理

太阳能电池有效地吸收太阳光辐射能，并使之变为电能，这种效应又称为光生伏特效应。太阳能光伏发电系统的基本工作原理是：在太阳光的照射下，将太阳电池组件产生的电能通过控制器给负载直接供电，多余的电能直接储存在蓄电池以备不时之需。对于交流负载而言，还需要增加逆变器，将直流电转换成交流电供交流负载使用。相关部件性能如下：

（1）柔性太阳能电池：它是太阳能发电系统的核心部分。白天吸收太阳光，将光能转化为电能供负载使用。

（2）太阳能控制器：太阳能控制器的作用是控制整个系统的工作状态，将太阳能电池所发的电供给负载使用，另一方面将多余的电能送往蓄电池中存储起来以备不时之需。同时它还能对蓄电池起到过充电保护、过放电保护的作用。在温差较大的地方，合格的控制器还应具备温度补偿的功能。

（3）蓄电池：将太阳能电池板所发出的多余的电能储存起来，需要时再释放出来，供负载使用。

（4）逆变器：将太阳能电池所发的直流电转化为交流电供交流负载使用。

产品设计的最终效果如图 9-10 所示。

图 9-10　实物效果图

D　性能研究与分析

柔性电池组件的伏安特性分析：太阳能电池是整个系统的核心部件，其性能好坏直接影响其发电量的多少。为此，先要对单个电池片的性能进行伏安特性和功率特性研究，其步骤如下，实验数据见表 9-5。

（1）将柔性太阳能电池板铺平，使太阳光照直射到上面，实验过程尽量避免周围其他因素的干扰。

（2）把控制器和蓄电池串联在柔性太阳能电池板上，检验柔性太阳能电池板是否成功储电。

（3）连接实验器材，准备测量实验数据。

（4）测量组件的输出电流和电压：电阻从 0 变化到 30000Ω。

表 9-5　太阳光照下柔性电池组件的实验数据

R/Ω	U/V	I/A	R/Ω	U/V	I/A
0	5.26	1.61	200	18.92	0.58
10	6.66	1.50	300	19.07	0.54
20	11.70	1.38	400	19.15	0.51
30	14.91	1.25	500	19.20	0.50
40	16.49	1.11	600	19.28	0.48
50	18.16	1.00	700	19.33	0.48
60	17.71	0.92	1000	19.43	0.46
70	17.96	0.85	5000	19.50	0.43
80	18.16	0.80	10000	19.44	0.44
90	18.31	0.77	15000	19.48	0.43
100	18.43	0.73	30000	19.50	0.43

根据以上实验数据，作不同情况下光伏组件伏安特性曲线与输出功率特性曲线分别如图 9-11 和图 9-12 所示。

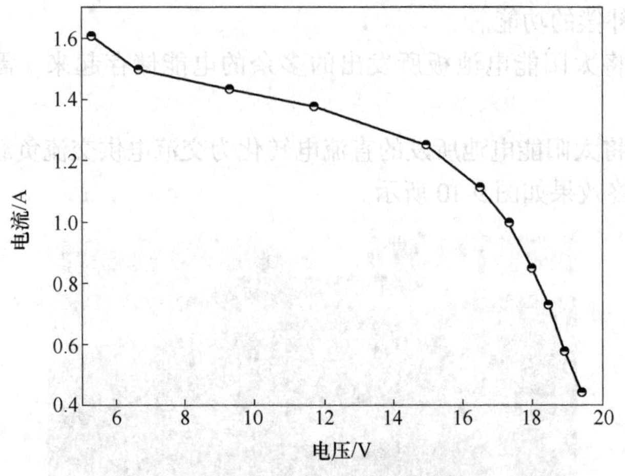

图 9-11　光伏组件伏安特性曲线

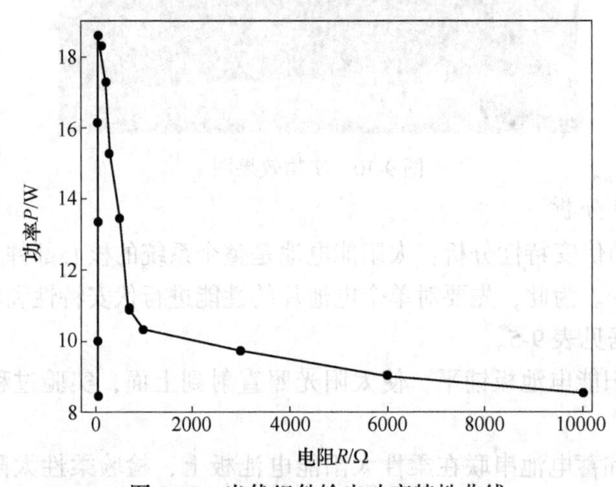

图 9-12　光伏组件输出功率特性曲线

由图 9-11 可知，其开路电压和短路电流分别为 19. 5V 和 1. 6A。由图 9-12 可知，光线均匀地聚集在光伏组件上，随着负载电阻的增大，柔性太阳能电池板的功率也随之变小。当外界负载达到约 600Ω 时，其组件的输出功率达到最大值。

E　应用举例

a　车内降温

在炎炎夏日太阳光直射下，停放在外的小汽车有限空间的车内温度高达 55℃，某些物体表面甚至达到 71℃，为了研究该车罩的性能，分别对比研究了不加车罩、加普通车罩与光伏发电车罩三种情况下的车内温度，数据见表 9-6。

表 9-6　太阳能光照下车内温度数据　（℃）

季节	不加车罩的温度	加车罩的温度	加光伏车罩的温度
夏天	70	30～40	15～20

由表 9-6 可知：在夏日室外温度达到 40℃左右时，太阳暴晒一段时间后，车内的温度一般为 55℃甚至更高，在车上覆盖上市面上的一般车罩时，车罩反射太阳光，温度降低到 30~40℃，但若是在车上覆盖光伏车罩，并打开负载，柔性太阳能电池板会吸收太阳的能量，转化为电能后作用于负载上，进一步降低车内温度，车内温度可降至 15~20℃。

b　夜晚照明及广告效果

在车罩上安装 LED 灯，可以作为夜间的照明工具，解决了路灯照明间距大、不明亮等问题。作为优质高效的照明光源，LED 灯的广泛应用将为现代社会提供更加优良、环保的照明环境和高效、节能的照明品质，并且可替代白炽灯使用。而且，灯光使车体的轮廓更加清晰，不易造成夜间的擦伤碰撞，五彩的灯光也达到了美化环境的目的，效果如图 9-13 所示。

图 9-13　车罩夜间效果图

F　实验结论

车用遮阳太阳能光伏发电装置适用范围广泛，可适用于不同型号的轿车，且成本低，利用率高，可在轿车市场上广泛推广。由于汽车不占用固定建筑面积，而且车顶上面积也大。因此，光伏发电式防晒车罩具有非常广阔的市场前景。

9.2.3　基于太阳能的半导体制冷从空气中取水装置的实验

A　引言

利用太阳能发电、半导体表面制冷和结露法相结合进行取水，这不仅不会产生环境污染，而且还能减轻二氧化碳、二氧化硫以及粉尘的排放。半导体制冷空气取水法不使用化学物质，凝结水的水质优良，非常适合在沙漠地区凝水或者进行海水淡化。沙漠地区白天一般日照充足，有利于太阳能发电，夜间温度较低且湿度较大，这种特殊的环境十分有利于半导体制冷空气取水。海上空气湿度较大，日照也相对充足，利用半导体制冷空气取水的可行性也较高。

B　实验原理

a　光伏发电的基本原理

太阳能电池是一种将太阳光能直接转换成电能的半导体光伏器件，它是基于半导体材料的光生伏特效应。当光线照射到半导体的表面时，半导体吸收的光子能量大于半导体材料的禁带宽度时，原子中的价电子会受到激发，从价带跃过到导带，从而产生大量的电子-空穴对。它们在内建电场的作用下分离，电子和空穴分别在N区和P区积聚，从而产生光生电压。当电池正、负极接入负载时，负载上便有光生电流流过，即光生载流子反向越过势垒形成光生电流，从而实现了光能转换成电能。

b 半导体制冷的基本原理

半导体制冷利用的是热电制冷效应。热电偶对是制冷材料的基本单元，它是将若干个N型半导体元件和一只P型半导体元件连接而成，如图9-14所示。

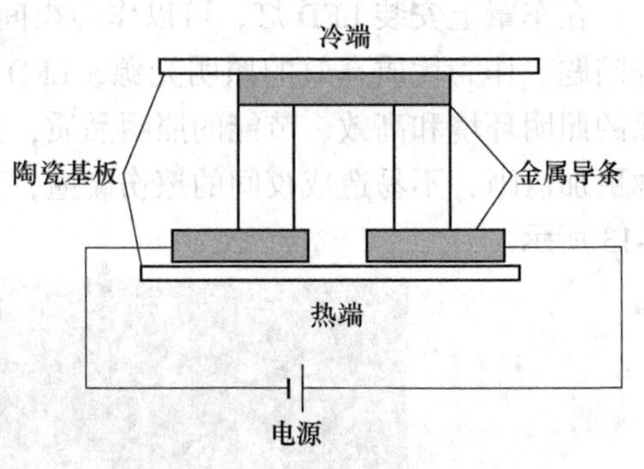

图9-14 热电制冷器件示意图

半导体两端接上直流电源时，P型半导体的电流方向是从N到P，电子在外电场力作用下做功，为了获得更多的动能，从周围环境吸热，P型半导体形成冷端。相反，对于N型半导体来讲，电流方向从P到N，电子克服外电场力作用下做功，动能减少，向周围环境放热，温度上升，N型半导体形成热端。两端分别吸收热量和放出热量，将数对热电偶连接便构成常用的热电堆，就可以实现制冷的目的。

C 系统的设计与构建

a 太阳能光伏系统的设计

实验采用太阳能光伏系统的简易模型，由太阳能电池、控制器、蓄电池等部件组成。控制器可以将直流电供于直流负载，也可调节电力存储与使用。连接逆变器后也可给交流负载供电，系统装置如图9-15所示。

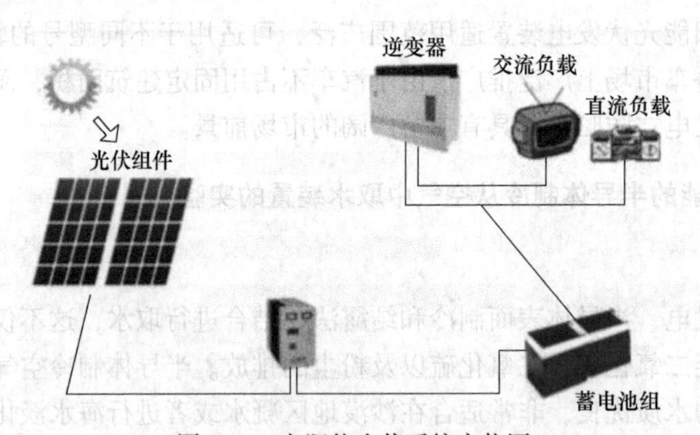

图9-15 太阳能光伏系统实物图

b 半导体制冷系统的设计

半导体制冷系统由半导体制冷片、导冷块、散热片、隔热垫、散热风扇，电源控制器，温度计等部件组成，如图9-16所示。

此外增加强迫风冷散热，在自然空气对流散热的基础上，热端增加散热风扇，使得制冷组件的工作环境为流动空气。通过提高空气流速来提升空气与热端接触面积，有效地提高了散热效果。散热风扇体积小，使用灵活，产品噪声也在可以接受的范围内。

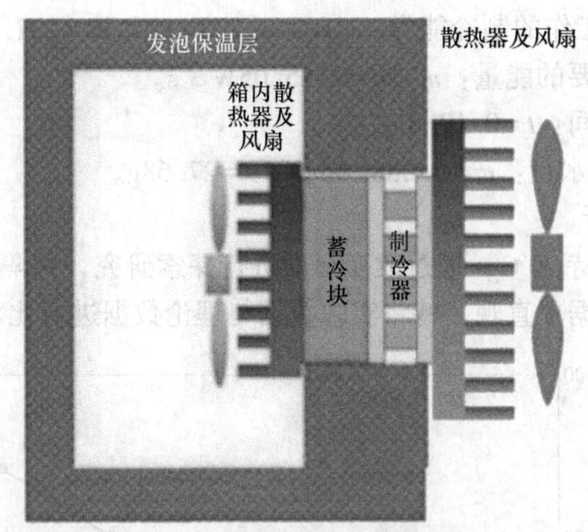

图 9-16 半导体制冷系统构成图

D 实验结果与分析

a 冷凝水的理论计算

太阳能半导体制冷空气取水的计算公式：

$$m_n = m_s(d_1 - d_2) \tag{9-1}$$

式中 m_n——凝结水的质量；

m_s——湿空气的质量；

d_2——冷凝后饱和湿空气的含湿量；

d_1——初始状态的湿空气的含湿量。

在稳定状态下制冷片结露取水的能量守恒方程为：

$$Q = m_s \Delta h / t + \Delta Q \tag{9-2}$$

式中 Q——制冷片的制冷能力；

m_s——湿空气质量；

Δh——空气在通过制冷片前后的焓差；

ΔQ——通过壁面的冷量损失；

t——处理空气需要的时间。

测量的数据见表 9-7。

表 9-7 常压下制冷前和制冷后的数据

温度/℃	相对湿度/%	空气密度/kg·m^{-3}	露点温度/℃	湿空气的含湿量/g·kg^{-1}	初始焓值/kJ·kg^{-1}
$t_1=20$	$\varphi=65$	$\rho=1.195$	$t_{d1}=13.2$	$d_1=9.35$	$h_1=36.59$
$t_2=0$	$\varphi=100$	$\rho=1.195$	$t_{d2}=0$	$d_2=3.78$	$h_2=9.42$

实验装置采用的制冷箱内尺寸是 530mm×420mm×330mm，制冷箱的容积 V 为 0.0735m^3，$\rho=1.195$kg/m^3。

湿空气质量 m_s 为：

$$m_s = V\rho = 0.088\text{kg} \tag{9-3}$$

凝结水的质量：$m_n = m_s(d_1 - d_2) = 0.489$g。

4 台制冷装置共同工作的制冷能力：$Q=4\times4.723\times12.237=231.2$W。

处理空气过程中需要的能量：$m_s\Delta h=2385.05$W · s。

处理空气需要的时间：$t=0.19$min。

1h 内装置可生成的水量：$m=0.088\times60/0.19=27.68$g。

b 实验结果与分析

下述实验温度均保持 20℃，通过改变湿度进行探索研究，每隔 1h 采用天平称重收集到的冷凝水。为了让数据更直观，特将实验数据与理论数据进行比对，如图 9-17 所示。

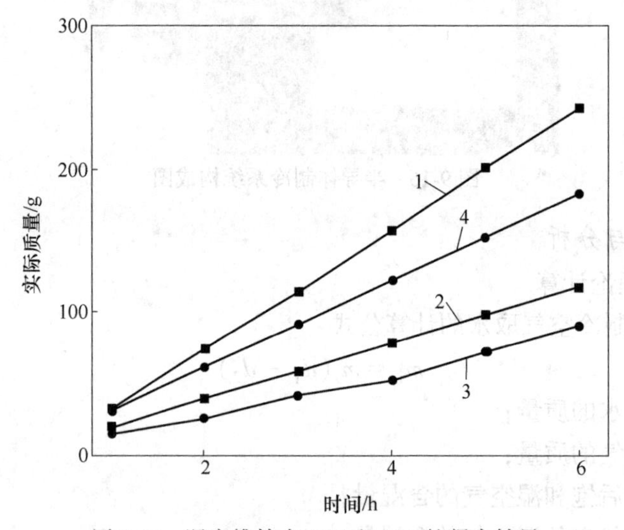

图 9-17 湿度维持在 85%和 60%的凝水结果

1—湿度 85%实际质量；2—湿度 85%理论质量；3—湿度 60%实际质量；4—湿度 60%理论质量

实验分析：

(1) 不同湿度下取水量之间的比较：根据上述提供的式（9-1）~式（9-3）进行数值运算，实验的温度为 20℃，湿度分别为 85%和 60%，计算太阳能半导体制冷取水的质量。理论计算的数据如图 9-17 中虚线所示。从图 9-17 可以看出湿度在较低情况下，装置的理论制水的质量较低。在温度一定时，湿度越高，装置的取水效率越高，取水的效果越好。这是因为在温度不变的情况下，露点温度随着空气湿度的增高而越高，若将已达到露点的空气继续降温，则空气中的水分开始凝结成水滴。所以，湿度越大的空气露点的温度越高，制冷设备的温度下降，就会制取更多的水。

(2) 湿度相同实验质量与理论质量之间的比较：在试验中，测得装置的实际取水量，可以看出装置的取水效率是与湿度有关的，这点是与理论的计算一致的。但是从图 9-17 中可以看出，湿度相同的情况下，理论的数据是比实际的数据偏高的。这是因为半导体的制冷效果是有一定的限制的，受环境影响较大。其次太阳能电池板的能量转化率不高，导致蓄电池提供的能量不够，半导体的制冷效果不好。因此，半导体制冷取水的质量总是小于理论计算的数据。

c 日常生活中装置的运行结果

蓄电池白天通过太阳能发电进行充电，晚上为制冷组件供电。通过测量 5 月 13 日至 5 月 22 日夜间温度及湿度，温度一般位于 18~24℃，湿度一般位于 70%~85%，十分利于制冷组件在理想的环境下工作。

5月13日测得晚间环境温湿度及制水量如图9-18和图9-19所示。

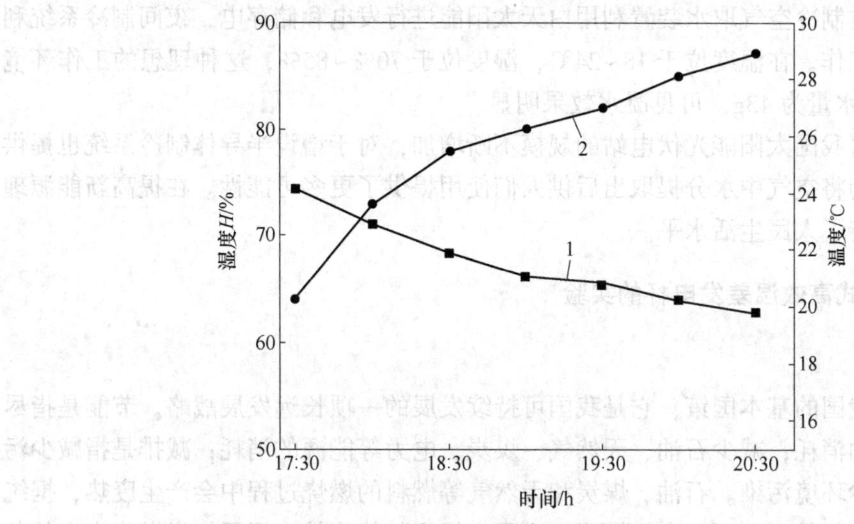

图9-18 湿度温度变化图

1—温度；2—湿度

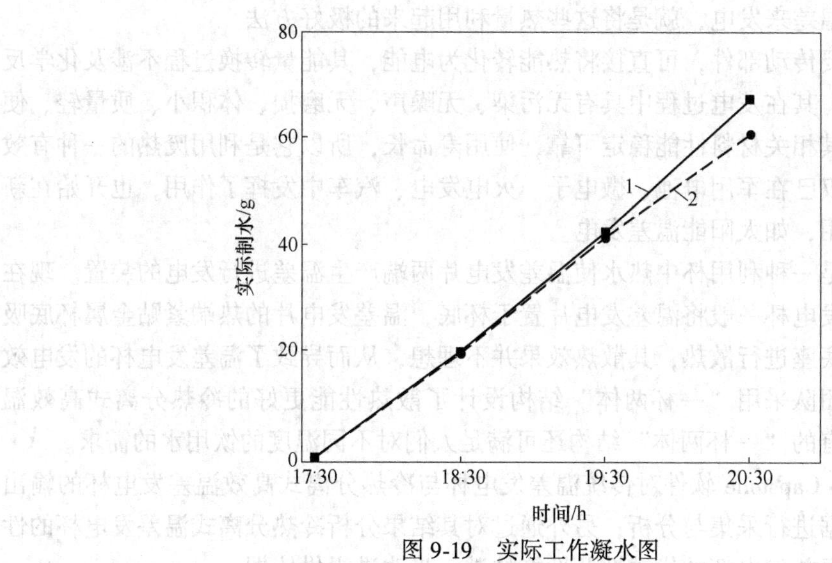

图9-19 实际工作凝水图

1—实际制水；2—理论制水

本次实验，理论值选用22℃、75%湿度，20℃、80%湿度，20℃、85%湿度进行计算，实际值通过夜间记录的数据得出，最终得出以下结论：

(1) 当温度高于24.2℃，湿度在64%以下，装置是没有水制出的。这个情况是与理论的结果相符的。

(2) 当温度位于18~24℃，湿度位于70%~85%时，这种环境十分有利于制冷取水。

(3) 从本次的室外数据来看，理论数据和实际结果是比较接近的。理论值选用20℃、80%的湿度进行计算，实际实验过程中温、湿度均存在变化，与理论计算结果存在偏差是必然的结果。但是本次室外的数据取得与理论计算相近的实验结果，进一步验证了太阳能半导体制冷空气取水的可行性。

E 结语

太阳能半导体制冷空气取水装置利用白天太阳能进行发电和储存电，夜间制冷系统利用蓄电池中的电工作。在温度位于18~24℃，湿度位于70%~85%，这种理想的工作环境下，平均1h制取水量为43g，可见凝水效果明显。

近些年，随着我国太阳能光伏电站的规模不断增加，对于增设半导体制冷系统也提供了有利的平台，为将空气中水分提取出后供人们使用提供了更多可能性。在提高新能源理念的同时，也改善了人民生活水平。

9.2.4 冷热分离式高效温差发电杯的实验

A 引言

节能减排是我国的基本国策，它是我国可持续发展的一项长远发展战略。节能是指尽可能地减少能源的消耗，减少石油、天然气、煤炭、电力等能源的消耗；减排是指减少污染物的排放，减少环境污染。石油、煤炭和天然气等燃料的燃烧过程中会产生废热，据统计，以煤炭作为原料的火电厂，在排烟这一过程中损失的热能就占据了煤炭燃烧产生的总热能的5%~12%，如果能把这一部分热量利用起来，不仅能节约能源，也能减少大气污染物的排放。利用温差来发电，就是将这些热量利用起来的极好方法。

温差发电不需要传动部件，可直接将热能转化为电能，其能量转换过程不涉及化学反应且无需流体介质，其在发电过程中具有无污染、无噪声、无磨损、体积小、质量轻、便于移动等优点，且其相关材料性能稳定可靠，使用寿命长，所以它是利用废热的一种有效方法。温差发电不仅已在军用电池、微电子、火电发电、汽车中发挥了作用，也开始在新能源领域显现其作用，如太阳能温差发电。

温差发电杯就是一种利用杯中热水使温差发电片两端产生温差进行发电的装置。现在市面上出售的温差发电杯一般将温差发电片置于杯底，温差发电片的热端紧贴金属杯底吸热，冷端紧贴金属底座进行散热，其散热效果并不理想，从而导致了温差发电杯的发电效率下降。为此，本团队采用“一杯两体”结构设计了散热性能更好的冷热分离式高效温差发电杯，其所具有的“一杯两体”结构还可满足人们对不同温度的饮用水的需求。

本文通过 Pasco Capstone 软件对传统温差发电杯与冷热分离式高效温差发电杯的输出电流、电压进行数据进行采集与分析；另外通过对其结果分析冷热分离式温差发电杯的性能，为冷热分离式温差发电杯的优越性及性能的进一步改进提供依据。

B 产品介绍

a 实验原理

温差发电是塞贝克效应的一种应用，能够直接将热能转化为电能。适合用于对低品位能源的回收利用，其具有其他能量转换方式没有的优点，半导体温差发电特别适合于温差较小的环境。如图9-20（a）所示，若将一个 n 型半导体和一个 p 型半导体通过金属导体连接成一个闭合回路，就能构成一个温差电偶，即热电单元。当热电单元的热面接触到热源 Q_h、冷面接触到冷源 Q_c 时，在热电单元两端形成了温差，这时就会有电流流经回路，基于塞贝克效应制成的温差发电片实物如图9-20（b）所示。当温差发电片的两端存在一

定温差 $\Delta T=T_H-T_C$（T_H为热端温度，T_C为冷源温度）时，在温度相差不大的范围内，温差电动势 E_{HC}与温差 ΔT 成正比，可表示为：

$$E_{HC} = \alpha\Delta T$$

式中，α 为塞贝克系数，又称为材料对温差的电动势率，$\alpha = dE/dT$，单位为 V/K。

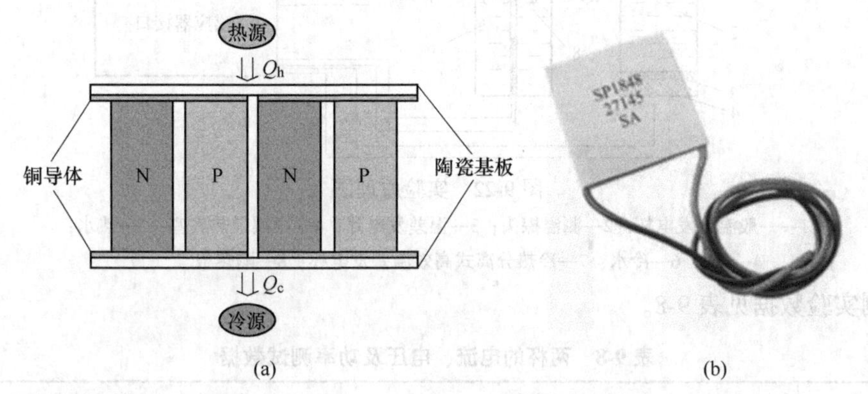

图 9-20 温差发电片原理图（a）和 SP1848-27145 型温差发电片（b）

b 产品设计

冷热分离式高效温差发电杯采用“一杯两体”结构。吸热杯（盛放热水）置于发电片吸热面一侧，散热杯（盛放冷水）置于发电片散热面一侧，发电片置于导热金属隔板中，导热金属隔板将吸热杯与散热杯隔开，其原理如图 9-21 所示。

冷热分离式高效温差发电杯通过在吸热杯和散热杯中分别倒入热水和冷水，利用两侧温差进行发电，该杯因采用冷热两体的发电模式，散热效果比一般发电杯好，故发电效率得到了进一步的提高。同时，使用者可以直接使用热体或冷体中的水，也可通过特制的吸管喝到两体中的水，该吸管将两体中的水汇流，可将水温调节到适宜饮用的温度。

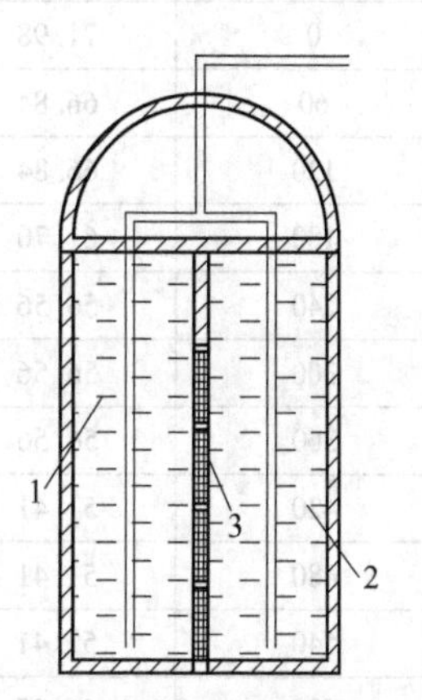

图 9-21 冷热分离式高效温差发电杯原理图
1—热水；2—冷水；3—温差发电片

C 产品性能测试

a 测试原理

为了研究此杯的发电性能，并将其与市场上现有的发电杯进行比较，利用 Pasco Capstone 软件对输出电流、电压进行数据自动采集，其实验原理如图 9-22 所示。

b 数据测量

利用以上测试原理及装置，对一般温差发电杯和冷热分离式高效温差发电杯的输出电流和电压进行测试，其实验步骤如下：

（1）将实验仪器与电脑连接并打开电源，分别将一般温差发电杯和冷热分离式高效温差发电杯所用的温差发电片的正负极与装置的正负极连接，将测温探头贴于两杯杯壁，冷热分离式高效温差发电杯冷热两端杯壁都需贴上测温探头。

（2）两杯中同时倒入温度为 75℃ 的热水，冷热分离式高效温差发电杯冷端倒入温度为 26℃ 的冷水，利用 Pasco Capstone 软件记录数据，频率为 15s/次，记录时间为 20min。

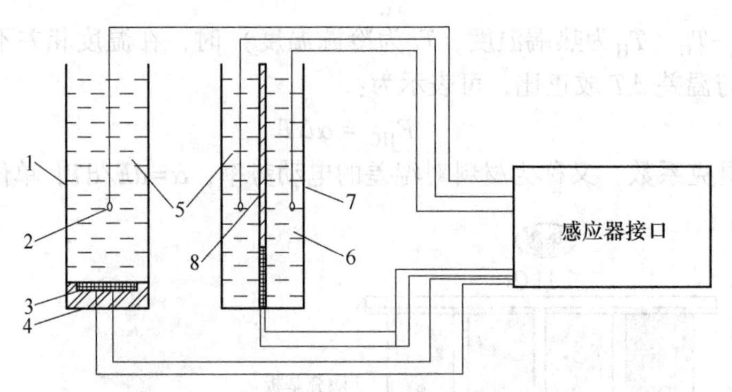

图 9-22 实验原理图

1—一般温差发电杯；2—测温探头；3—温差发电片；4—金属散热底座；5—热水；6—冷水；7—冷热分离式高效温差发电杯；8—隔热板

所测实验数据见表 9-8。

表 9-8 两杯的电流、电压及功率测试数据

t/s	一般温差发电杯			冷热分离式高效温差发电杯		
	U/mV	I/mA	$P/\times10^{-6}$W	U/mV	I/mA	$P/\times10^{-6}$W
0	71.98	56.09	40.37	150.49	203.13	305.69
60	66.84	51.28	34.28	129.74	179.9	233.40
120	66.84	47.54	31.78	119.36	163.7	195.39
180	61.70	44.87	27.68	103.79	149.11	154.76
240	56.56	41.67	23.57	93.41	134.52	125.66
300	56.56	39.53	22.36	83.03	121.56	100.93
360	56.56	37.39	21.15	67.46	109.67	73.98
420	51.41	35.79	18.40	62.27	98.87	61.57
480	51.41	34.72	17.85	51.89	89.14	46.25
540	51.41	33.12	17.03	46.70	80.50	37.59
600	46.27	31.52	14.58	41.52	73.47	30.50
660	46.27	30.45	14.09	31.14	66.45	20.69
720	46.27	29.91	13.84	25.95	59.97	15.56
780	46.27	28.85	13.35	20.76	54.57	11.33
840	46.27	27.78	12.85	15.57	49.7	7.74
900	46.27	27.24	12.60	10.38	44.84	4.65
960	46.27	26.18	12.11	10.38	41.06	4.26
1020	41.13	25.64	10.55	5.19	37.28	1.93
1080	41.13	25.11	10.33	5.19	34.04	1.77

D 产品性能对比研究

a 两杯电流、电压参数对比研究

根据以上数据分别作出一般温差发电杯和冷热分离式高效温差发电杯的电压、电流特性曲线，如图 9-23 所示。

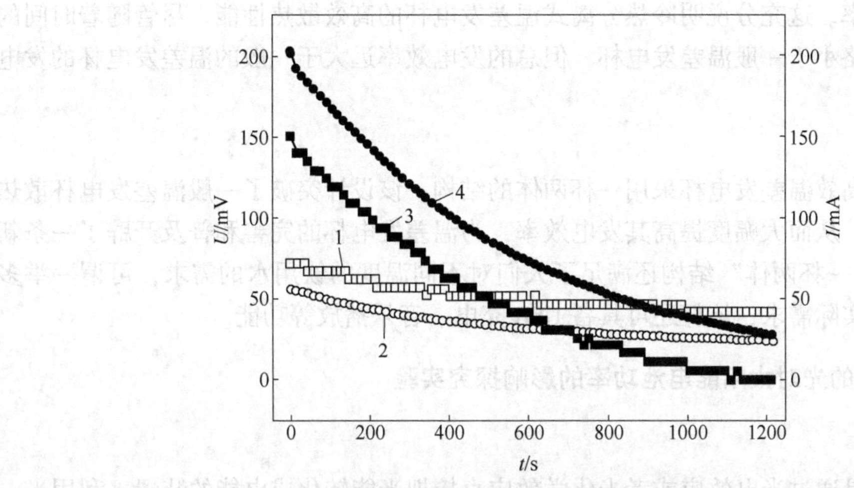

图 9-23　两杯电流电压输出特性曲线

1—一般温差发电杯电压；2—一般温差发电杯电流；3—冷热分离式高效温差发电杯电压；4—冷热分离式高效温差发电杯电流

从图 9-23 中可得出以下结论：

（1）冷热分离式高效温差发电杯产生的电流在整个区间内均高于一般温差发电杯，这是由于“一杯两体”结构提高了温差发电片的散热效率，使得其电阻大幅减小。

（2）在 0~600s 这个区间内，冷热分离式高效温差发电杯产生的电压值高于一般温差发电杯，随着时间的推移，其电压值逐渐减小，这是由于冷热分离式高效温差发电杯高效的散热效果使得温差发电片两端的温差越来越小。此时，冷热分离式高效温差发电杯中冷热体中的水温越来越接近，说明水的大部分热能已经转化为电能。

b　两杯发电杯功率特性对比研究

根据表 9-8 中的实验数据，作出两杯输出功率特性曲线如图 9-24 所示。

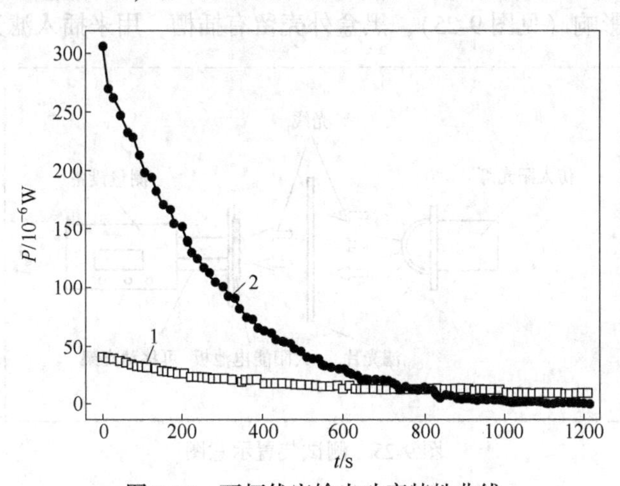

图 9-24　两杯伏安输出功率特性曲线

1—一般温差发电杯功率；2—冷热分离式发电杯功率

从图 9-24 中可以看出：冷热分离式高效温差发电杯的功率曲线较陡，而一般温差发电杯的功率曲线较平缓。在 0~780s 内冷热分离式高效温差发电杯的输出功率远大于一般温差发电杯的功率。这充分说明冷热分离式温差发电杯的高效散热性能。尽管随着时间的推移，其功率会略小于一般温差发电杯，但总的发电效率远大于一般的温差发电杯的发电效率。

E 结语

冷热分离式高效温差发电杯采用一杯两体的结构，该设计突破了一般温差发电杯散热效率低下的缺陷，从而大幅度提高其发电效率，为温差发电杯的完善和普及开辟了一条新的道路。同时，“一杯两体”结构还满足了人们对不同温度的饮用水的需求，可谓一举多得。同时，根据实际需求，该杯还可具备 USB 充电、音乐播放等功能。

9.2.5 不同波长的光对太阳能电池功率的影响探究实验

A 引言

太阳能电池是通过光电效应或者光化学效应直接把光能转化成电能的装置。利用光电效应，将太阳辐射能直接转换成电能，光-电转换的基本装置就是太阳能电池。太阳能电池是一种由于光生伏特效应而将太阳光能直接转化为电能的器件，是一个半导体光电二极管，当太阳光照到光电二极管上时，光电二极管就会把太阳的光能变成电能，产生电流。影响其功率的外部因素主要有光照强度、光照波长、外界温度等。本试验主要探究光照波长对其功率的影响。

B 实验原理

实验装置是一种可以模拟阳光下太阳能电池板正常工作的仪器。光源采用碘钨灯，其输出光谱接近太阳光谱。通过调节光源与太阳能电池之间的距离可以改变太阳能电池上的光功率。根据测量装置上显示的输出电流与输出电压，可绘制出相应的伏安特性曲线。制作不同颜色的滤光片可以改变透射的波长，从而实现对不同波长光线对应的伏安特性曲线的测量，进而实现对不同波长对应功率的测量。整个装置封装在黑盒内，以尽量避免外部光线对实验结果的影响（见图 9-25），黑盒外壳留有插槽，用来插入滤光片。

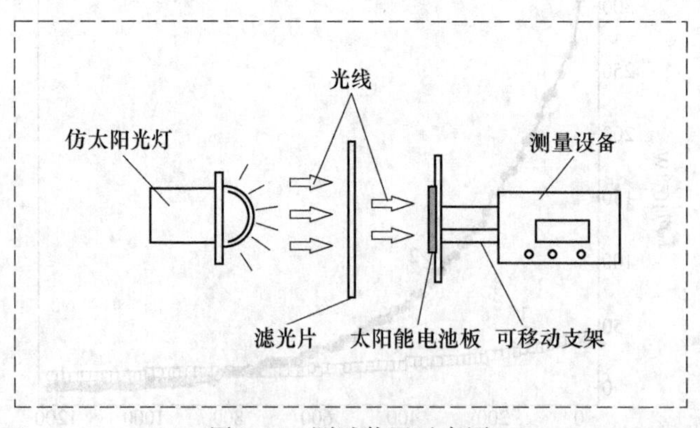

图 9-25 测试装置示意图

本实验使用的滤光片为自制滤光片（见图 9-26），其目的是为了滤除与彩色玻璃纸颜色不同的光。但由于滤光片的滤光效果及程度不同，不能使透射光波长的范围限定在标准波长范围以内，还需要对滤光片的透射光成分进行分析，以便得出较为准确的实验结论。

本次试验使用的太阳能电池片为普通单晶硅材质的矩形太阳能电池片，采用钢化玻璃

图 9-26 自制滤光片（蓝色、红色、紫色）

以及防水树脂进行封装，面积为 14cm^2。相比多晶硅和非晶硅电池，单晶硅电池的转化效率最高，实验效果也相对明显。一般来说，目前单晶硅电池的响应光谱在 400nm 到 1100nm 之间，相应强度从 400nm 至 900nm 左右递增，通常光谱响应的最大灵敏度在 800nm 到 950nm 之间，而再继续增大波长则响应程度递减。在相同光照强度的情况下，通过不同的滤光片可以达到测试在不同波长范围内最大功率点的效果。在太阳能光伏器件的所有性能表征手段中，伏安特性测试是最直观、最有效、最被广泛应用的一种方法。通过测量伏安特性曲线，并进一步进行数据分析处理，可以直接了解到光伏器件的各项物理性能，包括光电转换的效率、填充因子等。这些数据可以为光伏器件的研究、质检以及应用提供可靠的依据（见图 9-27）。

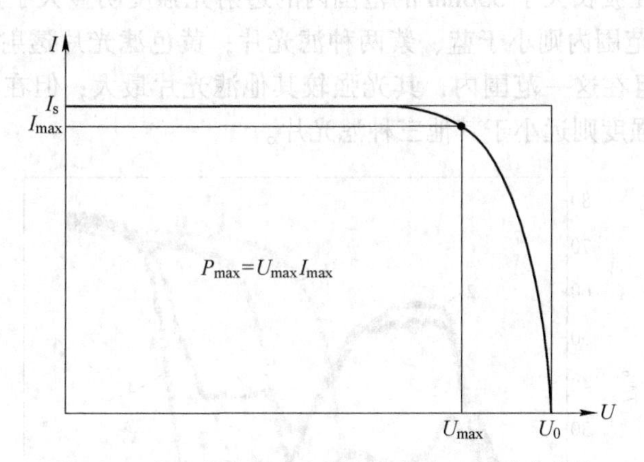

图 9-27 在一定光照强度下太阳能电池的伏安特性

（U_{max}，I_{max}对应最大功率点）

在固定的光照强度下，光电池的输出功率取决于负载电阻 R。太阳能电池的输出功率在最佳负载电阻 R_{best}时，达到最大功率 P_{max}，有

$$P_{max} = U_{max} \times I_{max} \tag{9-4}$$

且有

$$F = \frac{P_{max}}{U_0 \cdot I_s} \tag{9-5}$$

式中，F 称为填充因子。某状态下 F 越大，太阳能电池板的品质越高。

波长不同的电磁波，引起人眼的颜色感觉不同。可见光的波长范围在 770～390nm 之间。770～622nm，感觉为红色；622～597nm 为橙色；597～577nm 为黄色；577～492nm 为绿色；492～455nm 为蓝靛色；455～390nm 为紫色。不同颜色的光对应的能量也不同，根据光电效应，对于光电子的能量 E_e、入射光频率 ν，应该有以下关系式成立：

$$E_e = h\nu - E_g \tag{9-6}$$

式中，h 为普朗克常量，而不同颜色的光具有不同的波长，也意味着有不同的频率 ν 和能量 $h\nu$，内部光电子的能量 E_e 也就不同，所以太阳能电池板的伏安特性曲线也会随之发生改变，最大功率点亦会偏移。

C　实验步骤

实验步骤为：

（1）利用分光光度计测出各个滤光片的透射谱。

（2）如图 9-27 所示，将装置电源打开，预热 3min。

（3）将不同颜色（红、黄、蓝、紫）的自制滤光片插入装置相应插槽，调节旋钮，改变输出电压 U 和输出电流 I。

（4）在输出电压较小（小于 2V）时，每变化 0.1V 记录一次数据；在输出电压较大（大于 2V）时，每变化 0.01V 记录一次数据。

D　实验数据的测量及分析

（1）利用分光光度计测出不同滤光片的透射谱，如图 9-28 所示。基于此图可以得到的信息：紫光滤光片几乎在被测全波长范围内的透光强度均大于蓝色滤光片的透射光强度；红色滤光片约在波长大于 550nm 的范围内的透射光强度明显大于蓝色、紫色滤光片，而在小于 550nm 的范围内则小于蓝、紫两种滤光片；黄色滤光片透射光在波长集中大于 500nm 的范围内，且在这一范围内，其光强较其他滤光片最大；但在波长小于 500nm 的范围内，其透射光强度则远小于其他三种滤光片。

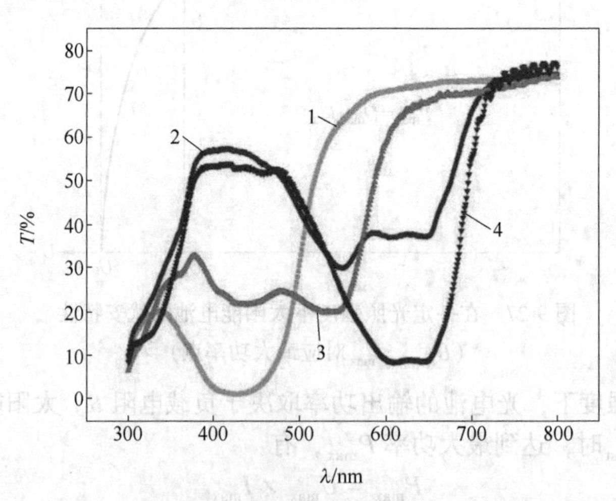

图 9-28　四种不同颜色的滤光片的透射谱

1—黄色；2—紫色；3—红色；4—蓝色

（2）使用太阳能电池特性测试装置，通过直接测量，可读出不同滤光片透射情况下的输出电流和输出电压，数据见表 9-9。

表 9-9 四种不同颜色滤光片输出 *I-V* 数据

编号	输出电压 U/V	红片电流 I_R/mA	黄片电流 I_Y/mA	紫片电流 I_P/mA	蓝片电流 I_B/mA
1	0	51.6	60.7	51.2	41.5
2	0.14	51.8	60.7	51.3	41.5
3	0.2	51.8	60.6	51.3	41.6
4	0.28	51	60.6	51.4	41.6
5	0.36	52	60.7	51.3	41.6
6	0.44	52.1	60.5	51.3	41.5
⋮	⋮	⋮	⋮	⋮	⋮
34	2.15	12	15.5	10.3	6.1
35	2.16	10.2	13.5	8.5	4.6
36	2.17	8.6	11.1	6.6	2.9
37	2.18	6.8	9.6	4.7	1.3
38	2.19	4.9	7.5	3.1	0
39	2.2	2.9	5.2	0.9	0
40	2.21	0.9	2.6	0	0

由已测得的被测太阳能电池片的面积数据，再根据表 9-9 中数据，采用 Origin8.0 软件拟合出不同波长下电池片的 J—U 图像（见图 9-29），图 9-29 中 $J_{红色}$、$J_{黄色}$、$J_{紫色}$ 和 $J_{蓝色}$分别表示在同一输出电压下，红色、紫色、蓝色滤光片对应的输出电流密度。

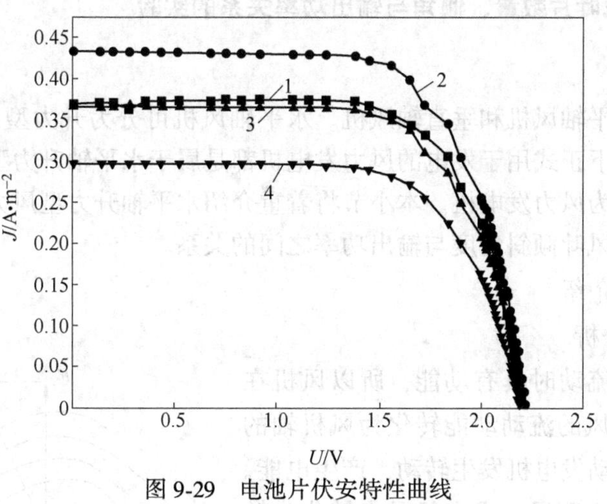

图 9-29 电池片伏安特性曲线

1—$J_{红色}$；2—$J_{黄色}$；3—$J_{紫色}$；4—$J_{蓝色}$

结合式（9-4）和式（9-5）可近似计算出各波长相应的最大功率密度、短路电流和填充因子，见表 9-10。

表 9-10 四种不同颜色滤光片对应电池的重要参数

滤光片颜色	红	黄	蓝	紫
最大功率密度/W·m^{-2}	0.564	0.659	0.447	0.558
开路电压 V_{oc}/V	2.210	2.210	2.210	2.210
短路电流密度 J_{sc}/A·m^{-2}	0.369	0.433	0.296	0.366
填充因子 F	0.70	0.69	0.68	0.69

根据图 9-29 和表 9-10 数据，可以得到：

1）不同颜色的滤光片对电池的开路电压和填充因子 F 几乎不产生影响。

2）紫色滤光片对应的最大功率、短路电流均大于蓝色的滤光片，但小于红色和黄色滤光片。

3）采用红色滤光片的太阳能电池最大功率、短路电流大于蓝色和紫色两种滤光片，小于黄色滤光片。

4）黄色滤光片的测试最大功率和短路电流在四种滤光片中最大。

E 实验结论

根据上文的对比、分析，可以得出以下结论：

(1) 被测单晶硅材料的电池片对暖色热光源响应明显，即当波长较大的光（如红黄光）照射时，电池片的功率相对较高；而在波长较短的光（如蓝紫光）范围内响应较弱，电池板功率相对较低。

(2) 波长较长的光的光强变化对电池片的最大功率影响显著，而波长较短的光的光强变化对电池片最大功率影响微弱。

(3) 不同波长的光主要影响电池片的短路电流密度 J_{sc} 的大小，对开路电压 V_{oc}、填充因子 F 几乎没有影响。

9.2.6 风力发电机叶片数量、倾角与输出功率关系的实验

A 引言

风机可分为水平轴风机和垂直轴风机。水平轴风机可分为升力型风机和阻力型风机，常见的风机，如当下正式用于发电的风力发电机都是属于水平轴升力型风力发电机。风机与发电机的组合即为风力发电机。本小节将着重介绍水平轴升力型风力发电机的原理，以及它的风叶数量、风叶倾斜角度与输出功率之间的关系。

B 实验原理介绍

a 风叶受力分析

风作为流体，流动时具有动能，所以风机在风的作用下，能将风的流动动能转化为风机轴的转动动能，从而带动发电机发生转动，产生电能。首先说明水平轴升力型风力发电机风力转化为转动动能的机制。如图 9-30 所示为风流经叶片时的受力示意图，经过叶片上方的空气流速变快，相对压强变小，而叶片下方的风速几乎不变，以致

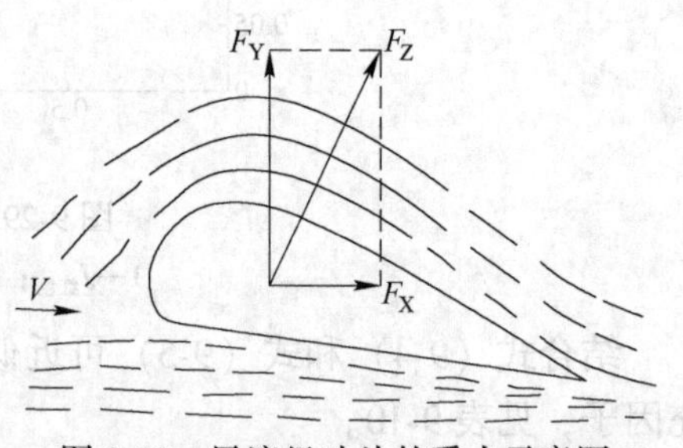

图 9-30 风流经叶片的受力示意图

相对压强几乎不变，这样风叶的上下两方即会产生压力差，使风叶受到一个沿右上方的力 F，等效于向上的力 F_Y（称为升力）和向右的力 F_X（称为阻力）的合力，从而推动叶片转动，将风能转化为风机轴的转动动能，最后把风的动能转化为电能。

b　原理图

由于实际风机对风机高度、风的对流环境等方面的要求较高，本实验采用小型永磁体直流风力发电机模拟验证风机风叶数量、风叶倾角与输出功率之间的关系。在实验风速不变（8m/s）的情况下，测量风叶数量为两片、三片、四片，倾斜角度分别为30°、45°、60°、75°时，风机带动负载输出的电压和电流情况。在各组的测量中，调节负载电阻，将负载电阻从0Ω增大至200Ω，每隔20Ω测量一组值。直流发电机装有转速计T，在每组测量中，测定电压 U（V）、电流 I（mA）以及转速计的输出电压 U_T。

根据功率的计算公式：

$$P = UI$$

由此公式可以得出一系列负载阻值下的输出功率。

此风机测速计的输出电压和转速 n（min^{-1}）之间存在关系：

$$n = \frac{2000}{3}U_T$$

由此公式可得到一系列负载阻值下的转速值。

由此可以得出输出功率与叶片数量、叶片倾角之间的关系曲线，此关系由输出功率——转速曲线直接反应。其实验原理如图9-31所示。

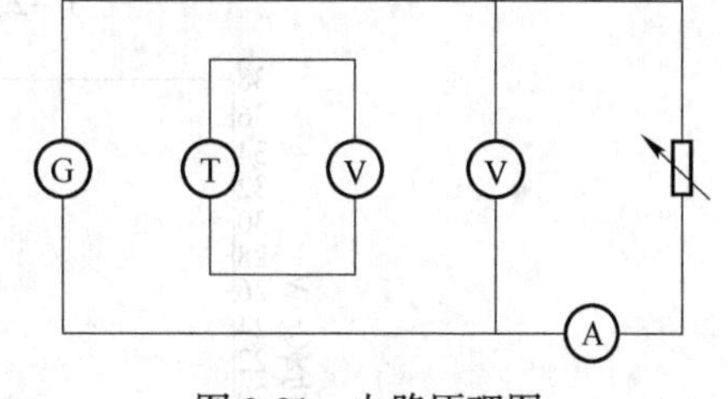

图9-31　电路原理图

C　实验内容及数据分析

a　风机风叶数量与输出功率之间的关系

根据以上原理，可得到表9-11所示的一系列数据。由于数据的趋势具有相似性（见后文输出功率和风叶数量关系图9-32～图9-35），这里只提供风速为8m/s，倾斜角度为60°时的原始数据。

表9-11　不同叶片实验数据图

R/Ω	2叶片		3叶片		4叶片	
	n/min^{-1}	P/mW	n/min^{-1}	P/mW	n/min^{-1}	P/mW
0	266.7	1.7	483.3	5.5	590.0	8.0
20	406.7	8.0	700.0	25.8	1233.3	73.8
40	580.0	14.1	1133.3	56.4	1480.0	95.9
60	780.0	21.2	1283.3	58.4	1576.7	90.7
80	1133.3	38.2	1373.3	57.4	1633.3	80.4
100	1316.7	45.0	1423.3	51.3	1650.0	70.3
120	1426.7	47.0	1440.0	46.5	1686.7	64.8
140	1490.0	44.3	1440.0	42.6	1703.3	58.2
160	1536.7	42.5	1476.7	39.6	1716.7	54.0
180	1563.3	40.1	1493.3	36.7	1736.7	50.5
200	1606.7	39.6	1506.7	34.5	1743.3	46.4

注：风速为8m/s、倾斜角度为60°。

b 风机风叶倾角与输出功率之间的关系

所以根据所得到的数据，在固定风速为 8m/s，倾斜角度分别为 30°、45°、60°、75°时，可得出图 9-32~图 9-35 所示的不同风叶数量对应的输出功率和转速之间的关系。

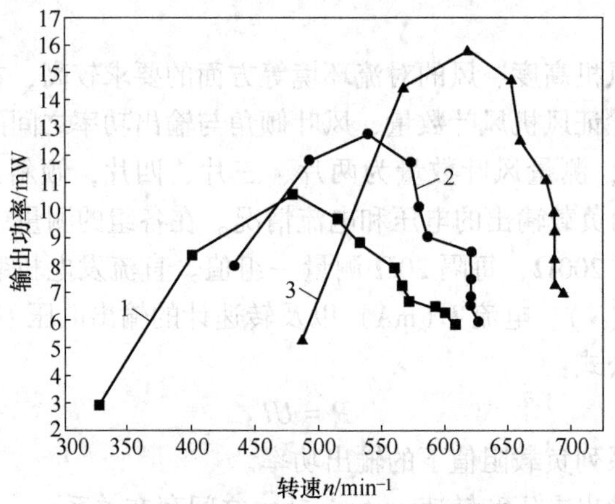

图 9-32 30°时输出功率与转速关系

1—2 片；2—3 片；3—4 片

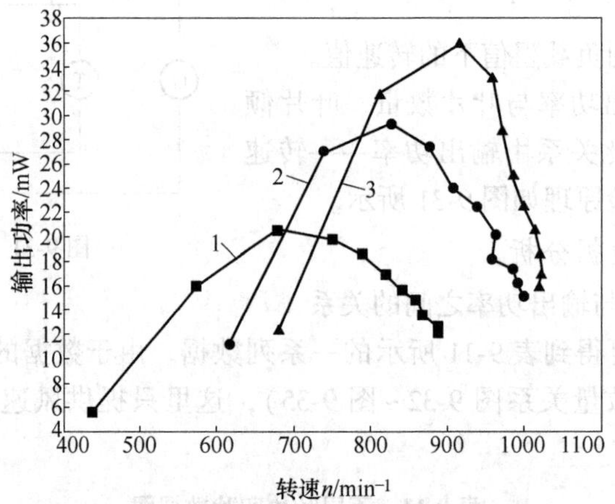

图 9-33 45°时输出功率与转速关系

1—2 片；2—3 片；3—4 片

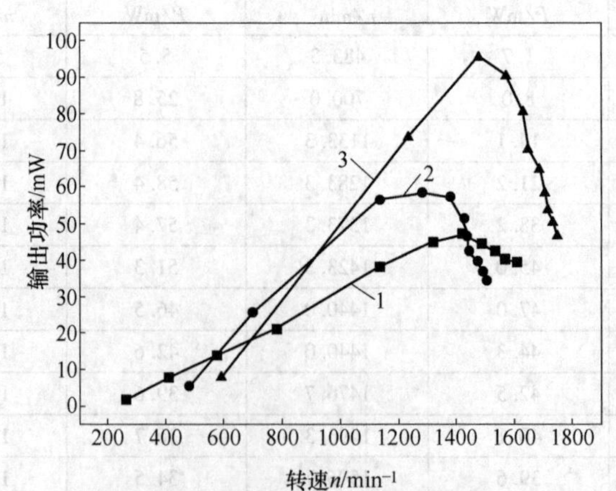

图 9-34 60°时输出功率与转速关系

1—2 片；2—3 片；3—4 片

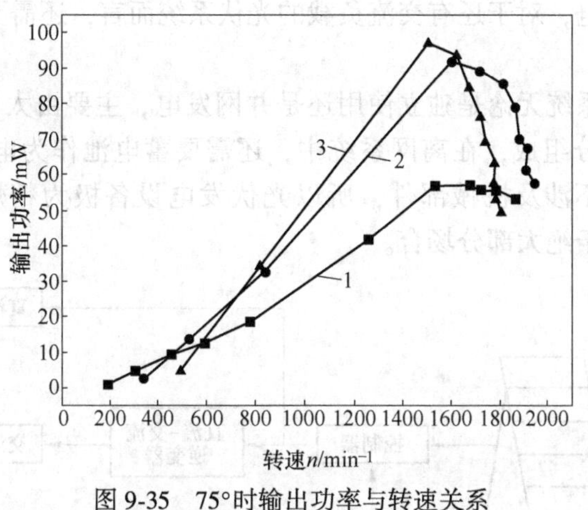

图 9-35 75°时输出功率与转速关系

1—2 片；2—3 片；3—4 片

此时，通过分析图 9-32~图 9-35 可以看出：（1）固定风速不变时，在每个倾斜角度下，4 片风叶对应最佳的输出功率，在角度偏大时，更能突出 4 片风叶的优越性；（2）不同角度对应着不同的输出功率，在 8m/s 风速下，随着倾斜角度的增大，发电机的最大输出功率在增大；（3）在每条曲线的末端，都越来越趋近于与功率轴平行，说明风机已达到此风速下的最大转速。

但在实际生产应用时，常见的风机都为 3 个风叶，这看似与实验的结果不符，其实不然，实践证明，实际的风力发电机，在风叶从 2 片增加到 3 片时，发电效率（即风能的转化效率）大约增加 4 个百分点左右；从 3 片增加到 4 片时，发电效率大约增加 2 个百分点。实际生产中，由于风力发电机的风叶造价较高，2 个百分点的效率增加并不足以弥补生产一个风叶产生的生产成本；最后，需要补充的一点是，实际的倾斜角度与电机输出功率间的关系，并不是始终随着倾斜角度的变大功率增加的，发电机的输出功率应先随倾角的增大而增大，后随倾角的增大而减小。

D 结论

通过实验，可以证明，风叶数量、倾斜角度与风力发电机的输出功率之间确实存在着某种关系，而且是非线性的，并不是由风叶数量的增加而成倍的增加，也不是随角度的增加而成倍的增加。实验中，当倾斜角度为 75°、风叶数量为 4 片时，可以达到风速为 8m/s 下风机的最佳工作状态，得到最大输出功率，由于实际生产应用不仅需要考虑发电效率的问题，还需要考虑到生产成本等一系列因素，例如多一个风叶而增加的几个百分点的效率，并不一定是值得的，关键是综合考虑因素以达到经济效益最大化。

9.2.7 家庭用太阳能光伏系统设计的实验

A 太阳能光伏发电系统工作原理及组成

太阳能光伏发电根据光生伏特效应，利用太阳能电池这种半导体电子器件有效地吸收太阳光辐射能，并使之变为电能的直接发电方式。太阳能光伏发电系统的基本工作原理就是在太阳光的照射下，将太阳电池组件产生的电能通过控制器的控制给蓄电池充电或者在满足负载需求的情况下给直流负载供电，如果日照不足或者在夜间则由蓄电池在控制器的控制下给直流负载供电，对于还有交流负载的光伏系统而言，还需要增加逆变器，将直流电转换成交流电。

太阳能光伏发电系统无论是独立使用还是并网发电，主要由太阳电池板（组件）、控制器和逆变器三大部分组成，在离网系统中，还需要蓄电池作为电源系统，其原理如图9-36所示。这些部件不涉及机械部件，所以光伏发电设备极为精炼，可靠稳定寿命长、安装维护简便，适用于绝大部分场合。

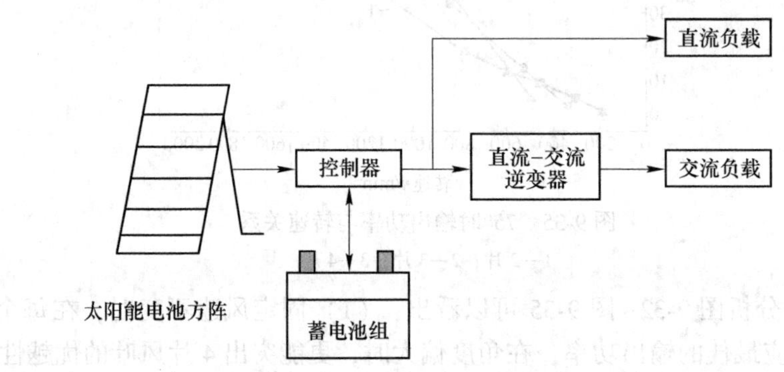

图 9-36 太阳能电池发电系统示意图

a 硅太阳能电池

常用的太阳能电池主要是硅太阳能电池，主要有单晶硅、多晶硅、非晶硅三种。单晶硅太阳能电池变换效率最高，已达20%以上，性能稳定，但使用的单晶硅材料和半导体工业所用材料具有相同的品质，所以材料成本比较昂贵。多晶硅太阳能电池效率比单晶硅太阳能电池稍低，为13%~14%，但多晶硅太阳能电池可用铸造方法生产，所以成本比单晶硅太阳能电池低。将太阳能电池单体进行串联、并联并封装之后，就成为了太阳能电池组件，是可以作为电源单独适用的最小单元。太阳能电池组件再经过串联、并联安装固定在支架上后，就构成了太阳能电池方阵。

b 光伏组件

太阳能电池组件是利用半导体材料的电子学特性实现P-V转换的固体装置，在广大的无电力网地区，该装置可以方便地实现为用户照明及生活供电，一些发达国家还可与区域电网并网实现互补。

一个太阳能电池单体只能产生0.45~0.50V的电压，所以需要把太阳能电池连接成组件。一个组件上，太阳能电池的标准数量是36个或40个，因此，一个太阳能电池组件大约能产生16V的电压，它正好能为一个额定电压为12V的蓄电池进行有效的充电。

在分布式光伏发电系统中，太阳能电池组件排布需要根据装机容量、逆变器参数等来确定具体组件串并联数。例如一居民分布式光伏发电系统装机容量为3kW，组件使用250瓦/块、开路电压为 U_{oc} = 37.7V 的电池组件，逆变器选择最大输入功率 $P_{IN,\ MAX}$ = 3000W、最大输入电压 $U_{IN,\ MAX}$ = 550V、MPPT电压范围为120~500V的逆变器，则电池组件12块串联电压为452.4V满足逆变器电压范围，则该系统太阳能电池组件排布可为12块串联。

c 太阳能控制器

太阳能控制器全称为太阳能充放电控制器，是用于太阳能发电系统中，控制多路太阳能电池方阵对蓄电池充电以及蓄电池给太阳能逆变器负载供电的自动控制设备。

太阳能控制器采用高速 CPU 微处理器和高精度 A/D 模数转换器，是一个微机数据采集和监测控制系统。既可快速实时采集光伏系统当前的工作状态，随时获得 PV 站的工作信息，又可详细积累 PV 站的历史数据，为评估 PV 系统设计的合理性及检验系统部件质量的可靠性提供了准确而充分的依据。此外，太阳能控制器还具有串行通信数据传输功能，可将多个光伏系统子站进行集中管理和远距离控制。

太阳能控制器通常有 6 个标称电压等级：12V、24V、48V、110V、220V、600V。

d 逆变器

太阳能光伏发电系统根据供电负载的要求，如负载为交流负载，则需要使用逆变器。在系统中使用逆变器时，还根据系统并网与否选择离网逆变器或并网逆变器。在逆变器的选择时，要考虑施工地点组件排布情况，选择适合组串规则的逆变器。另外，如系统为离网逆变器，则使用符合规定的离网逆变器配蓄电池即可，如系统为并网逆变器，则需按系统组件排布情况选择合适的并网逆变器。

e 太阳能光伏发电系统的分类

光伏系统按供电方式大致可分为独立系统、混合系统和并网系统三大类。

f 独立发电系统

独立光伏发电系统是指与电力系统不发生任何关系的闭合系统，即离网光伏发电系统。它通常用作便携式设备的电源，向远离现有电网的地区或设备供电，以及用于任何不想与电网发生联系的供电场合，其原理如图 9-37 所示。离网太阳能光伏发电系统在民用范围内主要用于边远的乡村，在工业范围内主要用于电讯、卫星广播电视、太阳能水泵等。

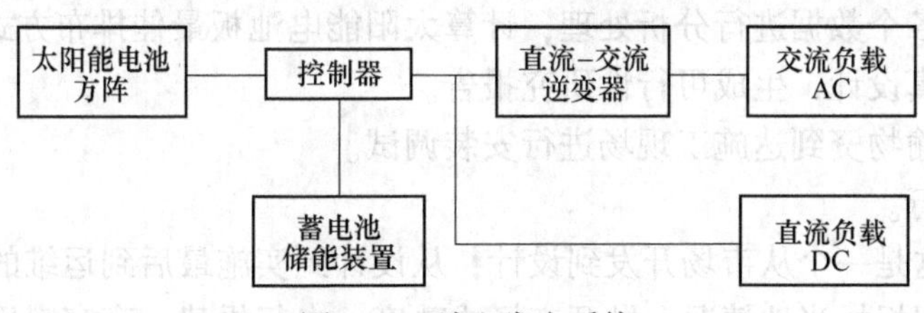

图 9-37 独立发电系统

g 并网发电系统

太阳能并网发电系统是利用太阳能电池方阵，在白天有光照时产生的直流电通过并网逆变器转换成符合电网要求的交流电之后通过配电柜，给交流负载供电，多余的电量则进入公共电网，其原理如图 9-38 所示。在阴雨天或晚上，太阳能电池组件没有产生电能不能满足负载需求时则由电网供电。这种系统直接将电能输入电网，免除了蓄电池储能装

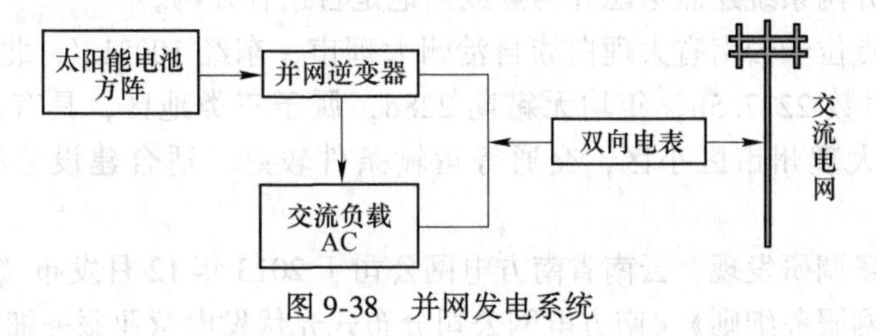

图 9-38 并网发电系统

置，省掉了蓄电池储能和释放的过程，可以充分利用光伏方阵所发的电能从而减小了能量的损耗，并降低了系统的成本。同时也是现阶段大力推行的光伏发电系统运行方式。

B 家庭用太阳能光伏系统的设计

太阳能光伏系统是由光伏电池板、控制器和电能储存及变换环节构成的发电与电能变换系统。光伏电池是太阳能光伏发电系统中的基本核心部件，它有两大难题：（1）如何提高光电转换效率；（2）如何降低生产的成本。现已经开发出电池效率在15%、组件效率在10%以上使用寿命超过15年的电池工业化生产技术。

对于不同类型的光伏系统，实际的总体目标是不同的。对并网系统而言，一切工作都是围绕使得整个光伏电站在全年能够向电网输出最多的电能这个目的，所以设计的总体目标是尽量减少能量损失，使得光伏系统全年能够得到最大的发电量。

但对于离网的独立系统，光伏系统的应用与当地的气象条件有关，同样的负载在不同的地点应用，所需配置的容量也不一样，光伏系统全年能够得到最大发电量时的配置往往并不是最佳选择。同时目前光伏发电的成本还较高，所以要建成一个合理、完善的离网光伏系统，必须进行科学的优化设计，使得离网光伏系统既能充分满足负载的用电需要，又能达到配置的光伏组件和蓄电池容量最小，做到可靠性与经济性的最佳结合。

现阶段行业内对光伏系统的设计使用软件主要有TRANSYS、RETScreen、PVsyst、PVSOL、Solar Pro等，其中TRANSYS为系统仿真工作，RETScreen为经济性评价工具，PVsyst、PVSOL、Solar Pro为光伏系统分析和设计工具。以下主要使用RETScreen和PVsyst进行阐述。

在投建一套太阳能光伏系统时，必须经过以下步骤进行投资建设生产：

（1）确定现场参数。

（2）对现场各个数据进行分析处理，计算太阳能电池板最佳排布方式。

（3）软件仿真设计，生成可行性研究报告。

（4）购置运输物资到达施工现场进行安装调试。

（5）正式运行。

总的来说，这是一个从市场开发到设计，从设计到实施最后到运维的过程。

本次设计试图根据当地情况，抛开市场成熟度，自行投建一套家庭用分布式光伏发电系统，以并网系统为目标，以离网系统为基础，最终实现该系统正常运行。

a 确定现场参数

在市场成熟的前提条件下，必须有设计人员到达现场勘测，以便后期设计。确定现场参数包括确定现场可供电池板安装面积、现场可排线和安装逆变器位置、现场地面（屋面）承重、现场地面（屋面）朝向，以及现场货运情况。如果是离网系统，还需考虑蓄电池安装位置，并网系统还需考虑并网点或当地是否适合并网。

本次投建地点位于云南省大理白族自治州大理市，东经100°13′，北纬25°34′，海拔2092m，年日照时数2227.5h，年均无霜期228d，属于三类地区，具有良好的太阳能资源。投建现场为大理州市区小区，交通等运输条件较好，适合建设分布式太阳能光伏系统。

经过当地市场调研发现，云南省南方电网公司于2013年12月发布《云南电网公司分布式光伏发电并网服务细则》《南方电网公司分布式光伏发电营业服务细则（试行）》等试行规定，云南省能源局发布《关于分布式光伏发电项目管理暂行办法的通知》等，充分证明当地政府以及电网公司对于分布式光伏系统并网项目的认可。但是就全国而言，云南省发布相关规定及通知的时间较晚，行业起步较慢，市场基本处于未开发阶段。就小型分布式并网光伏系统而言，整个云南省只在玉溪（2 个项目）、昆明（1 个项目）实现了并网运行。在本次投建地点的大理，尚未有家庭用分布式光伏发电系统并网的先例。直接设计一套并网系统并实现并网运行有一定的难度及不确定性，所以在本次设计过程中，分别对离网系统和并网系统所需参数进行了现场测绘。

系统建设房屋有较好的采光环境，周围均为等高别墅区，无遮挡。向南屋面有两块，一块为彩钢瓦屋面，另一块为琉璃瓦屋面，因琉璃瓦屋面部分安装了太阳能热水器，剩余可用面积远远小于彩钢瓦，所以选择在彩钢瓦屋面上进行系统的安装，经过测量，安装地点情况见表 9-12。

表 9-12 安装地点参数

屋面南北向长度/m	屋面东西向长度/m	屋面面积/m²	屋面类型	屋面朝向/(°)	屋面倾角/(°)
6.42	4.90	31.46	彩钢瓦	南偏西 6	14

图 9-39 为屋面示意图。

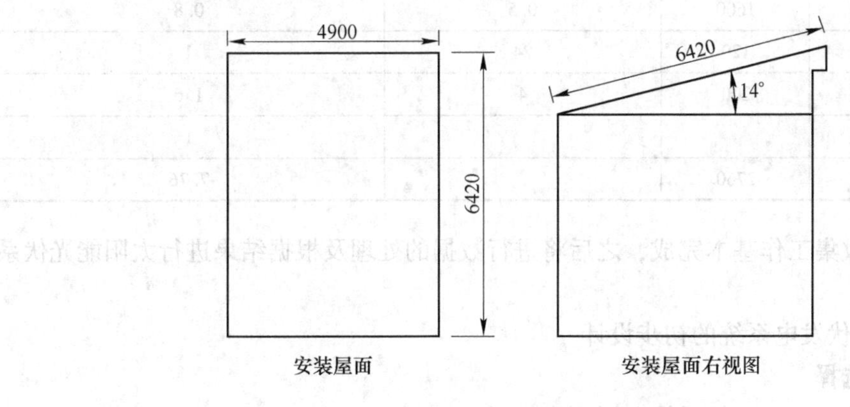

图 9-39 安装屋面示意图

因为屋面为彩钢瓦屋面，可以直接在彩钢瓦上用专用夹块固定光伏专用支架，则不需要考虑立式支架。在逆变器选择安装位置上，考虑逆变器安装要求，以最大化延长逆变器寿命为目的，并且考虑走线便捷性，选择将逆变器安装在屋面下方的通风室内，安装位置如图 9-40 所示。

安装所需数据完成后，简单预估系统安装走线情况。光伏板间直流线缆可以在连接好之后直接安放在电池板背部，在部分位置需要用 PVE 管进行保护，防止雨水阳光等侵蚀。在屋面后方留有一开口可作为进出线口，让直流线缆通过线口到达逆变器，交流电缆也可以利用此口进出。

考虑离网系统，因蓄电池无须固定，考虑走线便捷，安放在预期逆变器位置下方即可。同时，统计了用电负荷情况，见表 9-13。

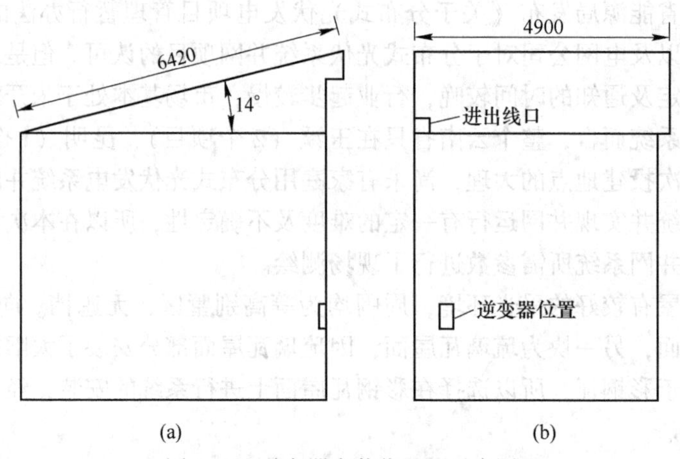

图 9-40 逆变器安装位置面示意图

（a）安装屋面右视图；（b）安装屋面主视图

表 9-13 家庭用电量

用电负荷	数量	功率/W	日均运行时间/h	日均耗电量/kW·h
电视	2	500	2	2
电灯	若干	340	4	1.36
电磁炉	1	1600	0.5	0.8
冰箱	1	120	24	1
电脑	2	200	4	1.6
其他				1
总计		2760		7.76

至此，数据收集工作基本完成，之后将进行数据的处理及根据结果进行太阳能光伏系统的设计工作。

b 太阳能光伏发电系统的初步设计

光伏支架的选择

固定支架系统：地面支架系统和屋顶支架系统。

地面支架分水泥基础光伏支架和地锚栓基础光伏支架。水泥基础光伏支架是使用在地基为水泥墩基础的地面；地锚栓基础光伏支架是使用在地基为螺旋桩或螺旋管的地面。

屋顶支架分彩钢板屋顶支架、琉璃瓦屋顶支架和水泥屋顶支架。彩钢板屋顶支架是使用在屋顶为彩钢瓦的屋面上，其支架结构平铺在彩钢瓦上；琉璃瓦屋顶支架是使用在屋顶为琉璃瓦的屋面上，通过特殊的挂钩嵌入琉璃瓦间，支架结构平铺在琉璃瓦上。

除此之外还有太阳能跟踪系统。太阳能跟踪系统是经过精确测量设计，使系统能够随着太阳升落移动，保证太阳能电池板随时以一个最佳入射角接收阳光，从而提高太阳能光伏发电系统效率的一种支架系统。

对于分布式光伏发电系统来说，比较典型也是应用较多的为水泥屋顶支架和彩钢板、琉璃瓦支架。光伏支架系统如图 9-41 所示。

在钢筋混凝土平屋面上，为了不破坏屋面的防水层结构，大都采用水泥屋顶支架，在

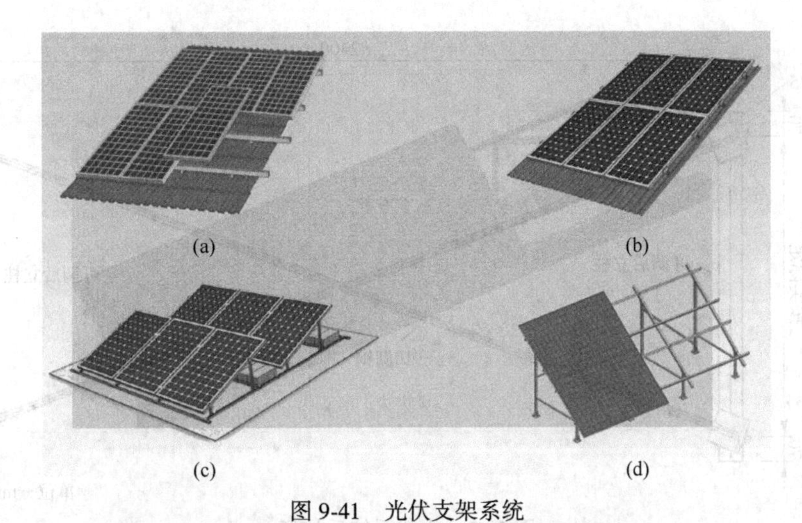

图 9-41　光伏支架系统

(a) ZXBO 瓦片斜面屋顶光伏支架；(b) ZXBO 彩钢斜面屋顶光伏支架；
(c) ZXBO 平面屋顶光伏支架；(d) 光伏支架系统

满足屋面基础负重，且满足风吸下受力要求的情况下，在基础立式支架基础上安装龙骨，放置太阳能电池板，最终将电池板用压块与龙骨可靠连接。在支架下方安置负重块，保证支架稳定。在后立柱安装后拉，加强立体区域稳定。这种支架优点很明确，能够完美切合当地系统最佳安装角度进行安装，极大提高发电量，但是缺点也很明显，极大增加了屋面负荷，在建成后期，如果要移动支架虽然很简单，但是移动负重块将会很困难，并且这种安装方式基本让平屋面只能用于安装电池板，可以说是改动了屋面结构，不能够最大程度的利用空间。这种支架系统的安装如图 9-42 和图 9-43 所示。

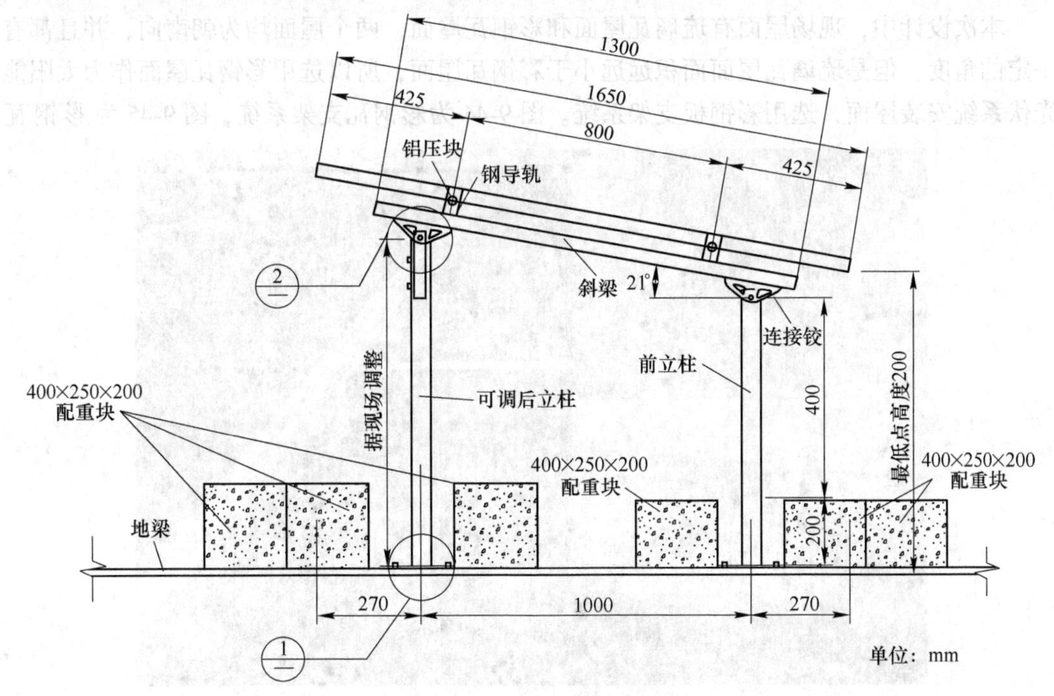

图 9-42　立式配重支架系统

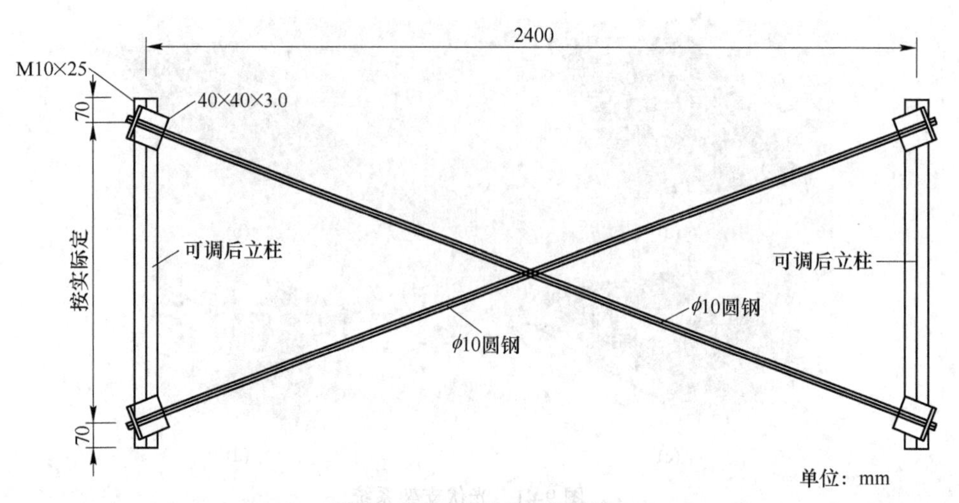

图 9-43 立式系统后拉杆

对于家庭用分布式光伏发电系统，更多的是在屋顶的斜屋面上，直接进行安装，即彩钢板、琉璃瓦支架。这种安装方式通过专用的夹具与屋面角驰连接，再在此基础上安装龙骨与组件，这类支架将在原屋面承载能力基础上增加恒荷载 20kg/m^2。这类安装系统能与原有屋面贴合，受到风力的影响不大，安装方便快捷，拆卸也相对轻松，不用做屋面结构改造，除此之外，这种安装方式能够很好的利用起屋顶斜屋面这类空置屋面，这是非常符合当前节能的思想的，但是缺点也非常明显，原有斜屋面大多不可能倾角满足光伏系统安装的最佳倾角，这类屋面的安装将会在利用空置面积的基础上，转而牺牲掉更高的系统效率。

本次设计中，现场屋面有琉璃瓦屋面和彩钢瓦屋面，两个屋面均为朝南向，并且都有一定的角度，但是琉璃瓦屋面面积远远小于彩钢瓦屋面，所以选用彩钢瓦屋面作为太阳能光伏系统安装屋面，选用彩钢板支架系统。图 9-44 为彩钢瓦支架系统，图 9-45 为彩钢瓦

图 9-44 彩钢瓦支架系统

①根据直立锁边彩钢瓦的锁边选择合适的夹块，用预安装好的夹块卡主锁边，拧紧螺栓固定。

②根据屋顶载荷要求等选择合适的铝轨，用T型螺栓和法兰螺母将铝轨固定在夹块上。

③将预安装好的压块插入铝轨中，放置好组件后，拧紧螺栓即可固定组件。

(a)

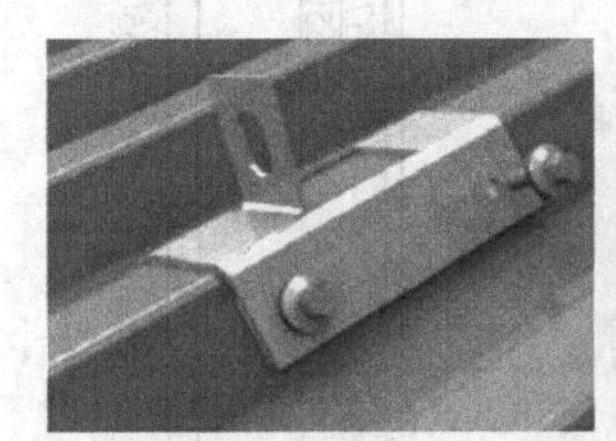
①用4颗钻尾螺钉将梯形彩钢瓦屋顶固定座固定在屋顶上。

②根据屋顶载荷要求等选择合适的铝轨，用偏心螺母和内六角螺栓将铝轨固定在挂钩上。

③将预安装好的压块插入铝轨中，放置好组件后，拧紧螺栓即可固定组件。

(b)

图 9-45　彩钢瓦支架系统安装详解

(a) 直立锁边彩钢瓦屋顶安装指导；(b) 梯形彩钢瓦屋顶安装指导

安装步骤。

光伏组件选择及排布

自 2012 年欧盟对华反倾销案后，我国大量的光伏制造商破产倒闭，这样也选出了很多优秀的光伏制造商，比如天合光能、天威英利、晶科能源等。面对市场良莠不齐的光伏电池板，无疑要选用品质过硬的电池板保障项目的成功运行。根据当前市场情况，本次设计选用了天威英利的 YL250P-29b，其参数见表 9-14。

表 9-14　光伏组件参数

组件参数	标准值
组件型号	YL250P-29b
能效等级	A
额定功率/W	250.0 (0/+5)
额定电压/V	29.8
额定电流/A	8.39
开路电压/V	37.6
短路电流/A	8.92
最大系统电压/V	1000
最大组串熔断电流/A	15
重量/kg	2
组件尺寸/mm×mm×mm	1000×1650×40

组件选择完成后，可以根据现场可用安装面积进行设计。组件外观见图 9-46。

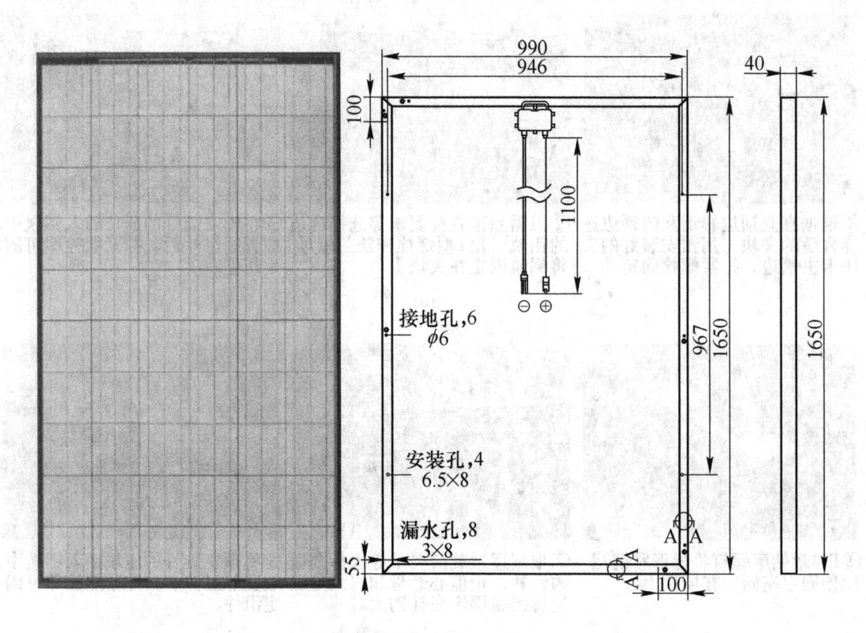

图 9-46　组件外观

对于一个离网系统而言，系统装机容量需要根据家庭用电负荷情况来设计，系统装机容量必须大于家庭总负荷，否则在家庭负荷开始运行之后，整个供电系统功率无法达到负荷功率，将会导致用电回路中电压过低，轻则电器或逆变器停止运行或荡机，重则烧毁电器和电气设备，在一个符合国家标准的逆变器中，会有低压关断保护装置，在系统电压低于某一值时，逆变器将会停止工作。当然也并不能在离网系统中一味地追求大装机容量，如果是在离网系统可用安装面积富余的条件下，过大的装机容量将会导致大量的电能浪费，当蓄电池储存满电能且逆变器交流侧无负载消耗这些电能后，太阳能控制器将会停止电池板继续向蓄电池供电，导致电池板长时间停止工作。同样当离网系统可用装机面积无法满足负荷所需容量时，必须设置一保护回路，并且将家庭电路分离开来，让满足离网系统容量的负载回路与系统相连，起到保护作用。

对于一个并网系统而言，因为电网即是一个负载，则不需考虑装机容量与家庭用电的关系，只需尽可能地利用起屋面，增大装机容量，从而产生更大的经济效益。对于并网系统电能分配方式，在综合设计部分具体说明。

在本次设计初期，因现场施工的不确定性，对于系统能否并网未知，做了离网和并网两种设计方案。因并网系统是按照最大装机容量设计，先进行设计分析。

上文提到本次设计提供屋面面积为 31.46m^2，可以进行简单计算，单块电池板面积为 1.65m^2，则有系统最大容量/250W = 可用面积/单块电池板面积，得出系统最大容量可为 4.75kW，即 19 块 250W 电池板。在实际操作过程中，电池板大小固定不变，不可能满满排布 19 块电池板，可以使用 AutoCAD 软件进行设计，输入具体参数进行组件排布最大化。同时因为屋顶东和屋顶南为悬空位置，安装无法进行，同时为了后期运维方便，设计将电池板分为两部分排布，中间留一条走道，方便维护安装，在此前提下进行设计。

在使用 AutoCAD 软件时，应保证绘制参数正确，屋面比例与电池板比例必须相同，在绘制好两者后，即可根据实际情况进行电池板试排布直至找到最佳排布方式。

在安装电池板时，每两块电池板间因为要安装专用夹块，会占据两板间 2cm 空间，绘出图例。同时，屋面向南倾斜，为了彩钢瓦排水，彩钢瓦瓦梁也必然为南北向北高南低。在彩钢瓦上安装光伏专用支架后，电池板摆放位置也将被固定为 1m 边与东西向平行，1.65m 边与南北向瓦梁平行，如图 9-47 所示。

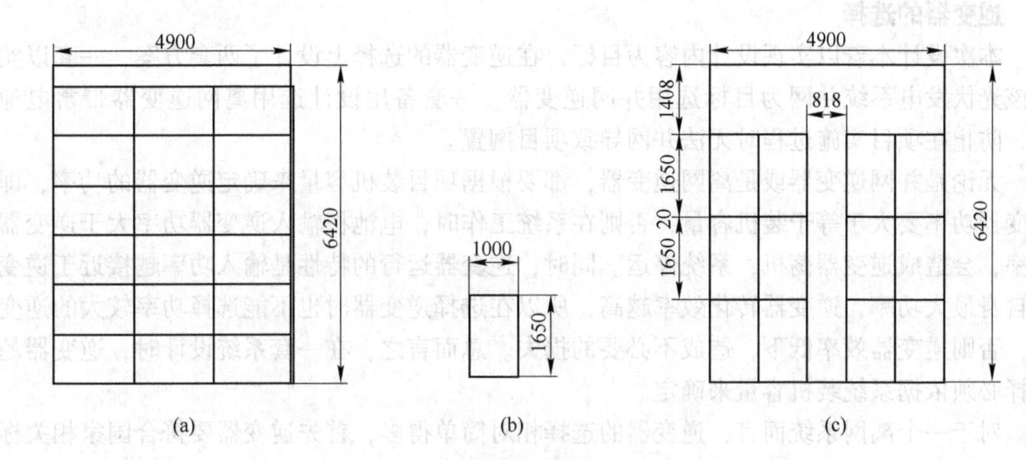

图 9-47 组件理想排布及初步排布

(a) 电池板理想化排布；(b) 组件理想排布及初步排布；(c) 安装屋面初步设计

经过软件设计可以发现，受到现场条件的制约，系统的装机容量也受到了很大的影响，由计算结果的 19 块 4.75kW 降低到理想化排布的 18 块 4.5kW，再降低到最终可行的 12 块 3kW。经过初步的简单设计，整个并网系统排布情况如下：将整个分布式光伏发电系统的组件分为两部分，每部分 6 块组件，即 1.5kW，共 3kW。一部分组件沿彩钢瓦最西端以三行两列式排布于彩钢瓦西侧，另一部分沿彩钢瓦最东端以三行两列式排布于彩钢瓦东侧。两部分组件中间留有约 0.82m 空置过道，方便前期安装和后期运维。在彩钢瓦北端同样留有约 1.40m 空置过道，此过道因为短于电池板长度（1.65m），无法进行电池板的安装。这些空间可以用作排线走线，具体排线走线的方法因受逆变器影响，在太阳能光伏系统的综合设计中具体进行设计说明。

经过这样的设计，虽不能保证后期施工百分百能还原设计，但是能够保证在投建地点以最大的装机容量进行系统装机，保障分布式并网系统的核心电池板在装机时不出现多块或空置地块，最大限度地节约投资成本。

对于离网系统而言，家庭负荷最大功率为 2760W，因电池板为 250 瓦/块，满足离网系统安装条件的最小容量为 3kW，在并网系统中电池板的设计可知，本次项目可用屋面最大装机容量为 3kW，即如果本次项目最终建成为离网系统时，系统的装机容量为 3kW，电池板排布方式与并网系统相同。

相比彩钢瓦上建设的分布式光伏发电系统的初期设计，立式支架分布式光伏发电系统的初级设计就要麻烦得多。在彩钢瓦支架上的系统，电池板处于同一面内，互相不会产生阴影遮挡；而在立式支架系统中，因为支架本身有一定的高度，前排系统的阴影在某些时间段内就会投射到后排系统的电池板上，极大程度地影响了系统发电效率，因此要进行阴影分析，保证前排后排系统有足够的距离让阴影不至于投射产生影响。在阴影分析中，中国以冬至太阳9：00至15：00在某一建筑标高下产生的阴影长度为基准，进行阴影分析，兼顾屋面尽可能高的装机容量来进行设计，一般设计使用基于Auto CAD开发的天正建筑软件，如需要详尽的阴影分析也会使用Shadow Analysis进行分析。因本次设计为彩钢瓦系统，不再详述立式支架系统的设计。

逆变器的选择

本次设计本着以实现设计内容为目标，在逆变器的选择上设计了两套方案，一套以实现该光伏发电系统并网为目标选用并网逆变器，一套备用设计选用离网逆变器带蓄电池组，防止在项目实施过程时无法并网导致项目搁置。

无论是并网逆变器或是离网逆变器，都要根据项目装机容量来确定逆变器的功率，即逆变器功率要大于等于装机容量，否则在系统工作时，电池板输入逆变器功率大于逆变器功率，会造成逆变器荡机，系统停运。同时，逆变器运行的特性是输入功率越接近于逆变器自身最大功率，逆变器转化效率越高，所以在选择逆变器时也不能选择功率较大的逆变器，否则逆变器效率低下，造成不必要的损失。总而言之，在一套系统设计时，逆变器的选择必须依据系统装机容量来确定。

对于一个离网系统而言，逆变器的选择相对简单得多，首先逆变器要符合国家相关标准，有过流过压保护等，其次逆变器实续功率要满足系统容量，逆变器符合系统的直流侧要求，输入电压符合蓄电池的输出电压，同时在逆变交流侧能够稳定的输出正弦波，如我国市电一般为220V，50Hz。

在光伏组件的选择部分，初步设计如系统为离网系统的情况下，系统装机容量为3kW，蓄电池输出电压可为12V/24V。则选择实续功率为3kW的逆变器。但在系统实际运行过程中，电池板工作效率不可能随时以100%的效率（即满载3kW）运行，晴天正午时电池工作板效率到90%及以上是属于非常优秀的工作效率，且电池板运行受天气影响较大，对于阴天或是飘过的云遮挡阳光，也会导致系统运行功率急剧下降，所以在实际中，3kW的系统可以不选择实续功率为3kW的逆变器，依据离网逆变器型号，可以选择2.5kW的离网逆变器。图9-48为离网逆变器，表9-15为3kW离网逆变器参数。

图9-48 离网逆变器

表 9-15 离网逆变器参数

离网逆变器参数	标准值
型号	3000W 离网逆变器
直流输入电压/V	12/24
输入电压范围/V	DC11~15/22~30/44~60
空载电流/A	<2
效率/%	>90
交流输出电压/V	AC 220
实续功率/W	3000
峰值功率/W	6000
输出频率/Hz	50
输出波形	纯正弦波
输出谐波含量/%	<3
低压报警/V	DC10. 2~10. 8/20. 4~21. 6
低压关断/V	DC9. 2~9. 8/18. 4~19. 6
过载 120%~130%	输出关断

对于一个太阳能光伏并网系统而言，因为要并入电网，所以系统对逆变器的要求更为严格，否则将对地区电网产生破坏，影响片区用电，因此必须安装一个符合国家标准及电网上网要求的并网逆变器。并网逆变器要实现并网，其电压会略高于电网电压，同时还需有符合上网点的连接点相位、与电网相同的频率，保证外送电能质量过关，必须有孤岛保护、过载保护、过流保护、失压保护等保护措施，保证电网失电时逆变器停止工作，防止电网失电时系统外送电引起的电气设备损坏，避免对电网检修试验人员造成危险。

由于建筑屋面或地面情况的多样性，组件在安装排布中可能会出现多种多样的排布方式，这促使并网逆变器不再拘泥于普通逆变器的形式，而是出现了集中逆变器、组串逆变器、多组串逆变器和组件逆变器等多种形式的并网逆变器，来实现太阳能转化的最佳方式。

集中逆变器一般用于大型的光伏发电系统（电站），在这种系统中，很多光伏组串被连接到该中逆变器的直流侧，一般功率大的系统使用三相 IGBT 功率模块，功率小的系统使用场效应晶体管，同时使用 DPS 转换控制器来改善产出电能，使之非常接近正弦波电流。这种逆变器功率高，成本低。但是当其中一个组串出现问题时，将会导致逆变器蕩机整个系统停运。

组串逆变器是现在市场上使用得比较多的逆变器，将每个光伏组串通过一个该类型的逆变器，在直流侧有最大功率峰值跟踪，交流侧并网。能够让不同的模块串联运行，让其中一个或几个工作，产出更多的电能。缺点是组串数理限制，不适合部分系统使用。

多组串逆变器是集中逆变器与组串逆变器的改良，能够在一台逆变器上实现多个组串的并联，当其中一个组串出现问题，也不会导致系统荡机，同时不同尺寸、不同技术的光伏组件或者不同方向的组串都能够连接在这种类型的逆变器上。现在很多系统选择使用这种逆变器，能够让系统的设计排布以及组件的选择更为自由。

组件逆变器则是每一块组件使用一个逆变器，每一块组件发出直流电后直接进行逆变，再将多块组件逆变后的交流电流汇流后输送，多用于小型的系统（50~400W）。

根据光伏组件的选择，并网逆变器选择为3kW并网逆变器。同样在本次设计条件下，对于并网系统来说，也可以选择2.5kW的并网逆变器。图9-49为并网逆变器，表9-16为3kW并网逆变器详细参数。

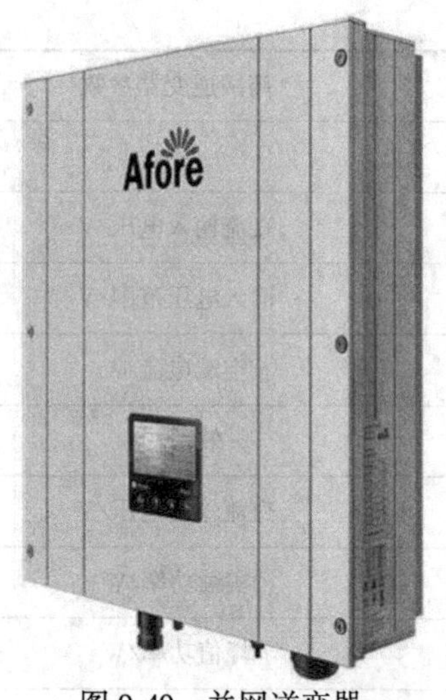

图9-49　并网逆变器

表9-16　并网逆变器参数

并网逆变器参数	标准值
型号	3000W 并网逆变器
最大输入功率/W	3200
最大输入电压/V	550
MPPT 电压范围/V	120~450
最大输入电流/A	10
最大短路电流/A	12
最大反馈电流/mA	<0.1
电源连接器	单相
额定输出功率/W	3000
额定输出电压/V	230
额定输出频率/Hz	50
额定输出电流/A	13
最大输出冲击电流/A	13
最大输出故障电流/A	20
最大输出保护电流/A	20
谐波畸变/%	<3
最大效率/%	96.18

并网逆变器必须要有出厂检验，并且生成一份出厂检验报告，只有通过检验的并网逆变器才能投入使用，并且在光伏系统正式并网前，电网会对并网逆变器进行检测，保证逆

变器正常运行，保障电网安全。

太阳能光伏发电系统的效益分析

在太阳能光伏系统设计中，要根据已知数据对光伏系统的发电量进行预估计算：

$$E_{out} = H_t P_0 \mathrm{PR} \tag{9-7}$$

式中，E_{out} 为系统全年输出的电能，kW·h/a；H_t 为光伏方阵面上全年接收到的太阳总辐照量与标准测试条件下的地面太阳辐射强度 $G(1000\mathrm{W/m^2})$ 相除后得到的峰值日照时数，h；P_0 为光伏系统额定功率，kW；PR 为系统性能比。

在光伏系统设计初期，可以使用 RETScreen 进行系统经济评价。RETScreen 是一款加拿大的清洁能源管理软件，主要用于清洁项目的经济效益分析，如图 9-50 所示。在此软件中，采用美国宇航局（NASA）卫星测量所提供的数据，通过经纬度的精确定位，可以知道地区每月平均每日太阳辐射度等参数，并通过填写预期项目情况，如项目装机容量、组件选择、逆变器选择、当地电价情况等数据（见图 9-51），生成一系统经济评价报告。但是该软件并不是专业的针对光伏设计的软件，无法查询地区最佳倾角，还需通过计算或是其他辅助软件查询地区倾角。针对在国内难以查询太阳辐照度这一情况，则可以通过此软件在国内网络畅通的情况下进行辅助查询。

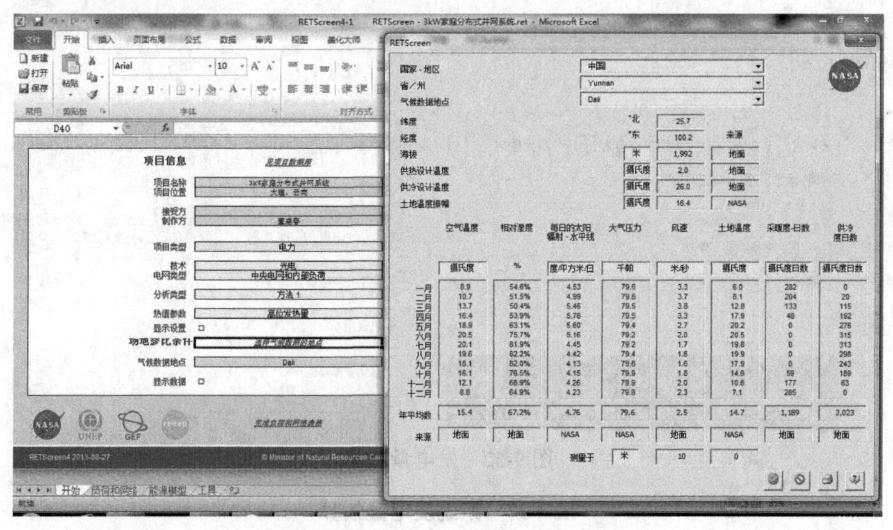

图 9-50 RETScreen 读取地区数据

在国内，也有类似的辅助软件及网站用以光伏电站的设计和发电量的估算。比如本次设计使用的“光伏宝”，网址为：http：//www. pvbao. cn/，就是一款非常简便快捷的辅助设计网站。

在网站中有发电量估算模块，只需简单填写地区，即能读取城市最佳倾角数据，之后选择实际安装倾角，朝向以及装机容量后，就能够对系统的装机容量进行计算。因在日照时间计算中，正南用 9：00 至 15：00 进行计算，本次设计屋面朝向为南偏西 6°，在计算中也是用 9：00 至 15：00，所以以下分析设计全部认为朝向为正南。图 9-52 为发电量估算界面。

经过以上的设计，本系统的装机倾角为 14°，表 9-17 列举了通过此网站的发电量估算，不同倾角对系统的影响。

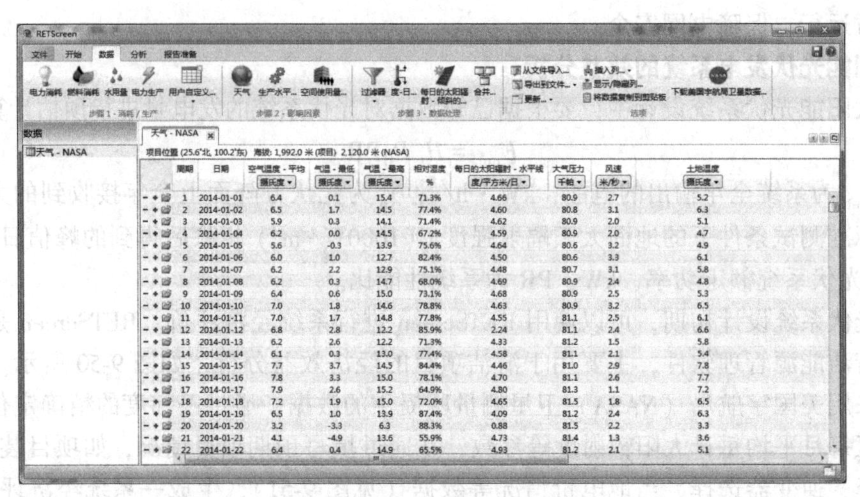

图 9-51 大理地区日照时数

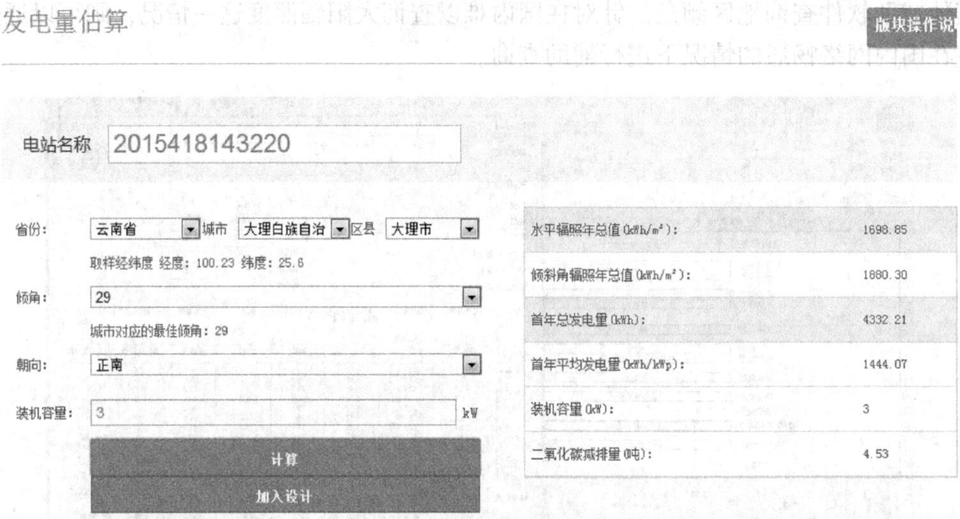

发电量估算　　版块操作说

电站名称 2015418143220

省份: 云南省 城市 大理白族自治 区县 大理市

取样经纬度 经度: 100.23 纬度: 25.6

倾角: 29

城市对应的最佳倾角: 29

朝向: 正南

装机容量: 3 kW

计算

加入设计

水平辐照年总值(kWh/m²):	1698.85
倾斜角辐照年总值(kWh/m²):	1880.30
首年总发电量(kWh):	4332.21
首年平均发电量(kWh/kWp):	1444.07
装机容量(kW):	3
二氧化碳减排量(吨):	4.53

图 9-52 发电量估算

表 9-17 系统发电量估算

倾角/(°)	29	14
水平辐照年总值/kW · h · m^{-2}	1698.85	1698.85
倾斜角辐照年总值/kW · h · m^{-2}	1880.30	1832.27
首年总发电量/kW · h	4332.21	4221.57
首年平均发电量/kW · h	1444.07	1407.19
装机容量/kW	3	3
二氧化碳减排量/t	4.53	4.42

经过对比可以发现，不同的装机倾角对光伏系统运行效率有一定的影响，在系统安装角度与当地最佳倾角相差19°约52%的差值时，在一年中对系统发电量有110.64kW · h约2.66%的影响，平均每天少发电约0.3kW · h。

除此之外，可以使用 PVSYST 软件。PVSYST 是一款专门用于太阳能光伏系统设计的软件，它集成简单设计和详细设计，能够完美的利用丰富的功能完成太阳能光伏系统的设计工作。它能够读取系统安装位置数据，通过当地太阳辐照量直接得出当地最佳太阳能组件安装倾角、行距、方位角等数据；并根据系统情况详细设计失配损失、连接损失、遮蔽损失、辐照损失、灰尘损失、温度影响、平衡系统（BOS）效率等参数，根据系统安装地点环境情况，绘制系统安装效果图并进行阴影分析，最后进行模拟计算，得出太阳能光伏系统的一份详尽的可行性报告及安装效果图。

在 PVSYST 的初期设计部分，可以根据可用屋面面积来进行设计的系统，也可以根据系统装机容量来进行系统设计，还可以根据年均发电量来进行系统的设计。在输入相应的安装角度之后，能够清楚的看到不同安装倾角造成的损失以及系统预估运行情况。图 9-53 为 PVSYST 初期简单设计的界面。

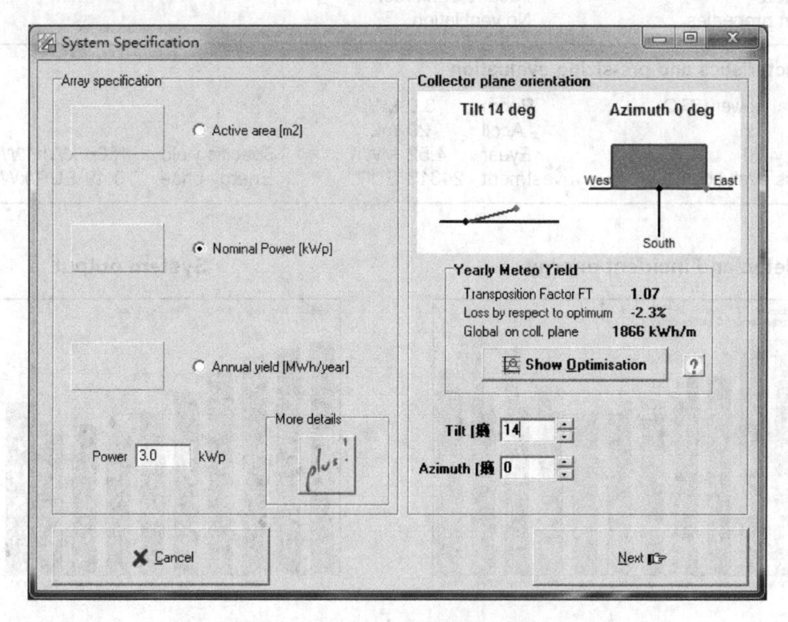

图 9-53 PVSYST 初步设计界面

根据上文可知，本次设计的太阳能光伏发电系统装机容量为 3kW，装机角度为 14°，方位角以 0°计算，在 PVSYST 界面内填写相关数据后，软件计算出倾角造成系统的损失为 2.3%，同时通过“Show Optimisation”可以查看平均发电情况预估、夏季发电情况预估、冬季发电情况预估等数据。在完成初期设计之后，会生成一份简单的系统预估。图 9-54 和图 9-55 是不同装机角度即最佳倾角 29°和本次设计装机角度 14°的系统发电量预估报告。

从图 9-54 和图 9-55 的两份报告中可以看出，在使用同一太阳能光伏系统影响因子数据库时，在 2~5 月间倾角对光伏系统的发电量产生了比较明显的影响，在发电情况较好的冬季，系统基本没有受到影响。这是不同的季节特性造成的，在冬季较好的发电环境下，较小的影响因子不容易影响整个光伏发电系统的发电效率，而在春夏季，雨水较多，导致发电效率有所降低，加上倾角不是最佳倾角，电池板利用率将会进一步下降。

经过初步分析设计，本次设计系统为家庭用离网（并网）3kW 光伏发电系统，装机

PVSYST V5.06 | 18/04/15

Grid system presizing

Geographical Site	**Dali**	**Country**	**China**
Situation	Latitude 25.7oN	Longitude	100.2oE
Time defined as	Solar Time	Altitude	1992 m
Collector Plane Orientation	Tilt 29 deg	Azimuth	0 deg

PV-field installation main features

Module type	Standard
Technology	Polycrystalline cells
Mounting method	Facade or tilt roof
Back ventilation properties	No ventilation

System characteristics and pre-sizing evaluation

PV-field nominal power (STC)	Pnom	3.0	kWp			
Collector area	Acoll	29	m2			
Annual energy yield	Eyear	4.52	MWh	Specific yield	1506	kWh/kWp
Economic gross evaluation	Investment	24313	EUR	Energy price	0.49	EUR/kWh

Meteo and incident energy

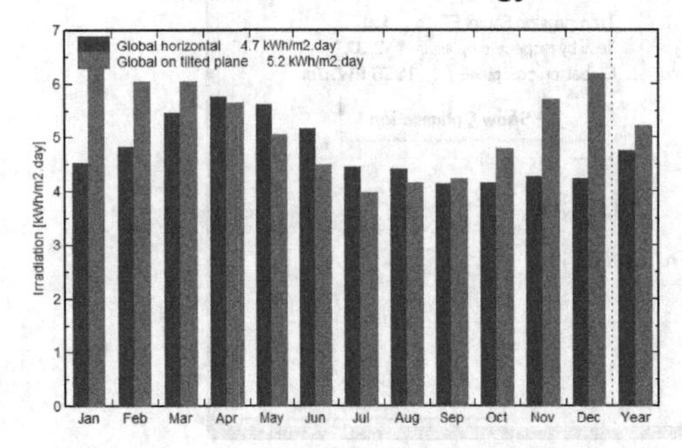

System output

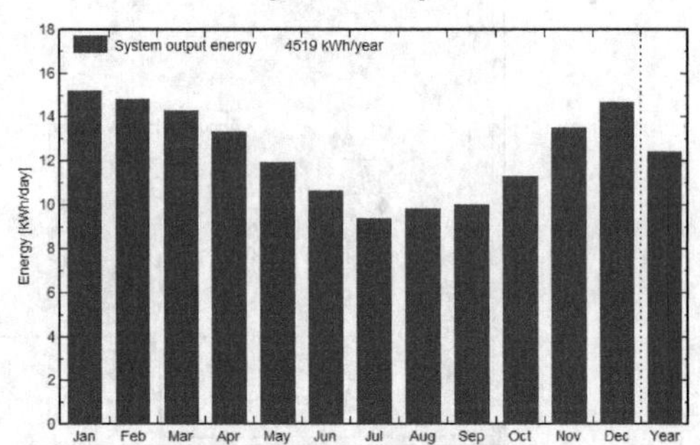

	Gl. horiz. kWh/m2.day	Coll. Plane kWh/m2.day	System output kWh/day	System output kWh
Jan.	4.53	6.41	15.17	470
Feb.	4.99	6.25	14.78	414
Mar.	5.46	6.04	14.28	443
Apr.	5.76	5.63	13.32	400
May	5.60	5.04	11.92	369
June	5.16	4.49	10.63	319
July	4.45	3.96	9.37	290
Aug.	4.42	4.16	9.83	305
Sep.	4.13	4.23	10.01	300
Oct.	4.15	4.78	11.32	351
Nov.	4.26	5.70	13.48	404
Dec.	4.23	6.19	14.63	454
Year	4.76	5.23	12.38	4519

图 9-54 29°倾角初步设计报告

UNIVERSITÉ DE GENÈVE PVSYST	PVSYST V5.06	18/04/15

Grid system presizing

Geographical Site	**Dali**	**Country**	**China**
Situation	Latitude 25.7oN	Longitude	100.2oE
Time defined as	Solar Time	Altitude	1992 m
Collector Plane Orientation	Tilt 14 deg	Azimuth	0 deg

PV-field installation main features

Module type	Standard
Technology	Polycrystalline cells
Mounting method	Facade or tilt roof
Back ventilation properties	No ventilation

System characteristics and pre-sizing evaluation

PV-field nominal power (STC)	Pnom	3.0 kWp		
Collector area	Acoll	29 m2		
Annual energy yield	Eyear	4.41 MWh	Specific yield	1471 kWh/kWp
Economic gross evaluation	Investment	24313 EUR	Energy price	0.50 EUR/kWh

Meteo and incident energy

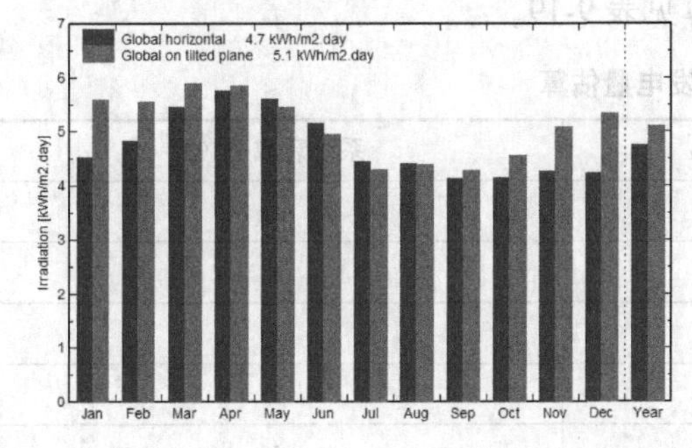

System output

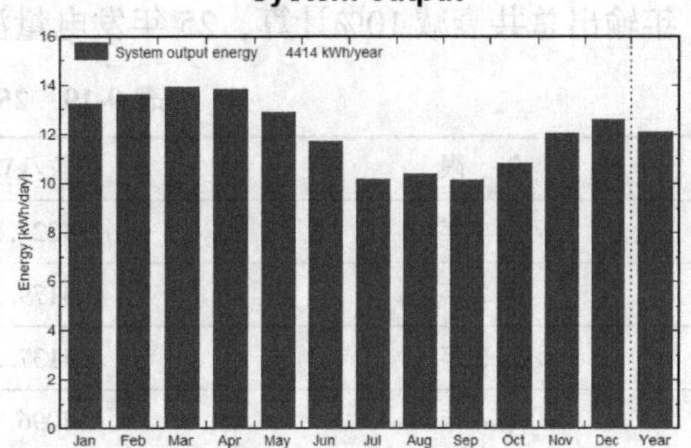

	Gl. horiz.	Coll. Plane	System output	System output
	kWh/m2.day	kWh/m2.day	kWh/day	kWh
Jan.	4.53	5.59	13.23	410
Feb.	4.99	5.75	13.60	381
Mar.	5.46	5.89	13.93	432
Apr.	5.76	5.84	13.82	415
May	5.60	5.45	12.89	400
June	5.16	4.95	11.70	351
July	4.45	4.30	10.17	315
Aug.	4.42	4.39	10.37	322
Sep.	4.13	4.28	10.11	303
Oct.	4.15	4.57	10.80	335
Nov.	4.26	5.09	12.04	361
Dec.	4.23	5.32	12.59	390
Year	4.76	5.11	12.09	4414

图 9-55 14°倾角初步设计报告

方位为南偏西 6°，以国内软件测算数据为准，预计年发电量为 4221. 57kW · h。对本系统进行效率分析，见表 9-18。

表 9-18 系统效率分析

序号	效率名称	损失量值/%
1	光伏系统占地面积小，导线有极小损失可以忽略	0
2	太阳能电池板之间存在一定的特性差异，不一致性损失系数	2
3	太阳能电池板表面即使清理仍存在一定的积灰，遮挡损失系数	2
4	逆变器工作时存在一定损耗	2
5	早晚不可利用太阳能辐射损失系数	3
6	光伏电池的温度影响系数	3
7	考虑当地气候变化较大及各种不利因素的影响	3
8	交直流电缆损耗	4

系统总效率为：98%×98%×98%×97%×97%×97%×96%＝82. 5%。

本次设计太阳能光伏发电系统效率为 82. 5%。

光伏组件在光照及常规大气环境中使用会有衰减，按系统前 10 年总共衰减 10%，后 15 年输出总共衰减 10%计算，25 年发电量测算见表 9-19。

表 9-19 25 年发电量估算

年 限	单位/kW · h	系统衰减率/%
第 1 年	4221. 57	1
第 2 年	4179. 35	1
第 3 年	4137. 56	1
第 4 年	4096. 19	1
第 5 年	4055. 22	1
第 6 年	4014. 67	1
第 7 年	3974. 52	1
第 8 年	3934. 78	1
第 9 年	3895. 43	1
第 10 年	3856. 48	1
第 11 年	3830. 64	0. 67
第 12 年	3804. 97	0. 67
第 13 年	3779. 48	0. 67
第 14 年	3754. 15	0. 67
第 15 年	3729. 00	0. 67
第 16 年	3704. 02	0. 67
第 17 年	3679. 20	0. 67

续表 9-19

年 限	单位/kW·h	系统衰减率/%
第 18 年	3654.55	0.67
第 19 年	3630.07	0.67
第 20 年	3605.75	0.67
第 21 年	3581.59	0.67
第 22 年	3557.59	0.67
第 23 年	3533.75	0.67
第 24 年	3510.08	0.67
第 25 年	3486.56	0.67
25 年平均发电量	3808.29	
25 年总发电量	99015.48	

按照实际装机容量 $p=3$kW 计算，25 年年均发电等效利用小时数为：

$$99015.48\text{kW}\cdot\text{h}/3\text{kW}/25=1320.21\text{h}$$

由以上计算可得，本次设计在项目实施运作后，25 年总发电量约为 99015.48kW·h，第一年发电量为 4221.57kW·h，25 年平均发电量为 3808.29kW·h，年平均利用小时数为 1320.21h。

C 太阳能光伏系统的综合设计

对于一个分布式太阳能光伏发电系统来说，最重要的三部分为电池板、逆变器、支架。系统设计完成之后，并不意味着系统的设计结束或是关于这三部分的设计结束，而是意味着要开始更为详尽的光伏系统优化设计，甚至于推翻之前的分块式的设计推出一套新的设计方案使分块整合，将电池板、支架和逆变器三者结合得更为紧密贴合实际，保证系统的顺利安装实施。同时还要细化分析太阳能光伏系统的经济效益，预估发电量等，合理设计系统排线走线方式方法，根据情况合理设计离网（并网）电能配送存储方式等设计工作。这部分将以理论为基础，以符合实际为要义来进行设计，力求设计能够实现应用，把这部分设计的内容称为太阳能光伏系统的综合设计。

a 光伏组件的排布及固定

在完成了太阳能光伏系统的初步设计及经济效益分析之后，就要着手进行光伏系统的综合设计。在这个部分，会依据初步设计情况，细化光伏支架龙骨位置，绘制图例，深化设计整个系统排线走线位置，确定电池板连接方式，设计离网系统所需的蓄电池组，设计并网系统并网点等工作。

首先，将光伏发电系统的核心电池板的安装排布确定下来。在初步的设计中，电池板安装方位是在屋面东南角和西南角，在屋面北面留有多余空间，现考虑到屋面南部和东部为悬空，在安装靠近西南部及南部的电池板时比较危险，所以对初步设计进行更改，将电池组整体以西北角为基准上移，让电池组尽可能的靠近屋面西侧和北侧，避免在安装过程中的危险。确定支架系统为彩钢瓦支架系统，则需要具体设计导轨（龙骨）的排布。在设计原则中，无论用什么方式让电池板与龙骨固定，每块电池板下必须有两支与电池板长方向垂直的龙骨排布。本次设计根据现场情况，龙骨排布无障碍，因此每两块电池板下方以合理的方向安装两支龙骨，每支龙骨长为 220cm，分别平行排布在电池板一短边向上 33.5cm 处和另一短边向下 33.5cm 处。根据初步设计，共使用导轨（龙骨）12 支。排布情况如图 9-56 所示。龙骨选择材料为热镀锌 C 型钢，这种材料使用年限长，不易生锈，基本能配合电池板 25 年的使用寿命，其规格为 40mm×40mm×10mm×2.0mm。

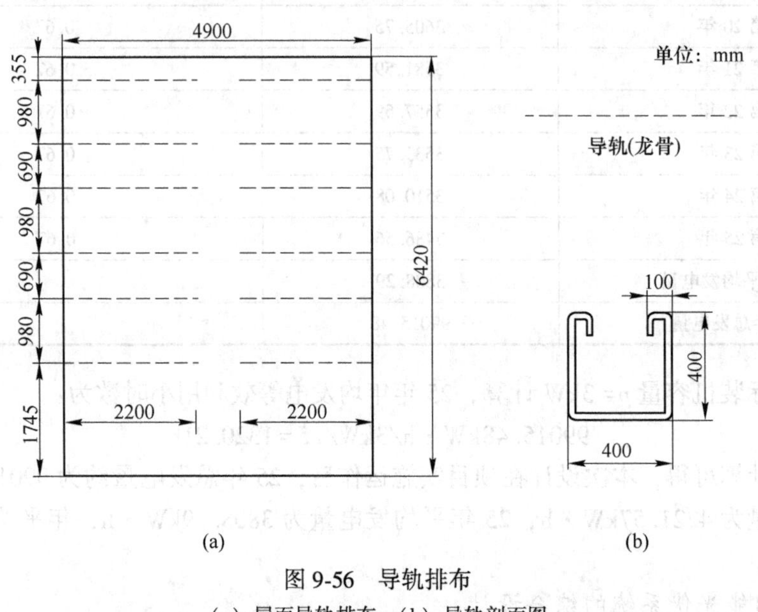

图 9-56 导轨排布
（a）屋面导轨排布；（b）导轨剖面图

电池板与支架连接有多种方式，可以通过电池板背部固定孔进行固定，也可以通过压块进行固定。电池板背部固定孔固定最为牢固，但是非常不便，电池板背部空间狭窄，电池板厚度 40mm，除去材料厚度及电池片占用厚度，可操作空间只留下约 30mm，不方便螺母与螺杆的连接。这种固定方式需要使用 M6mm×55mm 及 55mm 以上的内角螺丝，整个螺丝加装 M8 及以上的垫片，从下往上穿过 C 型钢通过垫片将螺丝头卡住 C 型钢，螺纹穿过电池板背部固定孔后将其与螺母连接固定。将用压块进行固定是现阶段最为普遍的连接方式，其安装简便，能够牢固固定电池板，在电池板正面即可进行。压块分为中压块和边压块，边压块在龙骨与电池板最边沿使用，只固定单块电池板，通过压块侧边平台上的螺丝将压把与电池板边沿压实，中压块用于两块电池板间的固定，通过压块中间平台上的螺丝将压块压把分别与两块电池板边沿压实。这种固定方式需要用到异形螺母，这种螺母在下端装有强力弹簧，螺母置于导轨内部，通过弹簧作用，把异形螺母上推至导轨 C 口处卡住，后从上往下穿过压块螺丝孔将螺丝与异形螺母固定，完成连接。需要用到 M8mm×25mm 及 25mm 以上、45mm 以下的螺丝。图 9-57 为压块安装。

综合考虑后，本次设计使用压块固定。在导轨位置确定后，相应电池板的安装位置也就确定下来，如图 9-58 所示。

b 线缆的排布

在电池组位置和逆变器位置确定之后，就要开始进行线缆铺设的设计。在我国家庭用分布式太阳能光伏电站还没有一个非常好的发展，全国没有任何一幢房屋能够在建造时就将太阳能光伏电站所需电缆预埋，所以现在要建设一个这样的电站，所有的线缆只能走明线。对于在室内的线缆可以排布在不影响居住者活动的墙角或屋顶，对于在室外的电缆，

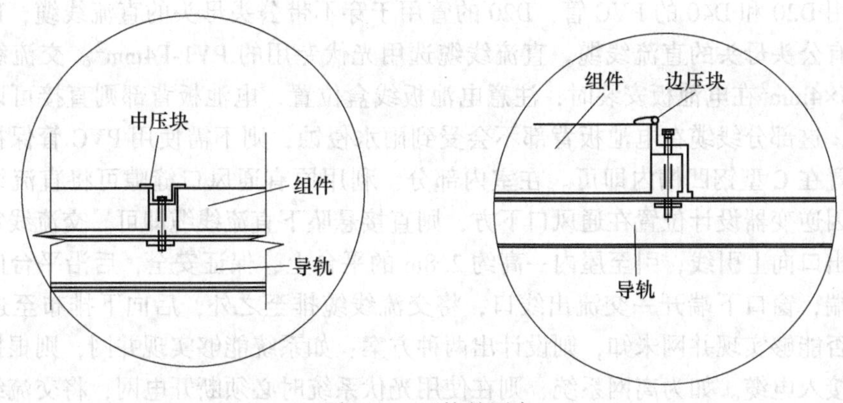

图 9-57 压块的固定

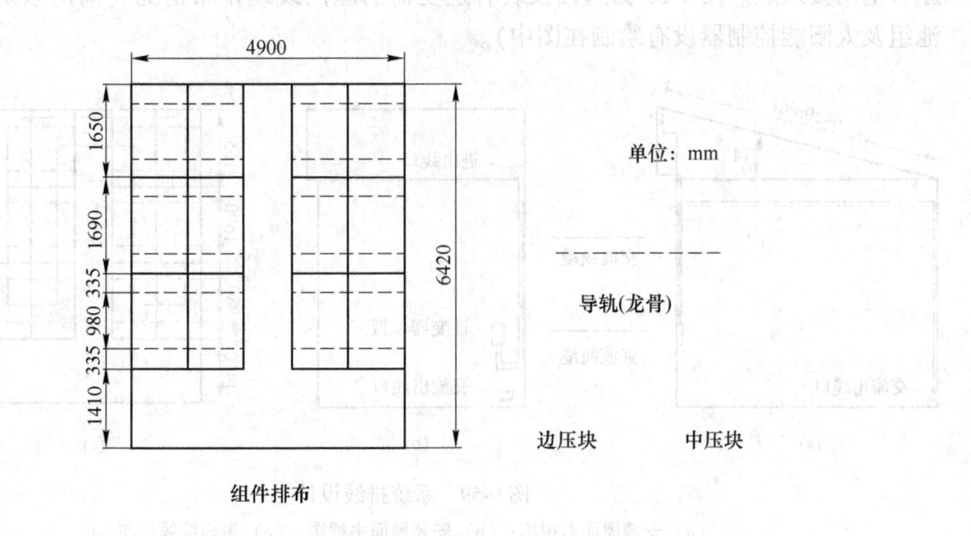

图 9-58 组件排布

必须采取相应的保护措施保证电缆不被雨水等自然因素侵蚀，一般情况都会安装 PVC 管对室外电缆进行保护。线缆的设计以安全为首要，特别是交流电缆，必须排布在远离人活动的区域。其次，在屋面应根据电池组的串并联情况铺设管道，合理利用屋面与屋内通风口，避免打扣等破坏屋面结构。

本次设计为 3kW 光伏系统，共 12 块电池板，依据电池板参数，可以进行如下计算。

当电池板全部串联时，系统工作电压＝29. 8V×12＝357. 6V，系统开路电压＝37. 6V×12＝451. 2V。

当电池组排布出现并联时，假设以最小串数 2 串计算，每串工作电压＝29. 8V×6＝178. 8V，每串开路电压＝37. 6V×6＝225. 6V，即系统工作电压为 178. 8V，系统开路电压为 225. 6V。

因为逆变器效率与逆变器输入功率成正比，对于同一逆变器来说，在符合逆变器功率、电压等参数要求的条件下，越接近逆变器最大功率的系统，其逆变器效率越高。对于本次设计的系统，1 路 MPPT 即 12 块电池板串联能够使逆变器工作效率最大，同时，屋面可利用情况良好，便于电池板的串联。因此根据现场情况设计了线缆排布，在屋面室外部分，使用D20和D40的PVC管，D20的管用于穿不带公头母头的直流线缆，D40的管用于穿带有公头母头的直流线缆。直流线缆选用光伏专用的PV1-F4mm^2。交流线缆选择使用YJV3×4mm^{2}在电池板安装时，注意电池板线盒位置，电池板背部则直接可以用原有线缆连接，这部分线缆在电池板背部不会受到雨水侵蚀，则不需使用PVC管保护，连接后简单放置在C型钢凹槽内即可。在室内部分，利用原有通风口缝隙可将直流线缆正负线引入，因逆变器设计位置在通风口下方，则直接悬坠下直流线缆即可。交流线室内部分从逆变器出口向上引线，引至屋内一高约2.8m的平台上，保证安全，后沿平台向外引线至窗口下端，窗口下端开一交流出线口，将交流线缆排至之外，后向下排布至进户线附近。因是否能够实现并网未知，则设计出两种方案：如系统能够实现并网，则根据电网要求并网点接入电缆。如为离网系统，则在使用光伏系统时必须断开电网，将交流线缆接入原有电网接入点。图9-59为屋面及装有逆变器的屋内线缆排布情况（离网系统中的蓄电池组及太阳能控制器没有绘制在图中）。

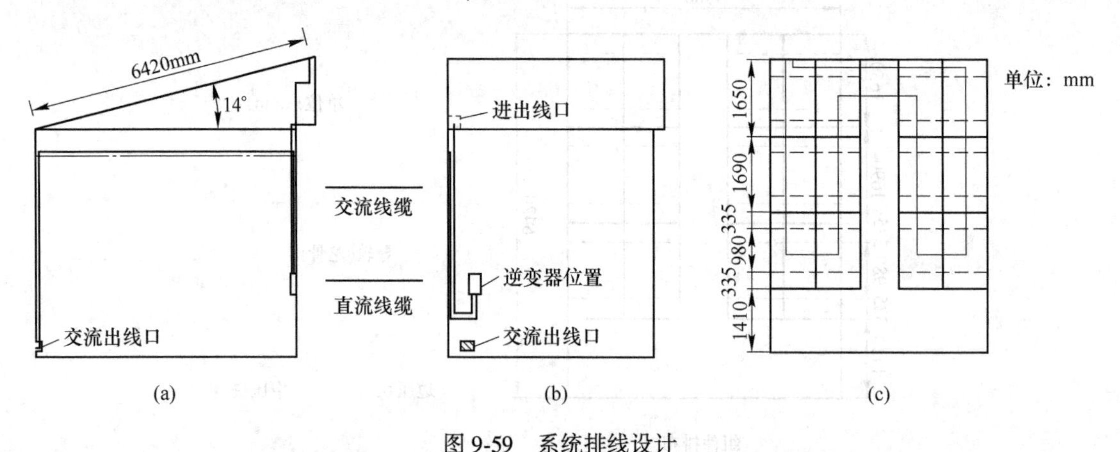

图9-59 系统排线设计

（a）安装屋面右视图；（b）安装屋面主视图；（c）屋面线缆排布

c 蓄电池的设计

离网光伏系统所产生的有效发电量取决于光伏方阵容量、当地的气象和地理条件以及现场安装、运行情况等因素，还受到蓄电池容量及维持天数的限制。对于一离网系统来说，蓄电池组是必不可少的。相对来说蓄电池组的设计在离网系统中显得非常重要，这直接影响了一个离网太阳能发电系统的运行效率与在运行中能够提供的电能。关于蓄电池容量的计算，参看式（9-8）：

$$W_T = \frac{E_0 \cdot D}{U \cdot \eta_T},\ C_T = \frac{W_T}{V_T} \tag{9-8}$$

式中，W_T为蓄电池能量，W·h；C_T为蓄电池容量，A·h；E_0为平均每天负荷用电量，W·h/d；D为蓄电池最长自给天数，d；U为蓄电池放点深度；V_T为直流工作电压，V；η_T为蓄电池系统总效率。

对于蓄电池系统总效率，有如下计算依据：

$$\eta_T = \eta_1 \cdot \eta_2 \cdot \eta_3 \tag{9-9}$$

式中，η_1为蓄电池充放电效率；η_2为温度损失因子；η_3为逆变器效率。

对于本次设计的系统，可依据式（9-8）进行蓄电池组的容量计算。蓄电池放电深度

U 取值80%，蓄电池充放电效率 η_1 取值0.85，温度损失因子 η_2 取值0.9，逆变器效率 η_3 取值0.92，则首先计算出蓄电池系统总效率 η_T 约为0.7。在工程中蓄电池最长自给天数一般要求至少3d，系统的直流工作电压取决于选择的离网逆变器电压，一般为12V或24V。由现场参数确定部分可知，家庭用户负载2760W，日用电量为7.76kW·h，则3d用电量为23.28kW·h，则蓄电池能量为：

$$W_T = 23280\text{W}\cdot\text{h}/(U\times\eta_T) = 23280\text{W}\cdot\text{h}/0.56 = 41571.43\text{W}\cdot\text{h}$$

当逆变器工作电压为24V时，蓄电池容量为：

$$C_T = W_T/24\text{V} = 41571.43\text{W}\cdot\text{h}/24\text{V} = 1732.14\text{A}\cdot\text{h}$$

通过计算可知，本次设计系统需要一块1732.14A·h的24V蓄电池，因要留出适当余量，所以选配1800A·h的24V蓄电池一块。但是在实际工程中，没有厂家可以提供24V大容量的电池，所以考虑选择一块12V 3600A·h的蓄电池，由于系统逆变器为24V，所以需要两个12V的蓄电池串联来获得24V电压，所以选择2块12V 1800A·h的蓄电池。

当逆变器工作电压为12V时，蓄电池容量为：

$$C_T = W_T/12\text{V} = 41571.43\text{W}\cdot\text{h}/12\text{V} = 3464.29\text{A}\cdot\text{h}$$

通过计算可知，本次设计系统需要一块3464.29A·h的12V蓄电池，因要流出适当余量，所以选配1块12V 3500A·h的蓄电池，满足逆变器工作需求。

d　防雷系统

光伏组件采用支架直接接地的方式进行防雷保护，不设置独立的防直击雷保护装置。将光伏电池组件支架连接扁钢与房屋原有的接地端子连接作为防雷保护。在线路防雷上，整个光伏系统直流侧的正负极均悬空、不接地，仅将光伏方阵支架接地。因本次设计系统容量小，接入点一般不会高于220V，不设置避雷器。

大理地区不属于雷区，因此不需要特殊的防雷设备。在本次设计中，在光伏组件之间，用4mm^{2}铜线通过接地孔连接，实现等电位安装。防止雷击造成电池板烧毁。

e　电气方案设计

无论是一个离网系统还是一个并网系统，最终光伏系统发出的电能总是要进入家庭负载回路使用，只有符合国家标准的电气设备和符合要求的电气接线方案，才能保证系统发出符合国家电能质量标准要求的交流电，才能保证系统运行的安全和稳定。为了防止意外发生，在接入负载回路前端，必须安装断路器，保护电路。

对于离网系统而言，首要保障的是在使用光伏系统时整个电气回路没有和电网相连。离网逆变器是针对没有连接电网的回路设计，没有反送电保护装置，如果同时存在电网，电网的电能一旦反送至逆变器，将会烧毁逆变器甚至将电池组全部短路烧毁；其次，要保证系统容量大于负载功率，保证回路中电器设备安全运行。特别要注意的是，离网光伏发电系统在启动时，连接回路中所有的感性电器设备必须处于关断状态，比如电冰箱、电视机等设备，否则在系统启动瞬间回路中电流会击穿电感，损坏设备。对于本次设计，由设计内容可知，本次装机容量大于家庭中负载，可以直接接入家庭负载。接入电器方案如图9-60所示。

对于并网系统而言，国家电网公司给出了多种家庭分布式光伏发电系统的接入方案，比如用户侧并网，则可以实现自发自用余电上网的目的，只需将光伏系统交流电缆并联进入家庭电力回路即可；或电网侧并网，则可以让系统所产生电能全部上网，这样需要将光

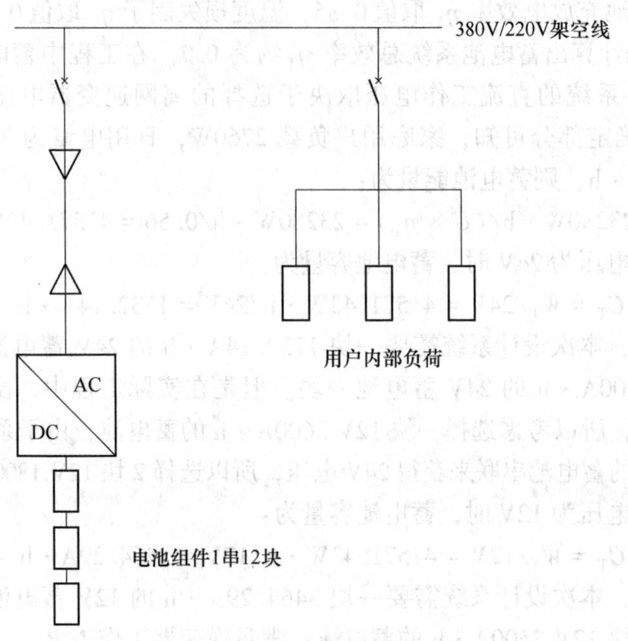

图 9-60 离网系统回路连接

伏系统交流电缆接入 380/220V 公共架空线。具体电气方案如图 9-61 和图 9-62 所示。

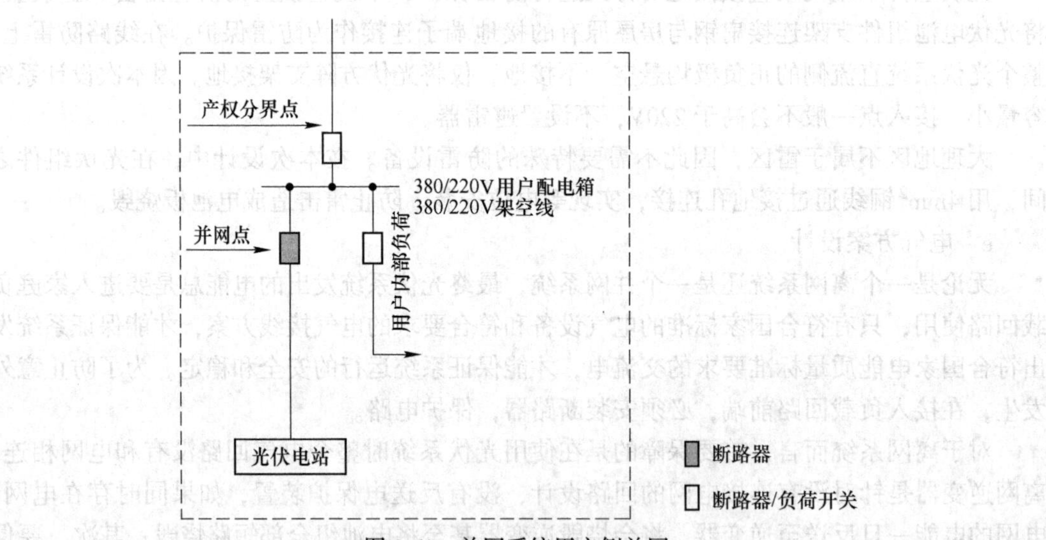

图 9-61 并网系统用户侧并网

f 设计报告

在经过经济效益分析以及设计之后，可根据项目情况，得出能量损失最小、光伏系统全年能够得到最大的发电量并且充分满足负载用电需要的既可靠又经济的最佳光伏系统方案。之后可以使用 PVsyst 光伏系统分析和设计工具对项目进行更为详细的设计与计算。

在 PVsyst 软件系统设计功能中，可以对整个系统进行详尽的设计，包括读取系统安装地理位置数据，通过当地太阳辐照量直接得出当地最佳太阳能组件安装倾角、行距、方位角等数据；根据屋面类型，绘制装机现场 3D 效果图，生成光照模型，通过对现场模型

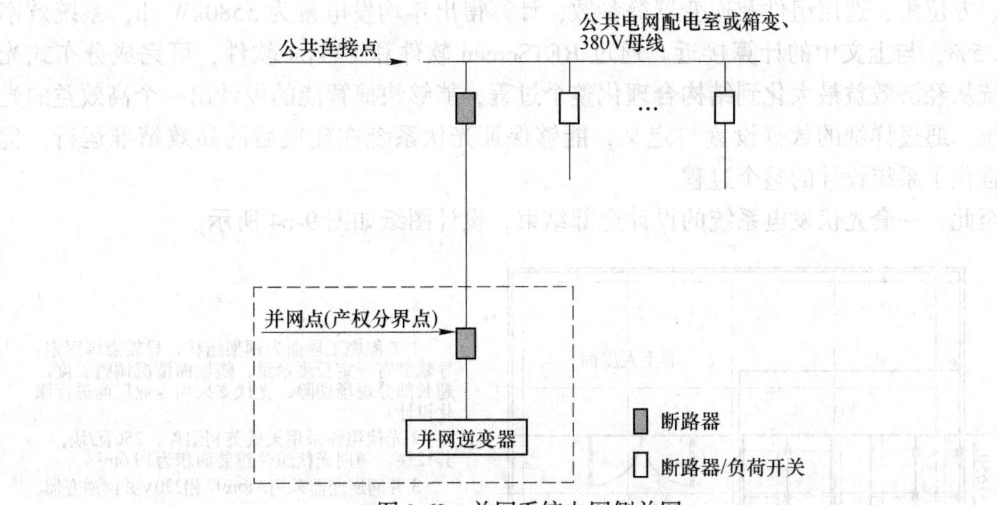

图 9-62 并网系统电网侧并网

进行光照分析、阴影分析，得出遮光损失；选择电池组件类型，选择逆变器类型，同时通过设置装机容量或设置装机面积，经过逆变器的选择后自动设计出电池组最佳串并联方式；根据系统情况详细设计失配损失、连接损失、遮蔽损失、辐照损失、灰尘损失、温度影响、平衡系统（BOS）效率等参数。最后经过模拟分析计算，得到一份详尽的系统分析报告。

该软件设计光伏系统较为详尽、准确，国外很多光伏设计师都会使用该软件进行一些设计步骤。图 9-63 为 PVsyst 系统设计的部分界面。

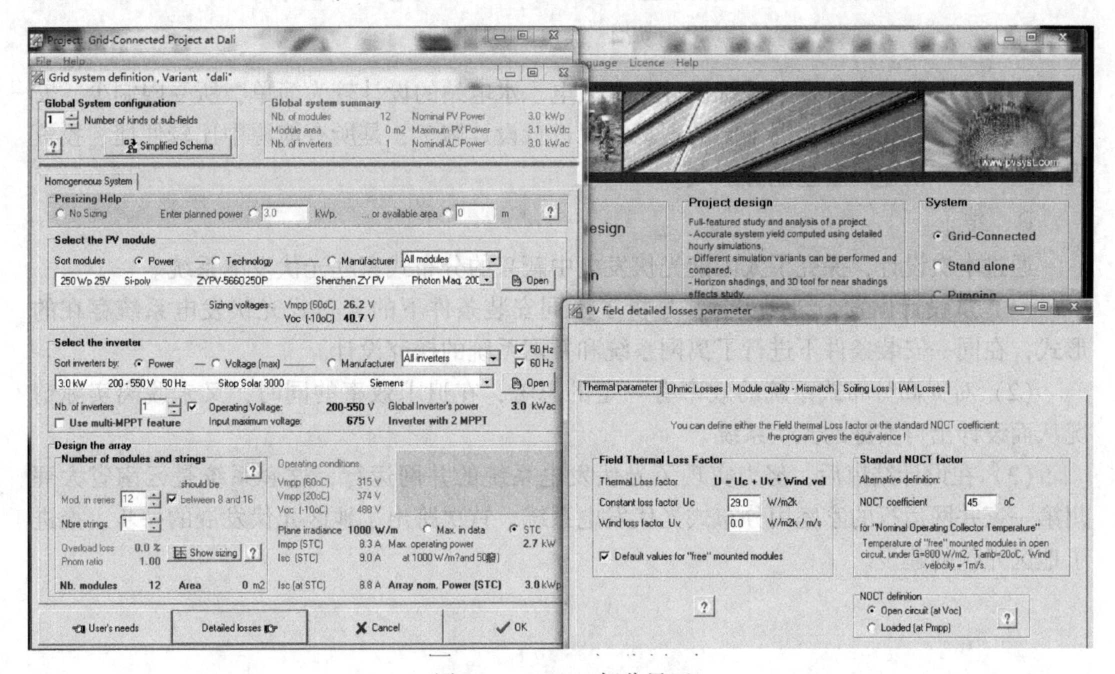

图 9-63 PVsyst 部分界面

本次设计通过 PVsyst 软件生成了一份详细的设计报告，报告涵盖了装机地点，装机角度、方位角，选用组件及逆变器等参数，计算得出年均发电量为 5580kW·h，系统效率为 79.5%，与上文中的计算接近。通过 RETScreen 软件和 PVsyst 软件，可完成分布式光伏系统从经济效益最大化到结构合理化整个过程，能够快捷智能的设计出一个高效益的光伏系统。通过详细的数据设置与定义，能够保证光伏系统在建成后的高效精准运行，优化、强化了系统设计的整个过程。

至此，一套光伏发电系统的设计全部结束，设计图纸如图 9-64 所示。

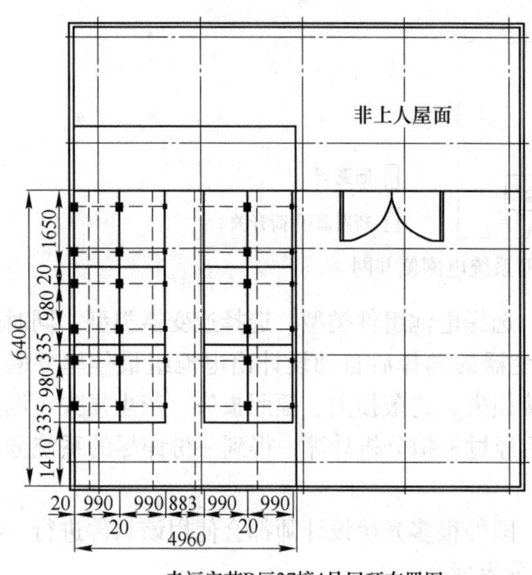

说明：

1.工程施工屋面为钢架结构，导轨点焊固定。导轨需有一定长度余量，随屋面情况调整长度，超长部分现场切除。光伏支架由专业厂商进行深化设计。

2.光伏组件采用天威英利组件，250瓦/块，共12块，预期光伏组件组装面积为19.6m²。

3.并网逆变器采用Afore单相220V并网逆变器。

4.工程所采用组件及逆变器均符合国家相关规定并通过出产验收。

—·— 地平线　▪ 边压块
– – – 导轨　▪ 中压块

图 9-64　系统总设计图

分布式太阳能光伏发电系统设计较之火电、水电站的设计较为简单，所受限制少，安装形式多种多样，能够根据不同的现场情况进行设计施工，是所有能源中比较便捷、投资周期短、投产快速的新型能源形式。

D　结论

通过本次设计，探究了太阳能光伏发电中新兴的分布式家庭光伏发电系统。

（1）从设计出发，结合实际，分析了不同安装条件下的分布式光伏发电系统存在的形式，在同一安装条件下进行了离网系统和并网系统的探究设计。

（2）对提高分布式系统的效率有一定的思考，在追求效率的同时，又未脱离实际情况从而设计出可实施的光伏系统。

（3）在设计结束后，努力实现了光伏发电系统的并网运行，这套系统是云南省大理州第一家并网运行的家庭用分布式光伏发电系统，首次跨出了地区光伏发展的一步，推进了地区光伏的建设。

基于 Origin 软件的物理实验数据处理与分析

10.1 Origin 软件简介

Origin 软件主要用于将仪器采集到的数据进行作图，进而采取线性拟合、参数计算的操作。它能够提供迅速、准确的信息和参数，加之图形可视化功能强，应用该软件处理物理实验数据，直观、便捷、高效率。在 Origin 软件中，不但可以输入数据，还能剔除数据拟合里的异常值，充分体现了 Origin 的简单易学、功能强大丰富的特点。该软件为世界上数以万计需要科技绘图、数据分析和图表展示软件的科技工作者提供了一个全面的解决方案。

早在 20 世纪 90 年代，有人便开始运用 Origin 软件处理物理实验数据。主要进行的数据处理包括数据统计、数据拟合、图像分析等。Origin 软件可分成以下几大功能模块：电子表格和数据管理、科技作图和输出、数据分析和处理，此外还有扩展的编程功能。

10.2 Origin 软件处理物理实验数据

10.2.1 Origin 的线性拟合功能在杨氏弹性模量实验中的应用

类似钢丝的条状物体沿着纵向的弹性模量称为杨氏弹性模量，本实验使用拉伸法得出杨氏模量 E：

$$E=\frac{2LDMg}{x\frac{1}{4}\pi D^2N}=\frac{8MgLD}{\pi D^2xN} \tag{10-1}$$

将测量得到的数据：$D=200.50\text{cm}$，$L=78.80\text{cm}$，$x=6.90\text{cm}$，$d=0.626\text{mm}$ 以及实验得到的原始数据记录在表 10-1 中。同时得到 n_i 下的拉伸量 Y_{ni} 与拉力 F_i 的数据，见表 10-2。

表 10-1 杨氏模量实验原始数据记录

次数 i	荷重 M/kg	增重时读数 n_i'/mm	减重时读数 n_i''/mm	两次读数平均值 /mm	读数的变化 $Y_{ni}=\mid n_{i+1}-n_i\mid$ /mm
0	0	30.0	30.0	30.0	29.75
1	1.0	22.0	23.0	22.5	30.85
2	2.0	14.0	15.0	14.5	29.75

续表 10-1

次数 i	荷重 M/kg	增重时读数 n_i'/mm	减重时读数 n_i''/mm	两次读数平均值 /mm	读数的变化 $Y_{ni}=\|n_{i+1}-n_i\|$ /mm
3	3.0	7.0	7.0	7.0	30.00
4	4.0	0.5	0	0.25	30.00
5	5.0	−8.5	−8.2	−8.35	30.00
6	6.0	−15.0	−15.5	−15.25	30.00
7	7.0	−23.0	−23.0	−23.0	30.00

表 10-2　杨氏模量实验拉伸量 Y_{ni} 与拉力 F_i 的关系

$n_i(i=0,1,\cdots,7)$	1	2	3	4	5	6	7
Y_{ni}/mm	7.5	15.5	23.0	29.75	38.35	45.25	53.0
F_i/N	9.795	19.59	29.385	39.18	48.975	58.77	68.565

通过公式 $E=\dfrac{8LD}{\pi d^2 x\Delta n}F$ 得出 $F=\dfrac{\pi d^2 x}{8LD}E\Delta n=kE\Delta n$（式中 $k=\dfrac{\pi d^2 x}{8LD}$ 可视为常数），将表 10-2 中的实验数据输入 Origin 软件。选中表格所有数据，单击工具栏中“Plot”选项里的“Scatter”，通过此键可绘制数据散点图。进入“Analysis”选项中“Fitting”里的“Linear Fit”按钮来开始直线拟合。调整该图的图像属性，双击横纵坐标轴来设置坐标轴属性。本次数据处理将横轴设为 0 到 75，纵轴为 0 到 60，拟合曲线见图 10-1。

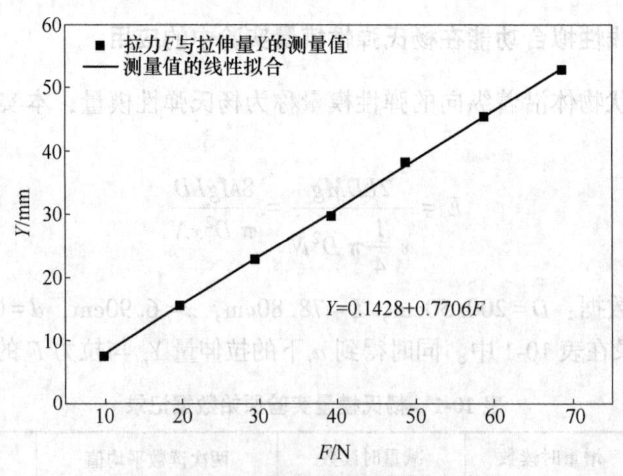

图 10-1　杨氏模量实验数据线性拟合

根据图 10-1 中 Origin 软件对该实验数据的直线拟合，可得到直观的结果：

$$Y=0.1428+0.7706F$$

斜率 k 即为：

$$k=0.7706$$

已知 k 的数值可根据公式计算出杨氏模量 E：

$$E=\frac{8LD}{\pi d^2xk}=\frac{8\times0.788\times2.005}{3.14\times0.000626^2\times0.069\times0.7706}=1.93\times1011\text{N/m}^2$$

从图 10-1 可清楚地看出经过拟合后拉力 F 与拉伸量 Y 的线性关系，通过 Origin 的直线拟合可直观地表示出数值间的关系。Origin 的直线拟合功能大大简化了实验数据处理的过程，拟合后给出的 Intercept 截距和 Slope 斜率清晰地表明了拉力 F 与拉伸量 Y 的线性关系，得到了关键数据 k 从而能够轻松地算出杨氏模量 E。

10.2.2 Origin 非线性拟合功能在太阳能电池特性测定实验中的应用

光照下，入射光子能量一旦大于半导体的禁带宽度，太阳能电池则能将光子给吸收进而产生出电子-空穴对。通过结的电流由恒定速率产生出来的电子-空穴对提供。理想的太阳能电池模型的组成，包含一个理想电流源（会通过光照而产生光电流的电流源）和一个理想的二极管，再加上一个并联电阻 R_{sh} 和一个电阻 R_s，如图 10-2 所示。

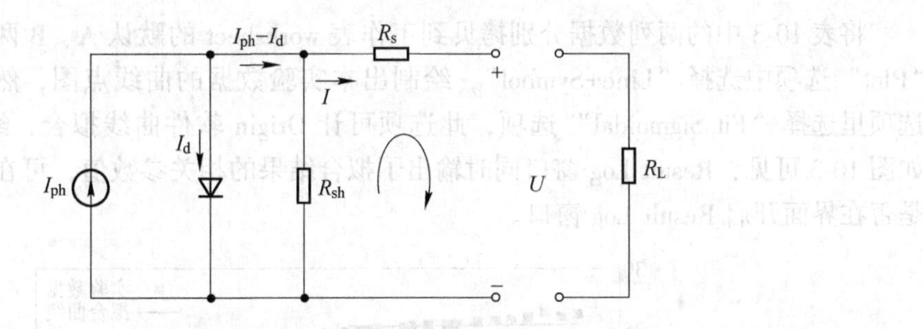

图 10-2 理想情况下太阳能电池的等效电路

由图 10-2 得到，流入负载 R_L 的电流 I 以及负载电压 V 为：

$$\left.\begin{aligned}I&=I_{ph}-I_d-I_{sh}=I_{ph}-I_0(e^{\beta(V+IR_s)}-1)-\frac{I(R_s+R_L)}{R_{sh}}\\V&=IR_L\end{aligned}\right\}\tag{10-2}$$

一旦负载 R_L 从 0 变至∞，便可根据式（10-2）在 Origin 软件中绘制太阳能电池的负载曲线，即伏安特性曲线。假若更改 R_L 的值到某个固定值 R_m，能够在伏安曲线上得出点 M，该点所对应的工作电流与工作电压的积为最大值（即 $P_m=I_mV_m$），从而得知点 M 为此太阳能电池的最大功率点。对应的值有：最佳工作电流 I_m，最佳工作电压 V_m，最佳负载电阻 R_m，最大输出功率 P_m。

根据得出的伏安特性曲线，通过计算可得到开路电压 V_{oc}、短路电流 I_{sc}、最佳工作电流 I_m、最佳工作电压 V_m、最大输出功率 P_m、填充因子 $FF(FF=P_m/(I_{sc}V_{oc}))$、串联电阻 R_s、并联电阻 R_{sh} 等太阳能电池的重要参数。

太阳能电池伏安特性测定：实验所使用的仪器为 FB763 型太阳能电池特性实验仪。不加偏压的情况下，保持白光源距离太阳能电池 25cm，光功率 $J=1249\text{mW}$，分别变更滑动变阻器的阻值，测量出太阳能电池的输出电流 I 和输出电压 V，分析其中的关系，实验数据见表 10-3。

表 10-3 在 1.318mW 光照下太阳能电池的伏安特性数据

V/V	I/mA	V/V	I/mA	V/V	I/mA	V/V	I/mA	V/V	I/mA
0.001	26.2	0.21	25.2	0.51001	17.8	0.44	22.3	0.57001	10.57
0.02	26.1	0.24	25.1	0.52001	17.1	0.45	22.1	0.57401	9.46
0.04	26.3	0.25	24.9	0.52998	16.6	0.46	21.6	0.57802	8.62
0.06	26	0.26	24.9	0.31001	24.7	0.53501	16.1	0.58002	7.82
0.08	25.8	0.27001	24.9	0.34002	24.4	0.53202	15.8	0.58401	6.24
0.1	25.8	0.27998	24.8	0.37003	24.1	0.53999	15.2	0.59003	5.58
0.12	25.7	0.3	24.7	0.38	24	0.54201	14.5	0.59401	3.78
0.15	25.5	0.47	21.2	0.38001	23.6	0.55	13.8	0.59602	2.57
0.15999	25.5	0.48	20.6	0.40002	23.4	0.55601	13.2	0.60001	1.22
0.17999	25.4	0.49	19.9	0.41003	23	0.56	12.6		
0.19999	25.3	0.50001	18.9	0.43003	22.8	0.56401	11.9		

将表 10-3 中的两列数据分别拷贝到工作表 worksheet 的默认 A、B 两列，在菜单栏上“Plot”选项中选择“Line+Symbol”，绘制出本实验数据的曲线点图，然后在“Analysis”选项里选择“Fit Sigmoidal”选项，此选项可让 Origin 软件曲线拟合，绘制出拟合曲线。如图 10-3 可见，Result Log 窗口同时输出了拟合结果的相关参数值，可在拟合过程中选择是否在界面开启 Result Log 窗口。

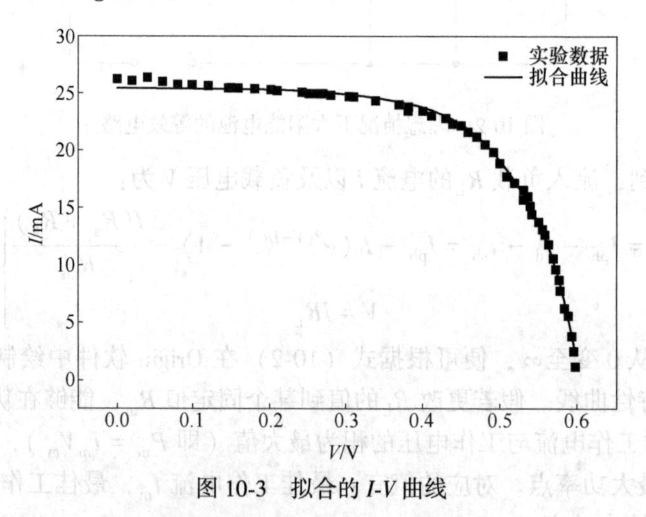

图 10-3 拟合的 *I-V* 曲线

由图 10-3 可知，拟合的曲线几乎完全贴合原测量值，拟合相关度高达 0.995，拟合曲线方程为：

$$y = -34552 + 34577.43142/\{1 + \exp[(x - 1.15045)/0.07532]\}$$

然后代入并算出数据，同时拟合曲线得到输出功率 P 随电压 V 变化的规律，算出最佳功率，曲线过坐标轴的点即为开路电压 V_{oc} 和短路电流 I_{sc}，最后结果如下所示：

$V_{oc} = 3.141\text{V}$，$I_{sc} = 1.225\text{mA}$，$V_m = 2.221\text{V}$，$I_m = 0.988\text{mA}$，$P_m = 2.195\text{mW}$，$R_m = 2346.827\Omega$，$FF = 57.98\%$。

同时近似求解并联电阻 R_{sh} 与串联电阻 R_s 的值，考虑到 $V \to 0$ 的时候或 $V \to V_{oc}$ 的渐进，又考虑一般硅电池具备：$I_d \ll I_L$，$R_s \ll R_{sh}$，即式（10-2）变为：

$$I \approx I_{ph} - \frac{I(R_s + R_L)}{R_{sh}} = \left(1 + \frac{R_s}{R_{sh}}\right)^{-1}\left(I_{ph} - \frac{V}{R_{sh}}\right)$$

$$\approx I_{ph} - \frac{V}{R_{sh}} = I_{ph} - \frac{V}{R_{sh}} \tag{10-3}$$

故在 $V \to 0$ 时，该曲线具有良好的线性关系。对式（10-3）进行求微分当 $V=0$ 或 $I=I_{sc}$ 得 $\frac{dI}{dV} = -\frac{1}{R_{sh}}$。

同理，当 $V \to V_{oc}$ 时，$I_{ph} - I_0(e^{\beta(V+IR_s)} - 1) = 0$，化简得：

$$I = \frac{\ln\left(\frac{I_{ph}}{I_0} + 1\right)}{\beta R_s} - \frac{V}{R_s} \tag{10-4}$$

由此得知，对太阳能电池 I-V 曲线求微分，则可在 $V \to 0$ 和 $V \to V_{oc}$ 处分别得出并联电阻 R_{sh} 和串联电阻 R_s。

双击拟合曲线，进入 Plot Details 图像细节界面，选择 Layerl 中的拟合数据，再单击默认工作表，则跳转到表格中显示拟合的具体数据。同时，画出拟合数据的散点图。并在 Analysis 菜单中选“Mathematics”选项中的“Differentiate”，界面显示出微分图，如图10-4 所示。依据在 $V \to 0$ 和 $V \to V_{oc}$ 处的微分值得到低并联电阻 R_{sh} 和高串联电阻 R_s。若太阳能电池含较高的串联电阻，必会降低太阳能电池的填充因子 FF，降低太阳能电池的效率 P，此结果与该电池的填充因子只有 57% 左右的结果相同，表示此电池性能已经很低了，可能同电池的老化有关。

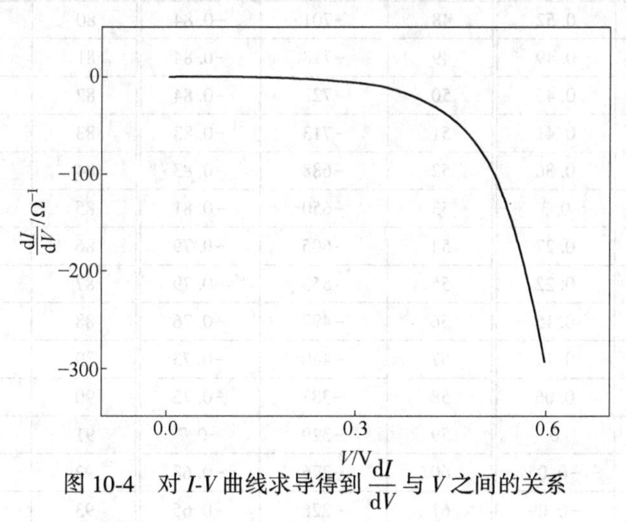

图 10-4 对 I-V 曲线求导得到 $\frac{dI}{dV}$ 与 V 之间的关系

10.2.3 Origin 软件高阶多项式拟合在磁滞回线实验中的应用

在反反复复的磁化进程中，铁磁材料的磁场强度 H 与磁感应强度 B 之间关系的特性称为磁滞现象。根据铁磁材料的磁化曲线是非线性的特点，得出铁磁材料非线性的磁化曲线会在交变磁场的作用下形成磁滞回线。在环形模具钢的磁化线圈中，假设通过其中的电

流为 I，充分考虑缝隙对其的影响，故磁场的磁场强度 H 为：

$$H=\left(NI-\frac{B\,l_g}{\mu_0}\right)/\bar{l} \tag{10-5}$$

实验使用环形模具钢，令 $U=4.5\mathrm{V}$，$R=4.0$，得出参数 $H_m=719.7\mathrm{A/m}$，$H_c=142.6\mathrm{A/m}$，$B_m=0.85\mathrm{T}$，$B_r=0.45\mathrm{T}$，取 H 及相应的 B 值，得到实验数据见表 10-4。

表 10-4 磁滞回线实验数据记录

N_0	$H/\mathrm{A\cdot m^{-1}}$	B/T	N_0	$H/\mathrm{A\cdot m^{-1}}$	B/T	N_0	$H/\mathrm{A\cdot m^{-1}}$	B/T
1	719.7	0.85	33	−197	−0.32	65	−60.9	−0.51
2	708	0.85	34	−210	−0.37	66	−29.4	−0.48
3	681.1	0.83	35	−225	−0.41	67	−1.52	−0.43
4	643	0.83	36	−242	−0.46	68	23.86	−0.39
5	595.8	0.8	37	−263	−0.5	69	46.19	−0.36
6	543.6	0.8	38	−287	−0.56	70	65.99	−0.31
7	486.2	0.77	39	−2318	−0.6	71	82.24	−0.25
8	429.4	0.76	40	−3555	−0.64	72	95.94	−0.2
9	373.5	0.74	41	−397	−0.68	73	108.1	−0.15
10	319.2	0.71	42	−444	−0.72	74	117.7	−0.1
11	266.9	0.68	43	−492	−0.75	75	126.3	−0.05
12	217.2	0.66	44	−541	−0.77	76	135.5	0
13	170.5	0.62	45	−590	−0.79	77	144.1	0.04
14	127.3	0.59	46	−635	−0.81	78	152.7	0.1
15	88.84	0.55	47	−674	−0.83	79	161.9	0.15
16	53.81	0.52	48	−701	−0.84	80	171.5	0.2
17	22.84	0.49	49	−718	−0.84	81	182.2	0.26
18	0	0.45	50	−722	−0.84	82	193.3	0.3
19	−29.9	0.41	51	−713	−0.83	83	206	0.36
20	−51.2	0.36	52	−688	−0.83	84	220.7	0.42
21	−70	0.3	53	−650	−0.81	85	238	0.46
22	−86.3	0.27	54	−605	−0.79	86	257.8	0.52
23	−100	0.22	55	−553	−0.79	87	281.6	0.56
24	−111	0.15	56	−497	−0.76	88	311.1	0.6
25	−120	0.11	57	−440	−0.75	89	347.1	0.65
26	−130	0.06	58	−383	−0.72	90	389.3	0.69
27	−138	0	59	−329	−0.7	91	434.9	0.72
28	−147	−0.05	60	−276	−0.68	92	483.2	0.75
29	−155	−0.09	61	−226	−0.65	93	532.4	0.78
30	−165	−0.15	62	−176	−0.61	94	581.1	0.8
31	−175	−0.2	63	−135	−0.58	95	626.8	0.82
32	−185	−0.26	64	−96.4	−0.55	96	666.9	0.83

将表 10-4 中的数据输入至 worksheet，选定 A（X）、B（Y）两列数据，选择“Plot”选项里的“Scatter”进行散点图绘制，如图 10-5 所示。

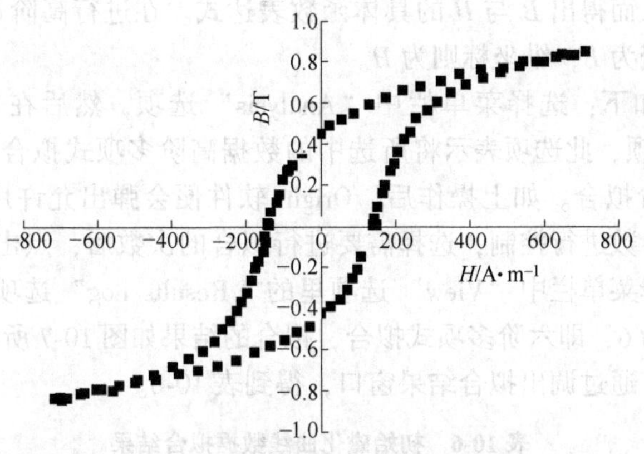

图 10-5　磁滞回线实验数据散点图

由于还需研究模具刚的初始磁化曲线，则将实验获得的模具刚的初始磁化曲线原始实验数据录入表 10-5。

表 10-5　模具的初始磁化曲线实验数据

I/mA	0	50	100	150	200	250	300
B/mT	0	13.5	30.4	59.2	91.7	130.1	172.5
I/mA	350	400	450	500	550	600.1	
B/mT	212.8	253.5	292.9	330.3	362.9	389.7	

将表 10-5 的原始数据输入 Origin 软件的数据工作列表中，同时将式（10-6）代入 Origin 软件自带的快速计算工具文本框中，得到每一 B 对应的 H 值。从图 10-6 中可得出，当饱和磁感应强度 B_m 为 0.389T 时，知晓该实验材料的上、下剩磁 B_r 近似相等，约为 0.4T。左矫顽力 H_c 约 1024.9A/m，右矫顽力 H_c 约为 1003.276A/m，两边矫顽力差距在合理范围内。

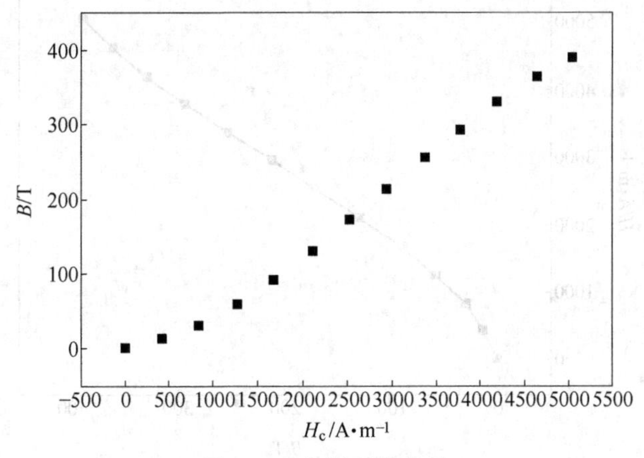

图 10-6　初始磁化曲线

由图 10-5 和图 10-6 可知，铁磁实验材料的磁滞回线和初始磁化曲线都属于非线性数据，倘若使用以往的旧方法得出磁滞回线和初始磁化曲线的具体函数表达式实在算是艰巨。此处运用 Origin 软件强大的拟合功能来进行多项式拟合，可得磁滞回线与初始磁化曲线的高阶多项式，从而得出 B 与 H 的具体函数表达式。在进行高阶拟合时，为了方便进行拟合，将横坐标变为 B，纵坐标则为 H。

具体拟合过程如下：选择菜单栏中“Analysis”选项，然后在“Fitting”选项找到“Fit Polynomial”选项，此选项表示将所选中的数据高阶多项式拟合，默认次数为 1，此处选择 1 来进行一阶拟合。如上操作后，Origin 软件便会弹出允许用户选择参数的对话框，以此对拟合的参数进行控制，选择需要进行拟合的次数后，点击“OK”按钮，即可完成高阶拟合。选择菜单栏中“View”选项里的“Results Log”选项，经过多次的尝试，所选定的拟合参数为 6，即六阶多项式拟合，拟合的结果如图 10-7 所示。实验数据点与拟合曲线能完美吻合。通过调出拟合结果窗口，得到表 10-6。

表 10-6　初始磁化曲线数据拟合结果

	多项式系数	拟合值
曲线 H	截距	6.78851
	B1	34.47431
	B2	−0.31737
	B3	0.00211
	B4	-7.44198×10^{-6}
	B5	1.31224×10^{-8}
	B6	-8.98239×10^{-12}

Result Log 表显示拟合的相对误差很小，拟合相关系数高达 0.99965，同时得到初始磁化曲线 H 与 B 之间的关系：

$$H=6.7885+34.47431B-0.31737B^2+0.00211B^3-7.44198\times10^{-6}B^4+1.31224\times10^{-8}B^5-8.98239\times10^{-12}B^6$$

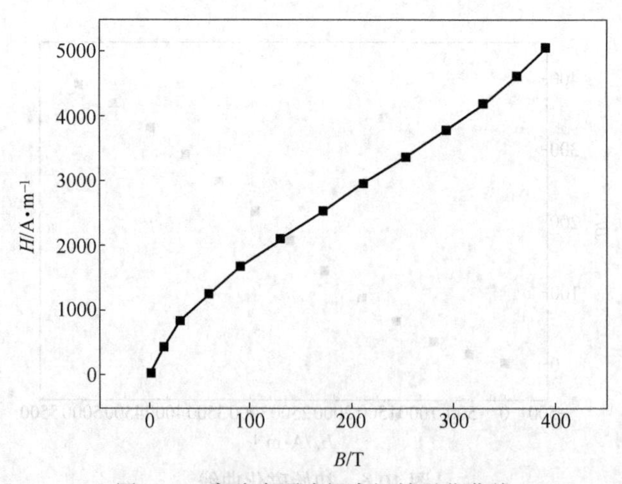

图 10-7　高阶多项式拟合初始磁化曲线

运用 Origin 软件对磁滞回线实验数据进行绘图分析，用其中多项式拟合功能对数据非线性拟合，拟合得出磁滞回线和磁化曲线的具体函数表达式，最后结果能够反映磁滞回线的基本特性。Origin 软件的强大绘图功能绘制磁滞回线与初始磁化曲线非常简易、效果也很清晰，避免了人工描点时造成的人为误差。同时，利用 Origin 软件的多项式拟合功能拟合初始磁化曲线和磁滞回线，能够更便捷、更准确地得到磁化曲线和磁滞回线的具体函数表达式，拟和结果说明误差小、拟合相关系数高。因此将 Origin 软件应用于磁滞回线实验里，对定量描述铁磁材料的磁化和磁滞特性很有应用价值。

11 大学生物理学术竞赛实验选题

11.1 大学生物理学术竞赛简介

中国大学生物理学术竞赛（CUPT，China Undergraduate Physics Tournament），是中国借鉴国际青年物理学家锦标赛（IYPT，International Young Physicists' Tournament）的模式创办的全国赛事，该项活动得到了教育部的支持，并被列入中国物理学会物理教学指导委员会的工作计划，是实践国家创新驱动发展战略纲要和国家教育中长期发展规划纲要的重要大学生创新竞赛活动之一。CUPT是一项以团队对抗为形式的物理竞赛，它以协同创新为根本理念，旨在提高学生综合运用所学知识分析解决实际物理问题的能力，培养学生的开放性思维能力。比赛题目新颖开放，其中有不少问题源自《科学》（Science）、《自然》（Nature）这样的旗舰综合期刊，以及《物理评论快报》（PRL）、《现代物理评论》（RMP）这样的物理学顶级杂志。参赛学生就这些实际物理问题的基本知识、理论分析、实验研究、结果讨论等进行辩论性比赛。CUPT不仅可以锻炼学生分析问题、解决问题的能力，培养科研素质，还能培养学生的创新意识、团队合作精神、交流表达能力，使学生的知识、能力和素质全面协调发展，同时注重加强青年学生之间的友谊和交流。CUPT同时也促进了国内物理学本科教育改革，近年来，部分高校将低年级本科生的科研训练课程和大学物理实验课程与CUPT的备赛有机结合起来，取得了较好的成效。这种比赛形式为我国各高校之间进行交流、共同探讨高素质物理人才的培养模式提供了一个很好的平台，本项赛事既可以纳入国家理科基地的能力培养项目，也可以在我国“拔尖学生培养试验珠峰计划”实施过程中起到非常大的推动作用，更为新时期统筹推进世界一流大学和一流学科（双一流）建设，和创新型国家建设提供了人才培养方面的有力支持。

CUPT竞赛淡化锦标意识，侧重高校学子间的学术交流。在赛场上，团队之间各抒己见、友好讨论、展示风采、相互学习、共同提高。在竞赛期间，主办方邀请包括诺贝尔物理学奖得主、中国科学院院士在内的国内外著名物理学家进行学术报告，举办各类物理交流活动，增进了各高校物理师生的交流。CUPT已经发展成为我国高等院校规模最大、规格最高的物理类本科生年度学术交流盛会。

11.2 大学生物理学术竞赛题目

11.2.1 大学生物理学术竞赛2020年题目

A　自己发明

设计一种利用热效应测量电流的仪器。该方法的准确度、精密度和局限性是什么？

B 不起眼的瓶子

将点燃的蜡烛放在瓶子后面。如果你从蜡烛的对面吹瓶子，蜡烛同样可能熄灭，好像瓶子根本不在那里。解释这个现象。

C 摇摆的声管

声管是一种玩具，由波纹塑料管组成，你可以旋转声管产生声音。研究这些玩具发出的声音的特性，以及它们如何受到相关参数的影响。

D “歌神”铁氧体

将铁氧体棒插入信号发生器供电的线圈中。在某些频率下，铁氧体棒开始发出声音。研究这一现象。

E 甜蜜的海市蜃楼

法塔莫干纳是一种特殊形式的海市蜃楼的名字。而使用激光照射具有折射率梯度的流体时，也会产生类似的效果。研究这一现象。

F 撒克逊碗

一个底部有洞的碗放在水中会下沉。撒克逊人用这个装置来计时。研究决定下沉时间的参数。

G 绳子上的球

将绳子穿过一个带有洞的球，这样球就可以沿着绳子自由移动。把另一个球系在绳子的一端。当你周期性地移动绳子的自由端时，你可以观察到两个球的复杂运动。研究这一现象。

H 肥皂膜过滤器

一个重颗粒可以通过一个水平的肥皂膜而不会使其破裂。然而，轻粒子可能无法穿透膜并可能停留在其表面上。研究这种膜过滤器的性能。

I 磁悬浮

在某些特定情况下，磁力搅拌器的“搅拌子”在搅拌时，能在黏性流体中稳定地上升和悬浮。研究“搅拌子”动态稳定的起源，以及它如何依赖相关参数。

J 画出来的导线

用铅笔在纸上画的线可以导电。研究这种导线特性。

K 漂移的斑点

将激光束照射到黑暗的表面上。在斑点内可以看到颗粒状图案。当用相机或人眼观察这个图案时，图案似乎在缓慢移动，图案相对于表面似乎在漂移。解释现象并研究漂移如何取决于相关参数。

L 多边形涡流

在瓶面附近装有旋转板的静止圆柱形容器中，部分装有液体。在一定条件下，液体表面的形状会变成多边形。解释这一现象并研究其对相关参数的依赖性。

M 摩擦振子

一个大块的物体被放置在两个相同的平行水平圆柱体上。两个圆柱各自以相同的角速度旋转，但方向相反。研究物体在圆柱体上的运动如何依赖于相关参数。

N 下落的塔

相同的圆盘，一个叠在另一个上面，形成一个独立的塔。当塔底部的圆盘通过施加一个突然的水平力来移除，塔身的其余部分就会掉落到底面上，并依然保持直立状态。研究该现象并确定允许塔保持静止直立的条件。

O 胡椒罐

如果你拿一个盐或胡椒罐，摇晃罐子，里面的东西就会慢慢地倒出来。然而，如果一个物体沿罐底摩擦，则倒出速度会显著增加。解释这种现象，并研究倒出速度如何依赖于相关参数。

P 镍钛合金发动机

将镍钛合金线圈绕在两个滑轮上，同时两个滑轮的轴彼此相距一定距离。如果其中一个滑轮浸入热水中，金属丝就会变直，导致滑轮转动。研究这种发动机的性能。

Q 玩纸牌

一张标准的扑克牌只要在投掷的过程中旋转，就可以运动很长的一段距离。研究影响距离和轨迹的参数。

11.2.2 大学生物理学术竞赛 2019 年题目

A 你来发明

构建一个基于电晕放电来推进的简易马达。探究相关参数是如何影响转子运动的，并优化你的设计，从而获得固定输入电压下的最大速度。

B 气溶胶

当水流经一个小孔时，可能会形成气溶胶。探究参数怎样能形成气溶胶而不是水柱等。气溶胶的特性是什么？

C 低音

让一个音叉或一个简易的振子靠着轻微接触的纸振动。产生的声音频率会比音叉的基本频率更低，探究此现象。

D 漏斗与球

通过向漏斗中吹气，一个轻质小球（如乒乓球）可以被拾起。解释此现象并探究相关的参数。

E 填充瓶子

当垂直的水柱进入瓶子时，可能会产生声音，并且，随着瓶子被填充，声音的特性会改变。探究此系统的相关参数，如水柱的速度与尺寸、瓶子的大小与形状或水温等对声音的影响。

F 飓风球

通过起始时用手旋转，并使用一根管子（如吸管）朝其吹气，连在一起的两个钢球能以极高频率旋转。解释并探究这一现象。

G 响亮的声音

一个简易的圆锥形或牛角形装置可以优化人声向远处收听者的传递。探究锥形装置的形状、大小、材质等相关因素对其声学输出的影响。

H 科幻之声

敲击螺旋弹簧可以模拟出类似科幻电影中“激光枪”的声音。探究并解释这一现象。

I 酱油光学

以一束激光穿透一层薄的酱油（约200μm），可以观察到热透镜效应。探究此现象。

J 悬浮水轮

在靠近水柱的边缘小心地朝上放置一个轻质物体，如聚苯乙烯泡沫塑料盘，在一定条件下，物体将在悬浮的同时开始旋转。探究这一现象以及它对外部扰动的稳定性。

K 自组装平面

在平坦的振动板上放置一些完全相同、形状规则的硬质颗粒，根据单位面积上的颗粒数量，它们可能形成或不能形成有序的晶体状结构。探究此现象。

L 陀螺仪特斯拉计

当放置在磁场中时，一个由非铁磁性导电材料制成的旋转的陀螺仪会减速。探究相关参数对减速的影响。

M 莫尔织物分析镜

当紧密排列的非相交线条（其间有透明间隙）组成的图案覆盖在一块机织物上时，可以观察到独特的莫尔条纹。设计一种使你能够测量织物经纬密度的覆盖物。确定测量简单织物（例如亚麻布）的精确度，并探究此方法能否适用于更复杂的织物（例如牛仔布或牛津布）。

N 循环摆

将一重一轻两个负载通过水平杆上的一根绳子相连，并下拉轻负载以吊起重负载。释放轻负载，它将围着杆扫动，从而阻止重负载落到地面。探究此现象。

O 牛顿摆

牛顿摆的振动会逐渐衰减，直到摆球静止。探究相关参数，例如摆球的数量、材质和排列方式对牛顿摆衰减速率的影响。

P 下沉的气泡

当一个盛有液体（例如水）的容器垂直振动时，液体中的气泡可能不会上升，而是向下运动。探究此现象。

Q 雪糕棒连锁反应

通过轻微的弯曲，可将木制的雪糕棒连接在一起，以实现在被称作“眼镜蛇式编织”形状的链条中连锁。当这种链条的一端被释放时，木棒迅速脱落，且波阵面沿着链条传播。探究这一现象。

11.2.3 大学生物理学术竞赛2018年题目

A 自我发明

建造一台能放大由力、光或电所引起的局部干扰的测震仪。确定你建造的设备的典型响应曲线，并研究影响阻尼系数的相关因素。你的仪器能达到的最大放大率是多少？

B 粉末的颜色

如果染过色的材料被磨成粉末，有的时候最终得到的粉末可能会和原来的材料有着不同的颜色。研究材料的碾磨程度是如何影响粉末的表面颜色的。

C 硬币跳舞

准备一个冷却充分的瓶子，把一枚硬币放在它的瓶口上。过一段时间你会听见声响并看到硬币在移动。解释这个现象并研究相关因素是如何影响这舞蹈的。

D 海伦喷泉

建造一座海伦喷泉并解释它是如何工作的。研究相关因素是如何影响水柱的高度的。

E 吸管

当一根吸管放在一杯碳酸饮料里的时候，它可以浮起来，有时倒在玻璃杯的边缘。研究并解释吸管的运动，并判断在哪种条件下，吸管会倒下。

F 环形加油器

一根涂了油的水平圆柱轴能绕着它的轴以恒速旋转。用硬纸板盘做一个内径大概为轴直径两倍的环，并把它放在轴上。根据倾斜程度，它可以沿着轴向两个方向运动。研究这个现象。

G 锥形堆

倒下一些不具有黏性的颗粒材料，使它们能形成一个锥型的堆。研究影响锥的形成和锥与地面形成的角度的相关因素。

H 筒中尖

一个水平圆柱筒被一种黏性流体部分充满。当圆筒绕着它的轴旋转时，可以观察到不寻常的流体现象，如筒内壁上的尖锐形状。研究该现象。

I 水中蜡烛

给一根蜡烛加点重量，使其勉强能浮在水面上。随着蜡烛燃烧，它可能会继续漂浮。研究并解释这一现象。

J 特斯拉阀

特斯拉阀是一种几何形状固定的被动单向阀。特斯拉阀对单方向流动的阻碍要比对另一方向的阻碍大得多。制造这样一个特斯拉阀，并研究它的相关参数。

K 方位角-径向摆

将一根弹性棒的一端水平固定在硬支架上。用一根绷紧的绳吊起棒的另一端以避免竖直方向的偏差，并用另一根绳在上面悬挂一个摆锤。得到的摆的径向振动（与棒平行）能自发地转变成有方位角的振动（与棒垂直），反之亦然。研究这个现象。

L 居里点引擎

制作一个可以围绕它的轴心自由旋转的镍盘。在靠近镍盘边缘的地方放置一块磁铁并对这一侧进行加热。镍盘开始旋转。研究影响镍盘转动的因素，并优化你的设计，使之稳定旋转。

M 称量时间

众所周知，沙漏在流沙时，它（用秤称出来的）重量会发生变化。研究这个现象。

N 灯光四射

晚上拍摄发光的灯笼，照片上可能会出现一些从灯笼中心放射出来的光线。解释并研究这一现象。

O 吹泡泡

向圆环中的皂液薄膜吹气，可能会吹出一个泡泡。液膜可能会破，也可能继续存在。研究相关因素怎样决定一张皂液薄膜产生的泡泡的数量，以及泡泡的特性。

P 声悬浮

小物件可以在竖直的声波中悬浮。研究这个现象。你对小物件的操纵能达到什么程度？

Q 水瓶

近来十分流行的翻水瓶中有一个动作，将部分充满的塑料瓶扔到空中，让它翻个跟头，然后稳稳地直立落在水平面上。研究这个现象，确定动作成功的影响因素。

参考文献

[1] Martin Eduardo Saleta, Dina Tobia ect. Experiment study of Bernoulli's equation with losses [J]. Am. J. Phys, 2005, 73 (7): 598~602.

[2] 陈东生，陈发堂．数码相机在研究阻尼振动中的应用 [J]. 大学物理，2006，25 (9)：43~45.

[3] 陈东生，崔璐，宦强．数码相机在测量液体黏滞系数中的应用 [J]. 物理实验，2005，25 (10)：37~39.

[4] 黄树清，陈荣，陈家璧．计算机与数码相机在高速频闪摄影中的应用 [J]. 福建师范大学学报（自然科学版），2001，(1)：37~39.

[5] 郭小爱，李湘宁，等．用数码相机实现夫琅禾费衍射测量细丝直径 [J]. 大学物理，2004，21 (1)：36~39.

[6] 潘学军，吴倩．电子衍射实验数据的采集与处理 [J]. 物理实验，1996，24 (6)：26~28.

[7] 马葭生，宦强. 大学物理实验 [M]. 上海：华东师范大学出版社，1998.

[8] FD-VM-Ⅱ型落球法液体黏滞系数测定仪产品说明书. 上海复旦天欣科教仪器有限公司.

[9] 郑勇林，杨晓莉，杨敏．落球半径对测量黏度的影响 [J]. 物理实验，2003，23 (9)：42~44.

[10] 任新成，王玉清，安爱芳. 多管落球法测液体黏度实验的研究 [J]. 物理实验，2004，24 (4)：35~37.

[11] 蔡秀兰，郑敏华，陈通．古钟形状和特性 [J]. 声学学报，1987，12 (2)：92~102.

[12] Perrin R, Charnley T, Bandu H. Increasing the lifetime of warble-suppressed bells [J]. Journal of Sound and vibration, 1982, 80: 298~303.

[13] Secok-Hyun Kim, Chi-Wook Lee, Jang-Moo Lee. Beat characteristics and beat maps of the King Seong-deok Divine Bell [J]. Journal of sound and vibration. 2005, 281: 21~44.

[14] Dongsheng Chen, Haining Hu, Lirong Xing, etc. Experimental study on sound and frequency of Chinese ancient variable bell [J]. European journal of physics, 2009, 30: 541~548.

[15] Jianzheng Cheng, Congqing Lan. Experimental studies on sound and vibration of a two-tone Chinese Peace Bell [J]. Journal of sound and vibration, 2003, 261: 351-358.

[16] 王大钧，陈健，王慧君．中国乐钟的双音特性 [J]. 力学与实践，2003，25 (4)：12~16.

[17] Thomas D, Rossing D, Scott Hampton, etc. Vibratinal modes of Chinese two-tone bells [J]. J. Acoust. Soc. Am, 1988, 83: 369-373.

[18] 韩宝强．编钟声学特性及其在音乐中的应用 [J]. 演艺设备与科技，2008，26 (1)：54~57.

[19] 陈东生，马民勋，张素才，等．计算机实测变音钟受击发音频谱与温度关系的研究 [J]. 大学物理，2008，27 (3)：39~42.

[20] 陈东生，熊慧萍，王莹．以虚拟仪器为平台的声学实验 [J]. 物理实验，2008，28 (2)：26~29.

[21] 喻永平，方锋，林鸿，等．频谱分析在虎门大桥动态监测中的应用研究 [J]. 测绘信息与工程，2008，33 (5)：3~5.

[22] http://www.mydown.com/soft/261/261417.html.

[23] 张忠玉．水杯编钟实验中的两个错误分析 [J]. 曲靖师专学报，1996，15 (6)：17~19.

[24] 李鹏波，谢红卫．频谱分析方法在仿真可信性研究中的应用 [J]. 系统仿真学报，1998 (6)：18~22.

[25] 殷士龙，可根宏，卞清．虚拟仪器技术及乐音的频谱分析 [J]. 大学物理，1999，18 (9)：28~29.

[26] http://baike.baidu.com/view/20323.html?wtp=tt.

[27] 陈莹梅，陆申龙．音叉的共振频率与双臂质量的关系研究及其应用 [J]. 物理实验，2006，7:

19~20.
[28] 姚久民，田广志．音叉受迫振动规律及计算机实时测量［J］．大学物理，2007，8：24~25.
[29] 肖忠模．关于音叉的几个问题［J］．宜春师专学报，1994，4：28~29.
[30] 陈东生，陈发堂，熊慧萍，等．数码相机在研究阻尼振动中的应用［J］．大学物理，2006，25（9）：43~45.
[31] 阎心语．新型气垫导轨光电门的制作［J］．发明与创新，2010，（5）：30~31.
[32] 王颖，吴斌，田冰涛，等．用 Audition 软件辅助测量弹簧振子的振动周期［J］．大学物理实验，2011，6（3）：73~75.
[33] 崔建坡，刘虎，冀建利．气垫导轨实验中极限法速度的分析与讨论［J］．物理实验，2007，（8）27：32~33.
[34] 周长春，汪罗珍．瞬时速度的测量原理及测量方法［J］．中国教育技术装备，2002，（12）：13~15.
[35] 邓正才，何焰蓝，丁道一．气垫导轨上运动物体加速度测量方法的改进［J］．实验技术与技巧，2006，26（6）：39~41.
[36] 陈发堂，熊慧萍，陈东生．大学物理实验教程［M］．北京：中国电力出版社，2008.
[37] 焦丽凤，陆申龙，曹正东．用集成开关型霍尔传感器测定弹簧的劲度系数［J］．物理实验，2001，20（11）：45~47.
[38] 褚幼令，陈乃东，王挚平．弹簧振子振动特性的计算机实时测量［J］．大学物理，1998，17（5）：32~34.
[39] 郭巍．电磁感应定律实验新探［J］．物理实验，2008，28（7）：23~25.
[40] 胡颖舒，吴先球，王珍玲，等．基于声卡的数据采集系统在电磁感应实验教学中的应用［J］．亚太科学教育论坛，2006，7（2）：1~6.
[41] 麻则运，彭何欢．基于 Audition 与声卡的刚体转动惯量的测定［J］．物理实验，2010，30（7）：34~36.
[42] 陈东生，陈发堂，熊慧萍，等．数码相机在研究阻尼振动中的应用［J］．大学物理，2006，17（5）：32~34.
[43] Katswa Tanifuji. Chaotic oscillation of a wheel set rolling on rail verification on roller rig［J］. Vehicle System Dynamics，25（1）：682~693.
[44] 郭劲松，梁汉楷．基于 PASCO 系统的心电采集模块的设计［J］．中国医学物理学杂志，2006，3（1）：60~61.
[45] 郑少燕，林淑淇，李德安，等．基于 PASCO 系统的加速度研究［J］．物理实验，2013，21（4）：21~23.
[46] 彭东青，刘志高，黄宏纬，等．基于 PASCO 系统的物质折射率测量［J］．物理实验，2008，15（2）：33~35.
[47] 周世勋．量子力学教程［M］．北京：高等教育出版社，1979：7~9.
[48] 陈晓明．黑体辐射定律及相关教学问题的探讨［J］．物理实验与探索，2009，28（5）：27~29.
[49] 李晓萍，江洪喜．红外测温及其应用［J］．煤炭技术，2003，22（10）：88~89.
[50] 张艳玲，柳光辽．一个计算机控制的数据采集系统［J］．微计算机信息，2001，8（5）：19~20.
[51] 徐小方，张华．飞行器转动惯量测量方法研究［J］．科学技术与工程，2009，9（6）：1653~1660.
[52] 张希纯．假设检验法推断摩擦力矩对转动惯量测量的影响［J］．实验室研究与探索，1995，15（4）：43~45.
[53] 谭晓峰．对金属材料拉伸试验应力-应变图的探讨［J］．商品与质量，2010，21（S6）：2~3.
[54] 张安谊．解读金属材料拉伸试验应力-应变图［J］．科技资讯，2012，288（3）：64~65.
[55] 张伟，姚明辉，张君华，等．高维非线性系统的全局分岔和混沌动力学研究［J］．力学进展，

2013，43（1）：63~90.
[56] Mccauley J L. Nonlinear dynamics and chaos theory [M]. Stockholm：Royal Swedish Academy of Sciences Press，1991：52~85.
[57] 韩晓茹，傅筱莹，彭可鑫，等．基于 PASCO 系统的混沌摆实验 [J]. 物理实验，2011，6（11）：5~9.
[58] 陈国强．电子测量与仪器 [M]. 北京：中国劳动社会保障出版社，2003.
[59] 刘合松．数字存储示波器及其特点 [J]. 商丘职业技术学院学报，2004，3（12）：25，26.
[60] 吴月江．数字存储示波器在中学物理实验教学中的应用 [J]. 教学仪器与实验，2007，23（11）：9~11.
[61] Huebner J S，Humphries J T. Storage oscillo scope in the modern physics laboratory [J]. Am. J. Phys. 1974，42：870~876.
[62] 陈红雨．旋转液体综合实验设计 [J]. 大学物理，2007，26（1）：29~33.
[63] S，Ganci. Measurement of ‘g’ by means of the ‘improper’ use of sound card software：a multipurpose experiment [J]. Physics education，2008，43（3）：297~300.
[64] 太阳能光热发电技术 [J]. 电力工程技术，2018，37（5）：3.
[65] 金祝岭，季杰，徐宁，等．一种非涅尔式高倍聚光光伏光热系统的实验研究 [J]. 太阳能学报，2018，39（1）：69~75.
[66] 侯东光．半导体温差发电装置设计与研究 [D]. 成都：西南交通大学，2018.
[67] 王有春．探究太阳能温差发电系统的性能 [J]. 数字通信世界，2018（4）：106.
[68] 王立舒，冯广焕，张旭，等．聚光太阳能光伏/温差热复合发电系统设计与性能测试 [J]. 农业工程学报，2018，34（15）：246~254.
[69] 谢旭．聚光光伏温差复合发电瓷片设计研究 [D]. 西安：西安建筑科技大学，2017.
[70] 谢泽扬，黄金，李定昌，等．聚光太阳电池联合温差发电系统实验研究 [J]. 广东工业大学学报，2016，33（2）：66~70.
[71] 施学少，刘磊，李宗辉，等．跟踪式聚光光伏发电系统的设计 [J]. 价值工程，2018，37（27）：143~146.
[72] 黄启禄．高倍聚光光伏光学系统的设计与实验研究 [D]. 合肥：中国科学技术大学，2018.
[73] 许强强，季旭，李明，等．菲涅耳聚光下半导体温差发电组件性能研究 [J]. 物理学报，2016，65（23）：259~267.
[74] Pavel Kovac，Marin Gostimirovic，Dragan Rodic，etc. Using the temperature method for the prediction of tool life in sustainable production [J]. Measurement，2018.
[75] 汪琴，王凤琳，杨郁鑫．基于温差发电的发电装置的设计与制作 [J]. 汽车实用技术，2018（5）：74，75，87.
[76] 阚宗祥，池桂君．水冷式半导体温差发电技术及应用 [J]. 通信电源技术，2018，35（6）：149~151，153.
[77] 于佳禾，许盛之，韩树伟，等．太阳电池与光伏组件的温度特性及其影响因素的分析 [J]. 太阳能，2018（3）：29~36.
[78] 侯东光．半导体温差发电装置设计与研究 [D]. 成都：西南交通大学，2018.
[79] 赖相霖，肖文波，黄苏华，等．聚光光伏与温差联合发电装置的研究 [J]. 物理实验，2012，32（5）：17~19.
[80] 丁修增．基于抛物型聚光器太阳能温差发电系统设计及分析 [D]. 哈尔滨：东北农业大学，2017.
[81] GREEN Martin. 太阳能电池：工作原理、技术和系统应用 [M]. 狄大卫，译．上海：上海交通大学出版社，2010，57~62.

[82] OR A B, APPELBAUM J. Dependence of multi-junction colar cells paramenters on concentration and temperature [J]. Solar Energy Materials & Solar Cells, 2014, 130: 234~240.
[83] 郭瑞芳. 太阳能光伏-温差发电装置设计及试验 [J]. 山东工业技术, 2016 (17): 37, 38.
[84] 李琳. CPC 型聚光光伏/温差联合发电系统设计 [D]. 哈尔滨: 东北农业大学, 2016.
[85] 龙恩深, 王勇, 付祥钊, 等. 夏季户外停放空调汽车的车内温变特性研究 [J]. 重庆建筑大学学报, 2003, 4 (3): 31, 32.
[86] 刘丽, 周向阳. 柔性太阳能板的应用现状与性能测试分析 [J]. 科学实践, 2015, 9: 288, 289.
[87] 加拿大开发出柔性太阳能电池板 [J]. 环球扫描, 2009, 4: 74.
[88] 方玲, 李晓波, 胡平亚. 柔性太阳能电池在建筑中的运用 [J]. 生产一线, 2008, 24: 63, 64.
[89] 杨光. LED 灯的结构特点及应用 [J]. 灯与照明, 2012, 3: 27, 32.
[90] 张勇, 王普荣. 夏季如何快速降低车内温度 [J] 车辆科技, 2014: 7~15.
[91] 马彬, 张波, 赵科巍. 太阳能光伏发电技术与应用探析 [J]. 能源与节能, 2017 (8): 89~90.
[92] 赵雨, 陈东生. 太阳能电池技术及应用 [M]. 北京: 中国铁道出版社, 2013: 14, 15.
[93] 罗斌, 代彦军. 太阳能半导体制冷技术的发展和前景 [J]. 可再生能源, 2006 (1): 7~9.
[94] 关根志, 雷娟, 吴红霞, 等. 太阳能发电技术 [J]. 水电与新能源, 2013 (1): 6~9.
[95] 胡云岩, 张瑞英, 王军. 中国太阳能光伏发电的发展现状及前景 [J]. 河北科技大学学报, 2014 (1): 69~72.
[96] Martin A, Keith E, Yoshihiro H, et al. Solar cell efficiency tables [J]. Progress in Photovoltaics: Research and Applications, 2014, 22 (7): 84~92.
[97] 徐德胜. 半导体制冷与应用技术 [M]. 上海: 上海交通大学出版社. 1992: 1~7.
[98] Dong K. Coolers based on semiconductor refrigeration technology for electric vehicle on-board chargers [J]. Applied Mechanics & Materials, 2014, 644~650: 3722~3725.
[99] 贾艳婷, 徐昌贵, 闫献国, 等. 半导体制冷技术及其应用 [J]. 制冷, 2012 (3): 209~211.
[100] 卢宋荣, 薛相美. 半导体制冷及其在家用电器中的应用 [J]. 制冷, 2004 (1): 84~85.
[101] 尚剑锋, 史湘伟, 刘雪林, 等. 太阳能供电半导体制冷与温差发电演示仪 [J]. 实验技术与管理, 2013, 30 (5): 52~55.
[102] 陈晓航. 新型热驱动半导体制冷器性能的优化分析 [J]. 低温与超导, 2003, 31 (1): 52~55.
[103] 曹莹. 家用太阳能光伏发电系统设计 [J]. 机电工程, 2011 (1): 115~117.
[104] 李宁峰, 于国才. 屋顶太阳能光伏发电系统的设计 [J]. 江苏电机工程, 2012 (3): 43~45.
[105] 许辉. 基于半导体制冷技术的空气取水装置的实验研究 [D]. 杭州: 杭州电子科技大学, 2014: 3~4.
[106] 王怀光, 范红波, 李国璋. 太阳能半导体制冷装置设计与性能分析 [J]. 低温工程, 2013 (1): 50~55.
[107] 李玉东. 半导体多级制冷性能组合优化设计 [D]. 上海: 同济大学, 2007: 1~77.
[108] 张云凯. 沙漠地区太阳能半导体制冷空气取水装置的实验性研究 [D]. 上海: 东华大学, 2014: 27~29.
[109] 曹旦, 邹钺. 半导体制冷空气取水系统的优化研究 [J]. 上海节能, 2016 (1): 37~39
[110] 叶继涛, 谢安国, 陈儿同. 太阳能半导体制冷结露法空气取水器的研究 [J]. 鞍山科技大学学报, 2004 (4): 282~285.
[111] 范元元, 高媛, 王乐. 一种多功能杯的设计与实现 [J]. 科技创新与应用, 2016 (17): 53.
[112] Huang T C. Waste heat recovery of Organic Rankine Cycle using dry fluids [J]. Energy Conversion and Management, 2001 (5): 539~553.
[113] 史丹. "十二五" 节能减排的成效与 "十三五" 的任务 [J]. 中国能源, 2015 (9): 4~10.

[114] 丁全财．火电厂余热综合利用技术探讨［J］．中国高新技术企业，2013（9）：135~137.
[115] 褚泽．半导体废热温差发电技术的研究与开发［D］．重庆：重庆大学，2008.
[116] Zhao L D，He J，Berardan D，et al. BiCuSeO oxyselenides：new promising thermoelectric materials［J］. Energy Environ. Sci. 2014（7）：2900~2924.
[117] Zebarjadi M，Esfarjani K，Dresselhaus M S，et al. Perspectives on thermoelectrics：from fundamentals to device applications［J］. Energy Environ. Sci. 2012（5）：5147 ~5162.
[118] Kanatzidis M G. Nanostructured Thermoelectrics：The New Paradigm［J］. Chem. Mater. 2010（22）：648~659.
[119] Yee S K，LeBlanc S，Goodson K E，et al. $ per W metrics for thermoelectric power generation：Beyond ZT［J］. Energy Environ. Sci. 2013（6）：2561~2571.
[120] 陈海平，王忠平，云忠平，等．火电厂排烟余热用于温差发电的实验研究［J］．电站系统工程，2012（2）：19~21.
[121] 全睿，谭保华，唐新峰，等．汽车尾气温差发电装置中热电器件的试验研究［J］．中国机械工程，2014（5）：705~709.
[122] 毛佳妮，江述帆，方奇，等．新型太阳能温差发电集热体的传热特性［J］．浙江大学学报（工学版），2015（11）：2205~2213.
[123] 刘洁，姜超，代智文．核电站事故后监测一起应急电源研究［J］．科技创新，2015（153）：188~191.
[124] 赵建云，朱冬生，周泽广，等．温差发电技术的研究进展及现状［J］．电源技术，2010（3）：310~313.
[125] 王长宏，林涛，曾志环．半导体温差发电过程的模型分析与数值仿真［J］．物理学报，2014（4）：1~6.
[126] 李振全，徐云亮，等．几种太阳能电池组件比功率发电量的模拟与比较［J］．电工电气，2010，4：30~32.
[127] 王殿元，王庆凯，等．硅太阳能电池光谱响应曲线测定研究性实验［J］．物理实验，2007，27（9）：8~10.
[128] 唐爽，岑剡．利用硅光电池测量单晶硅半导体材料的禁带宽度［J］．物理实验，2008，28（11）：6~8.
[129] 唐敏，任奇．一种太阳能电池最大功率点跟踪的算法研究［J］．通信电源技术，2007，24（4）：12~17.
[130] 姚兴佳，王士荣，等．风力机的工作原理［J］．技术讲座，2006，2（126）：87~89.
[131] Mathew，Sathyajith. Wind energy fundamentals，resource analysis and economics［M］. Netherlands：Springerlink，2006.
[132] 李滨波，段向阳．风力发电机原理及风力发电技术［J］．湖北电力，2007，31（6）：54，55.
[133] 张照煌，刘衍串，等．中型水平轴风力发电机原理的研究［J］．电力情报，1998（3）：36~38.
[134] Jelavic M，Peric N，Ivan P. Identification of wind turbine model for controller design［J］. IEEE，2006，1608~1613.
[135] 林闽，张崇巍，等．小型风力发电机叶轮设计［J］．风机技术，2007（1）：28~47.
[136] Stabile A，Marques Cardoso A J. Efficiency analysis of power converters for urban wind turbine applications［J］. IEEE，2010，6~9.
[137] 冯垛生．太阳能发电原理与应用［M］．北京：人民邮电出版社，2007，37~92.
[138] 杨金焕．太阳能光伏发电应用技术［M］．北京：电子工业出版社，2013，176~179，190~197.
[139] 郭小强，赵清林，邬伟扬．光伏并网发电系统孤岛检测技术［J］．电工技术学报，2007，22

(4)：157~162.

[140] 李安定. 太阳能光伏发电系统工程 [M]. 北京：北京工业大学出版社，2001：30~42.

[141] 高峰，孙成权，刘全根. 我国太阳能开发利用的现状和建议 [J]. 能源工程，2000，5：8~11.

[142] 杨卫东，薛峰，徐泰山. 光伏并网发电系统对电网的影响及相关需求分析 [J]. 水电自动化与大坝监测，2009，33 (4)：35~43.

[143] 汤建皮，黄刚. 光伏系统配套蓄电池的选择 [J]. 蓄电池，2002，4 (9)：187~189.

[144] 王兆安，黄俊. 电力电子技术 [M]. 北京：机械工业出版社，2005：132~169.

[145] 吕芳，曹志峰，刘莉敏. 太阳能发电 [M]. 2 版. 北京：化学工业出版社，2009：174~182.

[146] Yoo S H，Lee J K. Efficiency characteristic of building integrated photovoltaic as a shading device [J]. Building and Environment，2002，(37)：615~628.

[147] A powerful software for your photovoltaic systems [OL]. Available：http：//pvsyst. com/ (June 13, 2012).

[148] Oliver M，Jackson T. Energy and economic evaluation of building integrated photovoltaics [J]. Energy，2001，(26)：431~439.

(4): 157-162.

[40] 李安定. 太阳能光伏发电系统工程[M]. 北京: 北京工业大学出版社, 2001: 30-42.

[41] [illegible]. 我国太阳能光伏利用前景[illegible][J]. 能源工程, 2000, 5: 8-11.

[42] 杨卫东, 薛峰, 徐泰山. 光伏并网发电系统对电网的影响及相关需求分析[J]. 水电自动化与大坝监测, 2009, 33 (4): 35-43.

[43] 杨金焕, [illegible]. 光伏系统[illegible]的选择[J]. 蓄电池, 2002, 4 (9): 139-180.

[44] 王兆安, 黄俊. 电力电子技术[M]. 北京: 机械工业出版社, 2005: 132-160.

[45] 吕芳, 曹志峰, 刘莉敏. 太阳能发电[M]. 北京: 化学工业出版社, 2009: 174-182.

[46] Yoo S. H., Lee E. T. Efficiency characteristic of building integrated photovoltaic as a shading device[J]. Building and Environment, 2002, 37: 615-623.

[47] A powerful software for your photovoltaic systems [OL]. Available: http://pvsyst.com/ (June 13, 2012).

[48] Oliver M., Jackson T. Energy and economic evaluation of building-integrated photovoltaics[J]. Energy, 2001, (26): 431-439.